NF文庫
ノンフィクション

翔べ！空の巡洋艦「二式大艇」

巨人飛行艇隊員たちの知られざる戦い

佐々木孝輔ほか

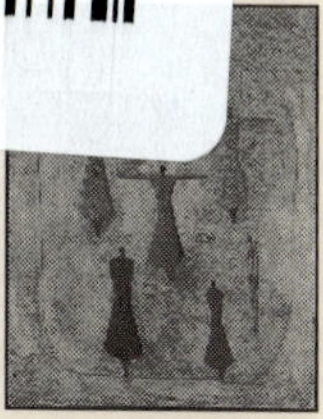

潮書房光人社

落日の海軍航空隊で最後の光芒を放った詫間飛行艇隊の二式大艇機長・木下悦朗中尉。日本本土近海にせまる米機動部隊の哨戒飛行に、また特攻機の誘導にあたり、赫々たる戦果をあげた。

昭和19年９月、詫間への進出が決定し、横浜航空隊からは九機の二式飛行艇が離水した。その光景は迫力にみちて豪快、壮観だった。町の人々はこの二式大艇の編隊を見てキモをつぶしたという。

日本海軍飛行艇隊のメッカとなった香川県詫間基地に翼をやすめる二式大艇。詫間へ進出したばかりのころは燃料車が間に合わず、全員で汗だくになって搭載した。

傑作機の令名たかい二式大艇が豪壮に飛行する雄姿。大きな航続距離をほこり、ほかの飛行機にはできない多岐にわたる任務をこなす縁の下の力持ち的な活躍をした。

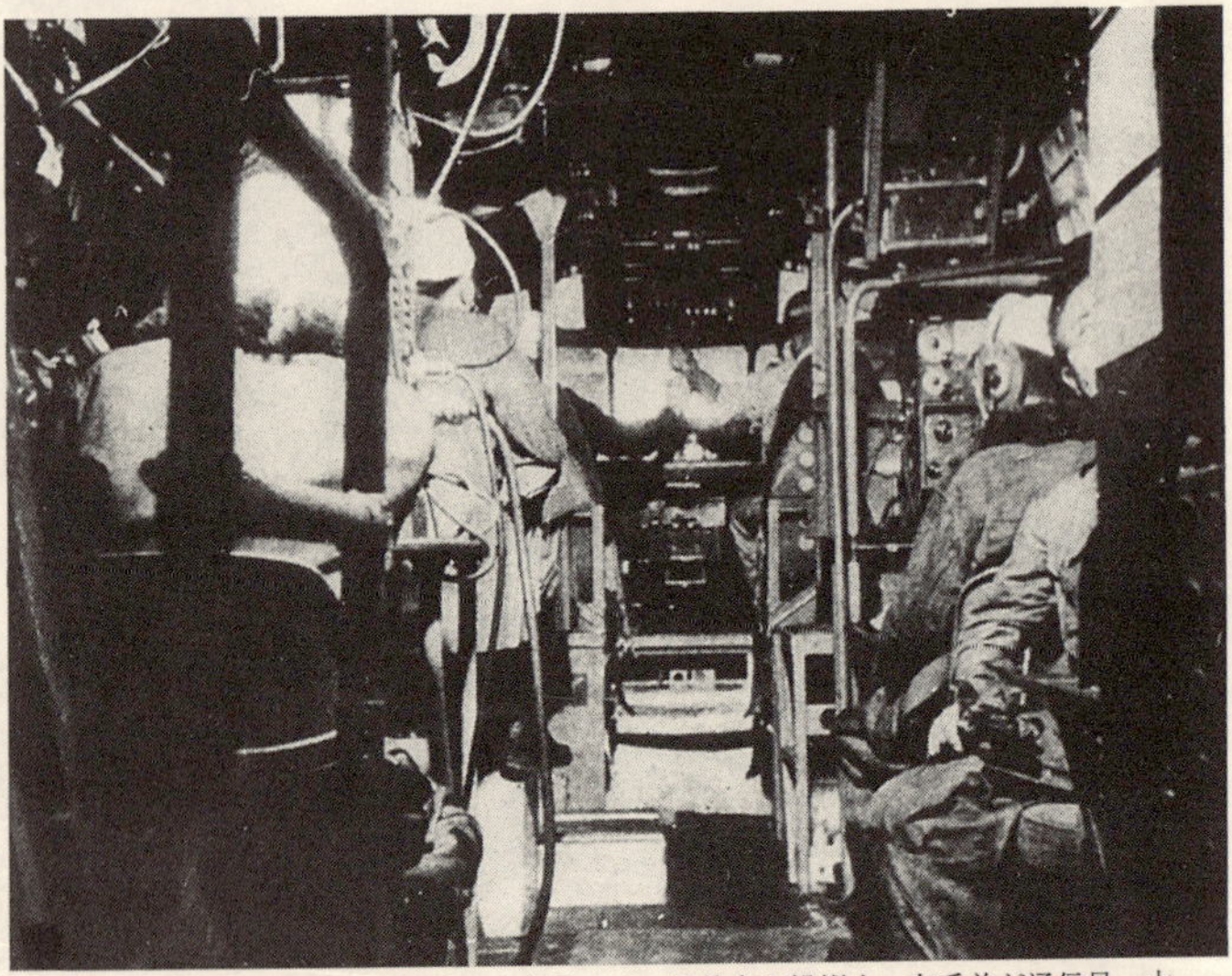

二式大艇の機内後方より搭乗員席を見る――最前方が操縦士。右手前が通信員。木下中尉たちのペアはヒョウタンをマスコットにして、いたるところにつけていた。

詫間海軍航空隊飛行艇隊長の日辻常雄少佐。詫間航空隊は第５航空艦隊麾下の夜間索敵隊として連日連夜の出撃をくりかえし、敵の夜間戦闘機と言語を絶する死闘をつづけた。日辻少佐は毎晩のように出撃するクルーと水杯をかわした。

長大な航続力により大戦前半の主役だった九七式大艇。日辻少佐は太平洋戦争の初陣から飛行艇を駆り、アンボン夜間攻撃の爆撃隊を指揮して、奇襲を成功させた。

編隊飛行をする九七式大艇。水上安定、空中安定、操縦性とも良好で長距離飛行に適していたが、速度が遅く装甲が貧弱なため対空砲火や空戦による被害が多かった。

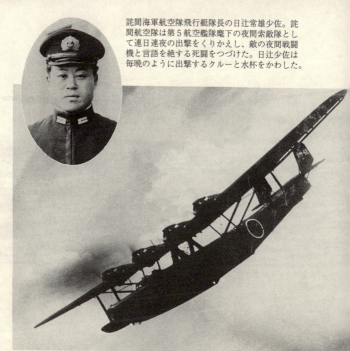

白波をけたてて離水する二式大艇。九七式大艇にくらべて、離着水滑走状態ははるかに劣ったが、速度と上昇力は格段の向上をしめし、詫間空の主力として活躍した。

レイテ海戦で艦船主力部隊を失った日本海軍は最後ののぞみを航空部隊にかけ、特攻隊が編成された。詫間の二式大艇も梓隊に編入され、従容として出撃していった。

伊36潜の零式小型偵察機操縦員の山下幸晴上飛曹。メジュロの偵察飛行において、11隻の空母を発見し、大胆にも頭上を飛びまわって、確認したのち、いそぎ伊36潜に帰投して報告した。

零式小型偵察機。大型潜水艦に搭載、艦上で組み立ててカタパルトで射出され、偵察飛行を行なった。組み立て作業も訓練をかさねることにより6、7分で完了した。

潜水艦艦上のカタパルトで射出される零式小型水偵。迅速に組み立てられた機体は圧搾空気の装塡を終えたカタパルトにセットされ、エンジンを全開にして飛び立つ。

トラック島の飛行場。偵察機隊の基地は夏島にあり、山下兵曹は昼夜をわかたぬ猛訓練を行なって技量をあげ、伊36潜の零式小型水偵操縦員として転属していった。

母艦に収容されつつある零式小型偵察機。山下上飛曹はメジュロ偵察をぶじに終了し、伊36潜にたどりついたが、揚収する時間がないため愛機は処分され海没した。

佐々木孝輔大尉は九四式三座水偵を駆り、はじめて戦地の空を飛んだ。哨戒飛行中にすさまじいスコールに翻弄され、機体は思うように飛ばず、墜落寸前になった。

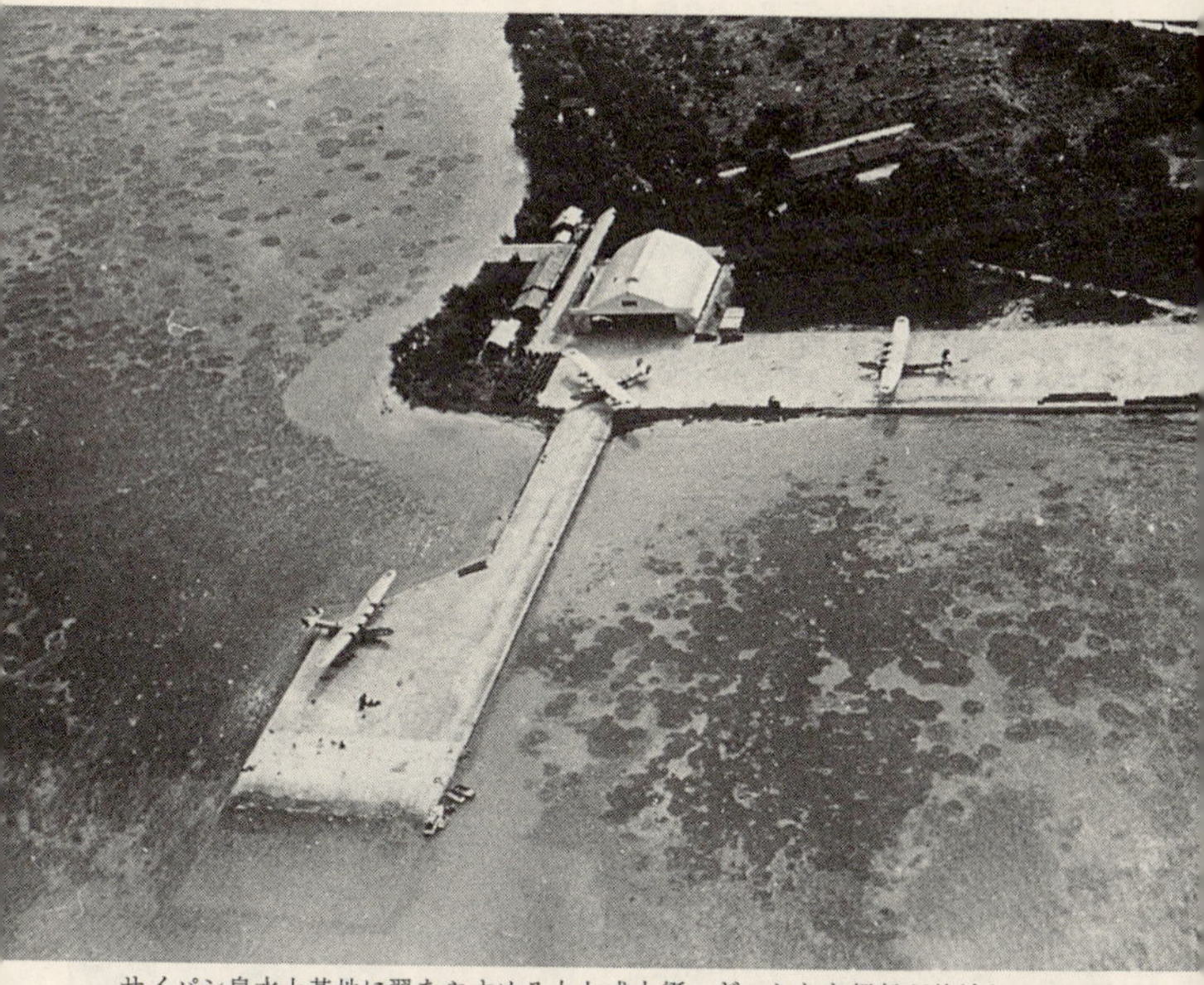

サイパン島水上基地に翼をやすめる九七式大艇。ぎっしりと艦船が停泊しているサイパンに到着した佐々木大尉は幾度も旋回し、わずかな隙間をみつけて着水した。

海上からスベリを上がり、運搬車にひかれて巨大な姿を現わした二式大艇。うしろに見えるのは九七大艇。終戦の日まで、偵察に輸送に活躍した名機。

米国より返還されて東京港に到着したさいの二式大艇の胴体部と主翼の中央部。

返還式を終え、解体梱包のためにノーフォーク海軍基地から曳船によって搬出される二式大艇。コクーンとよばれる合成樹脂性の保護被膜を施され、艇内の湿度調整をおこない保存された。

口絵写真提供／著者・雑誌「丸」編集部

翔べ！ 空の巡洋艦「二式大艇」 目次

翔べ！　空の巡洋艦「二式大艇」

炎の翼「二式大艇」に生きる

落日の海軍航空隊に光芒を放った飛行艇隊秘話——木下悦朗

1　不屈のペアたち

飛行艇というと、「図体が大きく足がおそい飛行機だな」と知らない人はだれしもがいう。しかし、これはまったく当たらない。

他の小型機のようにはなばなしい行動や、戦果こそないが、いつも縁の下の力持ちの役を受けもち、しかもきわめて重要な役割りをになって行動している。

飛行艇はひじょうに長い航続距離（四千カイリ）をもち、遠隔地の索敵や攻撃を可能にし、またそのすぐれた偵察性能をもって、昼間はもとより暗夜や荒天時の偵察、また攻撃隊の誘導、戦果確認、天候偵察、潜水艦制圧、さらに物件や兵員の輸送、兵員の救出など、他の飛行機にない多岐にわたる任務を持っている。そして、特攻機の挺身誘導までみごとにやってのけた。

しかも、つねにただ一機で、あるときは積乱雲のそそり立つ大海原を、また漆黒《しっこく》のやみの海面を凝視し嵐のなかを、また手足のいてつく厳寒の夜を行動するという、孤独な宿命がつきまとうのである。

とはいえ、おたがいに信頼し合った不屈のペアがいる。搭乗員十数名が一体となって、この機のなかで行動することぐらいがせめてもの救いである。

搭乗員はそれぞれ操縦、偵察、電信、電探、搭整（搭乗整備）および攻撃員がその部署を守っているが、その和と団結がそのまま技量向上につながったものである。

また〝二式棺桶《かんおけ》〟などという言葉があったが、大いなる戦果のかげにはかならず登場し、欠くべからざる戦力であったがゆえに、一方では犠牲も大きかったこともたしかであった。当時、米国でも、うるさくつきまとう二式飛行艇がいずこの基地から出てくるのか、やっきになってさがしてまわったらしい。

さて、昭和十九年七月二十一日、私は大井空（偵察教程）から第十三期海軍飛行科予備学生の同期生たち二十名とともに、横浜航空隊（第八〇一空）へ着任した。

一同はまず今村飛行長に転勤の報告をする。ところが意外にも、

「お前たち、なにしにきたのか」

といわれた。まだ大井空より連絡がきていなかったらしい。転勤は、〝遅滞なくすみやかにすべし〟を忠実に守ったわけだが、内心、「しまった、こんなことなら二、三日シャバで遊んでくればよかった」とくやんだしだいだった。

当時、横浜航空隊は兵力がいちじるしく消耗していたので、ことを知った飛行長は大いによろこんでくれた。

そして、その日からわれわれを、飛行隊長斉藤大尉をはじめ、田栗正博、横山一郎両大尉、さらに田中、橋本、西田各分隊士らが未来の有力な戦力として、同期の操縦四名、海兵七十二期四名らとともにする夜を日についだ、猛烈な指導訓練がはじまったのである。

昼間は航法を大島から伊豆、房総を中心に行ない、夜は根岸湾に百トン船を出しての天測訓練が行なわれた。船はかってに走航し、それに〝ゆれ〟もあるなかで天測位置がピシャリときまるまで休ませてもらえず、ときには訓練は深更におよんだこともある。

また、北半球、南半球の星の位置や名称をけんめいにおぼえ、毎日のように徹底した図上訓練も行なった。射撃は豪快に飛行艇それぞれに吹き流しをつけ、関東沖で二十ミリ銃の射撃訓練を行なった。

電探訓練にはビヨネーズ列岩を敵機動部隊と仮定し、何回も映像訓練をし、また整備士について複雑な電纜系統と格闘しつつ、少しずつかんたんな故障もただちに発見、修理できるよう訓練をした。

こうして、まだまだ未熟ではあったが、同期生一同は、すべての作業にけんめいに取り組み、少しずつ理解をし、文字どおり身体で会得しつつ、海軍軍人らしくなっていった。

この間、機長見習として東都防衛の一環であるE区哨戒（片道八百カイリ、側程六十カイリ）の索敵に便乗し、偵察の作業を勉強したが、これも実戦のなかの行動ゆえ、いつ敵が現われるかわからない。

八月五日、敬愛あたわざる田中大尉（海機出身）の艇が未帰還となった。これには同期大島正男少尉（盛岡高工）が便乗しており、着任後、最初の戦死者となったが、悲しみもさることながら、ひしひしと緊張感がみなぎり、訓練もいっそうはげしさをますとともに、みなも必死になって取り組んでいった。

八月中旬ごろだったろうか、私は曾我清中尉（海兵七十二期）機に大野和男少尉（早大）とともに、機長見習で便乗して昼間索敵を行なったが、索敵コースの先端ふきんで敵のコンソリデーテッドPB2Yを発見した。これが敵を見た最初であった。

遠くキラキラと光る敵機に、私ははげしい心臓の高まりを感じたが、われわれに気づいてか敵はただちに復航に入り、私たちに背をむけて視界のかなた、紺碧の空まばゆいばかりの入道雲のかなたへ消え去った。

2　史上最後の壮観

このころになると私もすこしずつ体験をつんできたせいか、きびしい訓練にも索敵参加にも、よろこびさえ感じるようになった。

たまに家に帰ると母に、「そんなに大声を出しなさんな」とか、「にらまないでおくれ」とかいわれることがあったが、これをみてもすこしはサマになってきたようである。

浜空は食事のよいことでは有名であったが、父が面会にきたときに、昼食（ハヤシライスだったか）を出すと、

「すごいごちそうを食べているのだなあ」

とびっくりしていたが、その一方、いつ戦死するかも知れないからむりもないと思ったか、ふっとさびしい表情をしたのをおぼえている。

そうこうするうちに、上層部がにわかに緊張の色を見せはじめ、図上訓練がより実戦的となり、ちかく大作戦が発動されることが耳につたわってきた。

同時に、敵機動部隊の出現が予想される地点にそなえて、わが八〇一空の前進基地が詫間《たくま》（香川県）に、あるいは指宿《いぶすき》（鹿児島県）、東港（台湾）、さらにはトンダナ湖（比島）というふうに、ケースバイケースの出撃による図上演習がくり返し行なわれた。こうなってはもとよりいちだんと身がひきしまり、一言一句ききもらすまじと緊張の日々がつづいた。

そして久野大佐指揮によるT部隊が編成され、わが八〇一空はその一環として第十六偵察隊となって参加することとなった。夜間、荒天時の索敵が主たる任務であった。

このT部隊には陸軍の飛行九十七戦隊、飛行八戦隊などの重爆隊も参加するとのことで、海陸協同の一大作戦であり、日本の命運をかけたものであるという。その重大きわまる作戦の一員として、若輩の私たちも参加できるとあって、そのよろこびはまたひとしおであった。

しかも夜間索敵が主となるので、歴戦の古参搭乗員も私たちも夜間の天測訓練は猛烈をきわめたが、それだけに技量は目にみえて向上していった。

しかしながら、一歩シャバへ出ると、あたりはまだまだのんびりしているので、私たちも外出したときはこれに調子を合わせ、適当に息抜きをした。

九月に入ると、各種の情報によりいよいよ詫間進出が決定され、私たちは大挙して進出することになった。そのときの進出では、飛行艇史上において最後ともいうべき豪快、しかも、壮観きわまりない光景が現出した。

それは、浜空から二式飛行艇が三機編隊で三組、合計九機が進出する場面であった。言葉だけではたいしたことがないようだが、その離水ぶりはものすごいばかりで、筆舌につくしがたいものがあった。

この三組がそれぞれに三機ずつ編隊離水をするのだが、大型機の編隊離水はすばらしく、迫力にみちている。また私たち搭乗している者も胸がわくわくするほどである。しかも、その離水がまたみごとであった。みがきぬかれた操縦員の腕により、まさにドンピシャリだった。

やがて江の島上空で二キロ間隔で掃海隊形をとるや、その後は約二十キロの幅で一路西南に飛行し、高松上空で集結したのち詫間へつぎつぎと着水したのであった。

聞くところによると、九機もの飛行艇がたばになって飛んできたので、町の人々はキモをつぶしたらしい。

それから数日を経ずして、「月クラス」の駆逐艦二隻を仮想敵として、土佐沖で〝T部隊〟の夜間総合演習を行なった。

このときは一式陸攻とのニアミスにキモをひやしたが、演習は上首尾のうちに終わり、私たち軍歴のあさい者にとってはまったくえがたい体験となった。多数の部隊によるこのような合同演習は、おそらくこれが最後であったろうと思う。

詫間へ進出したばかりのころは、まだ燃料車が間に合わず、翼下にドラム缶を六十本から七十本ならべ、翼上では半分に切ったドラム缶に鹿皮をしいて、手押しポンプで燃料を搭載したものである。いずれも小型機とことなり前述の数量の燃料を三機、四機と搭載するので大変な労力であり、文字どおり人海戦術であった。

またそのころは、派遣隊ゆえに整備員もそろわず、搭乗員の下士官、士官はおろか飛行長以下全員できびしい残暑のもと、上半身はだかで長いロープを「一、二、一、二」とかけ声いさましくひいたりした。

そして、夕日が沈むころ発進するのだが、まだ西の空にすこし明かりがのこるころ、汗にまみれてポンプをひいたつらさはさることながら、そのみごとな協力ぶりはいまでも忘れられない。

作戦に参加する飛行艇の暗夜にのこす白い波頭を見きわめたあと、疲労とすきっ腹にかきこんだ夜食の味も忘れられない一つである。

最初はこの演習が終わったら、なつかしの横浜へ帰れると、こしかけのつもりで軽い気持ちでいたところ、さにあらず、終戦まで詫間を中心に行動し、たまたま要務飛行で横浜に帰るだけで文字どおり、飛行艇野郎でとおしてしまった。

私の便乗したペアで記憶している人たちは、機長曾我清中尉、同期大野少尉、メン（メイン）操縦倉林上飛曹、サブ操縦遠藤兵長、メン偵察河野上飛曹、メン電信兼電探飯田上飛曹、メン搭整浜田上整曹らで、いずれも人格技量とも抜群、優秀な人々で、きわめて学ぶところが多かった。

3　タブーをおかして

十月十日、「捷一号作戦警戒」が発令された。いわゆる台湾沖航空戦である。

こうして毎晩のように同僚たちが索敵に出撃するようになり、また帰らぬ者も多くなっていった。当時は「ワレ戦闘機ノ追蹤ヲ受ク」（ツセウ――）という電報より、「ワレ砲撃ヲ受ク」の電報のほうが多かった。ということは、敵の艦隊護衛の夜間戦闘機がすくなかったのだと思う。しかし一ヵ月もたたぬうちに、その夜戦も急激にふえていったようだ。

さて、未熟なりとはいえ、いよいよ大作戦に参加することとなり、私たちもこれまであれもやった、これもやったと思う反面、いいしれぬ不安と脅威を感じる日々であった。

これよりさき私たちは、転勤のさいにもまことにけしからぬことながら、学生時代の学問がいまだわすれがたく（これをシャバっ気という）、ビタミン（英文の本）と卒論を指導された教授の著書二冊を行李《こうり》の底にかくして持ちあるき、おりにふれて読んでいたのである。

ここにいたって、未熟な自分自身の不安をふっ切るには、搭乗員として徹しなければならないと決意した私は、ある夜、大野少尉、山田公奉少尉（東京農大）、後藤摂二少尉（神戸高工）らをさそい、宿舎の裏でこれらの本をビリビリにやぶり、焼却しながら徹底的に酒を飲んだのであった。

そして、スッキリした気持ちで二式飛行艇、すなわちわが愛機にかんするすべてを知るべく赤本（軍極秘）をけんめいに読み、わからないところはそれぞれのエキスパートに聞き、全身全霊をあげて飛行艇に青春をぶっつけ、没入していった。

そのようなある日、ついに私たちも素敵に参加することになり、ごうごうたるエンジン音のなかをただ黙々として艇に向かった。

それぞれの配置につき、機長の静かにまわす赤い懐中電灯の明かりを合図に、艇はポンドをすべり、グラリとゆれて海上に浮かぶ。ブイをはずし、海上で何回か白波をけたてでのたうつように試運転をして、やがて隊内電話で基地に連絡したあと力づよく離水する。

やがて乗機は、まだ明るみをのこす高千穂の峰をこえ、南西諸島をへて沖縄をめざす。ついで那覇市の上空で旋回し戦場に向かおうとしたが、おりから那覇ははげしい空襲を受けつつあって、暗夜に紅蓮の炎をあげている。それを見ると、「くそ！」とばかり、いやがうえにも闘志がわきたってくる。武者ぶるいというものであろうか。とにかく部署の見張りにいちだんと熱が入る。

やがて戦場に到達するころ、われわれははやくも敵機動部隊を電探にとらえた。ついでただちに戦場を離脱し、位置を測定して的確な電報をうち、ふたたび触接に入った。その間にもしきりに発進中のわが攻撃隊からさかんに『敵ノ位置知ラセ』の電報が入ってくる。

どうやら攻撃隊は、位置の確認ができないらしい。こうなってはやむをえまい、誘導しな

ければならぬ。しかし、これはたいへん危険なことである。それでも、機長は、ええいままよとばかり、

「長波を出して誘導せよ！」

と令した。私もいささかびっくりしたが、ただちに空中線をおろして電波を出す。いまになって思えば、相当むちゃなことをしたものである。

案の定、敵は電波測定をし、艦砲をあげての猛烈な集中射撃をしてきた。真っ赤な火線が砂をたたきつけるようにわが艇にせまってくる。その明るさに敵の艦型識別ができるほどだった。さらに運わるく、わが二式大艇は機動部隊と機動部隊の間に入ってしまい、おまけに前方には夜目にも白く大きな入道雲があり、雷のはげしい閃光がはしる。

対空砲火は相変わらず右に左に、わが機をめがけてそそいでくる。まさに絶体絶命である。機長は思いきって全速（二百ノット以上を出したであろう）で機動部隊の直上航過を令し、機は高度五百メートルで突っぱしった。

このとき私は、かねてより先輩にいわれていた一言を思いだしていた。「だいじなところをにぎってみろ、ダラリとしていたらあがっていないのだ」――という一語である。

なにしろ初陣であり、本当にこわかったので、ためしににぎってみる。大丈夫である。ヤレヤレと安心する。わが艇はアッという間に敵の頭上をぶじに航過していた。その後も再三にわたってはげしい戦闘に参加したが、心を落ち着かせるにはこれが一番であった。

任務完了し、ぶじ基地に帰投して弾痕を調べたところ、数発の被弾にとどまっていたのは

まさに奇蹟といえよう。

もとより同期の連中もみなおなじような経験をしており、同時にしだいに未帰還もふえていった。そのたびに横浜空から人員が補充され、いぜん作戦は続行されていった。

ついさきほどまで昼食をともに談笑しながらとり、肩をならべて戦闘指揮所へ向かい、「じゃ行ってくるよ」といって飛び立っていった友が還ってこないときは、たまらなくさびしい。翌日の朝食の席にはまだその友の名札はあったが、やがてそれもなくなる。

真ん前にいた友、斜め横の友、はるか向こうにいた友、それらがだんだんと欠けていく。その場にいる者の気持はとうてい理解できないと思う。長らく病床に伏した病人ならあきらめもつくが、健康そのものの友がふっと還らなくなるのだ。夜になって、「やあ、すまんすまん」と、いきなりドアをあけて入ってくるような錯覚をおぼえたことが幾度あったろう。

それは居住区にもいえた。各室ともポツリポツリと欠けてゆき、なかには一人になってしまい、さびしくてしかたないから、今夜はここで寝かせてくれ、とやってきた友も、また、幾日もへずして還ってこないのだ。なんともやり切れないものである。

作戦も同様で、最初はいちど作戦に参加すれば、兵員も多いので、その間のローテーションに余裕があるのだが、未帰還者がふえてくるにしたがい回転がはやくなり、それにつれて疲労もはげしくなる。

夜六時ごろ索敵に参加、朝六時に帰投して午前中は仮眠ということになるが、なかなか寝つかれない。そして、夜になるとまた出撃である。これをくりかえすと精神的にも、肉体的にも疲労がつみかさなり、やがては亡き戦友の亡霊の幻覚さえ見るようになる。

十月十二日、いつも温厚で、操縦専門ながら偵察にも卓越した長島少佐（飛行隊長）は、「明日は基地に帰らず東港に行く」といって索敵に出発していった。この機には同期の鈴木孟志少尉（教育大）と磯野充徳少尉（法大）が同乗していた。

そして、文字どおり絵にかいたような模範索敵を実施し、ぶじ東港まで到達しながら、追尾してきた敵の夜戦の攻撃を受け、ついに東港沖で散華したのである。

かくして縁の下の力持ちとなり、索敵に明け暮れしていくうちに、数多くの搭乗員を南溟のかなたに失ったのであった。

一方、T部隊は感状を受け、悪戦苦闘をつづけたわりには、戦果は大してあがらなかった。

4　大艦隊還らず

捷号作戦が一区切りつき、ひさしぶりに横浜へ帰れると思ったのもつかのま、ひきつづき作戦に参加することとなった。こんどは小沢艦隊の前路哨戒である。この艦隊の任務はみずからを犠牲にして、敵機動部隊を北方に牽制《けんせい》し、南方の第一遊撃部隊（栗田艦隊）のレイテ突入を成功させることにあった。

その兵力は第三航空戦隊の「瑞鶴」「千歳」「千代田」「瑞鳳」の各空母、第四航空戦隊の航空戦艦「日向」「伊勢」をはじめとする軽巡「五十鈴」「大淀」「多摩」以下駆逐艦八隻ばかりの艦隊である。搭載する飛行機はわずか百機ばかりだった。とにかく最初からオトリになる艦隊だから、その悲壮さはまた格別のものがあった。

私たちにかせられた任務は、十月二十一日、艦隊が豊後水道をへて太平洋上に出てからの哨戒だった。

私にとっては最初で、そして最後に見る味方機動部隊かも知れない、その勇姿をこの目にしっかりやきつけよう――胸がいっぱいでわくわくする。任務の重大さもさることながら、異常なまでの興奮をおぼえ、形容できないくらいの感激と緊張につつまれた。

それにしても、久方ぶりの昼間索敵である。機が洋上に出てまもなく、前方に浮上潜水艦を発見した。ただちに攻撃に入るが、残念ながらわれわれは爆装をしていない。やむなく急速潜航にうつった敵潜の真上ちかくで、機首の二十ミリをぶっ放すが、まったく効果なし。ちょうど池のなかの黒灰色の鯉が沈んでいくように、すきとおった青い敵潜がゆうゆうと沈んでいくのが見える。残念ながら手のうちようがない。

このあと機は機動部隊に接近した。眼下の小沢艦隊はみごとな輪型陣で威風堂々と進んでいる。デッキ(甲板)の上に兵員がいっぱい出て、さかんに千切れんばかりに帽子をふっている。見れば空母の飛行甲板上には、翼を接して飛行機がいっぱいならんでいる。

前路哨戒の帰路にも、浮上する敵潜水艦を発見した。白昼堂々これほどあからさまにやられては怒髪天をつく思いである。敵はわれわれが爆装していないのを知ってか、浮上したままだ。こしゃくなとばかりまたも銃撃をするが、効果なしだ。

敵潜水艦がわが艦隊をつけるのは当たり前だった。最初からやたらに電波を発信して、陽動作戦すなわちオトリらしく、あたりをはばからぬ行動をとっているからである。

ちょうどそのとき、大野少尉と私が航法を受けもっていた。大野少尉は作図その他、私は天測の任務についていた。しかし、ふつうに索敵コースを飛行し、コトがなければたんたんとしてまこと気らくであるが、やれ潜水艦、機動部隊への触接と、しばしばコースが変更されるので、文字どおり汗だくの大仕事だった。しかし、ぶじ〝都井岬帰着〟は「近の五分」くらいで、まずまずの成績だったろう。

史上最大規模といわれるレイテ海戦に参加したこの艦隊が、その後、十月二十七日に奄美大島に入港してきたときは、兵力は「伊勢」「日向」「大淀」「五十鈴」、そして駆逐艦二隻の計六隻にすぎなかった。みごと敵牽制の目的をたっしたものの、凄惨にして壮烈な戦闘のはて、空母陣をすべて失ったのである。

一方、私たちも指宿に進出し、ひきつづきここからレイテ作戦に協力し、昼間索敵を行なうことになった。同時に何機かが進出したが、このころより敵戦闘機による被害が続出し、索敵コースの先端ふきんで、『ワレ敵戦闘機ノ追躡ヲ受ク』の電報を発して未帰還になっていくものがふえていった。

そして最後のころには数機で、とくに長谷部文太郎少尉（仙台高工）と私たちの機だけで、それこそ入れかわり立ちかわり交互に出撃するしまつ。まるで飛行時間かせぎ競争のような状態となったが、おかげで実戦の経験はますます豊富になっていった。

その反面、疲労困憊のため、またまた幻覚が現われるようになってきたが、文字どおり闘志でがんばった。

十月二十六日の夜、私たちの機と橋本邦一中尉（海兵七十一期）機が比島沖の索敵に出ることとなった。橋本機には同期の清水昇少尉（千葉師範）が機長見習として同乗しており、操縦は元気者の塚田晴雄上飛曹である。彼らは私の機より一足はやく離水していった。

そして二十分くらいおくれて離水したわが機が、ちょうど愛媛県の佐田岬にそって飛行しているとき、ふと岬の方向を見ると、頂上ふきんの一点が赤々と燃えているのに気づいた。山火事かなと思いつつやがて平穏な索敵行をつづけ、『敵ヲ見ズ』でぶじ帰投したのであったが、橋本機だけはいつまでたっても還ってこなかった。そのうちに報告が入り、私たちの見た〈山火事〉がじつは、橋本機の炎上する悲しき最後の姿だったことを知らされた。

清水少尉は同期の最年少だったこともあって、みなに可愛がられてきた。私たちのような海千山千のモサたちとちがい、まじめそのもので、浜空にいたころはよく御両親と年のはなれた妹さんが面会にこられたのが印象にのこっている。煙草の味をおぼえたてのようだったが、そのくわえ方がギコチなく、そのカッコウがちょうど飛行艇の機銃のスポンソンに似ているので、おりあるごとに、「おい、スポンソン」などとみんなから、からかわれていたものだった。

5　最愛の同期生に捧ぐ

十月二十八日、私たちのペアにたいして、川西航空機会社への飛行艇受領の要務飛行命令があった。

久方ぶりにシャバに出られる、メッチェン（娘さん）も見られるぞ、と若者たちは勇躍して神戸の甲南工場に向かった。ここ詐間には、メッチェンらしいメッチェンはおらず、ときおり隊内で作業している通称お砂ちゃん（女の土木作業員）がいるくらいで、女らしい女の人にはお目にかかれなかったのだからむりもない。

私もさっそう（？）として第一種軍装を着用し、曾我機長に許可をえて学友の留守家族（南支に出征中）を京都にたずね、海軍に入隊いらいの再会をよろこび合い、友人の母上とは夜がふけるのも忘れて語り合った。

そして翌早朝、甲南工場へ向かったが、どうまちがえたのか鳴尾工場に行ってしまい、あわてて工場の責任者にたのみこんで車を出してもらい、甲南工場へ向かった。

途中、テスト飛行のトラブルで残骸と化したものか、新鋭機雷電の無残な機体の山にびっくりした。とにかくスレスレで間に合ったものの、機長にはジロリとにらまれ、身をすくませた。

しかし、川西ではうれしい歓迎を受けた。そのころ宝塚少女歌劇の人たちが徴用できていたが、工場内で、「歩調とれ、かしら右！」とばかり数十人の美女たちの隊伍に一斉に注目され、大テレにテレてしまった。

そして十月三十日の朝、指宿基地へ帰還するさいは曾我機長に宝塚美人からの花束贈呈があり、「しっかりがんばって下さい」といわれ、一同大よろこび大張り切りで、離水もかっこうよくドンピシャリ……みなごきげんで指宿基地に帰投した。

指宿基地は飛行艇の揚収設備がないので洋上係留であるが、さっそく同期の大野少尉がゴムボートでむかえにきてくれた。大野少尉はすでに機長に任ぜられ、大活躍をつづけている。その大野に、「おい、大野！　山田は……」と聞くと、「ウン、けさ素敵に出たヨ」という。

私もそのままべつに気にもとめず上陸し、戦闘指揮所で待機していた。きけば、同期の山田少尉の搭乗機からは、哨戒半径の先までは連絡があったということなので、私も、連絡のないのは電信機の故障だろうくらいに軽く考えていた。

ところが、いつになっても還ってこない。計算によると、とっくに燃料がなくなるころだ。私はひたすらに待った。ただひとり双眼鏡をはなさず、うす暗くなった指揮所で待ちつづけたが、ついに彼は還ってこなかった。機長は出雲凡夫中尉（海兵七十二期）であった。

私がなぜにこうも山田少尉にこだわるかというと、彼とは大学に入ったとき（昭和十三年）同級生としてはじめて話をかわした仲であり、しかも私が乗る私鉄の乗りかえ駅のちかくで、石鹸会社を経営する家の二男坊だった。

とにかくまじめでよく勉強するやつだった。研究室だけは彼が食品化学で私は醸造、それに私は運動部なのでなかなか定時に帰れなかったが、登校時はよくいっしょになったものである。

農学部に入ってからも同級だったし、また海軍技術見習尉官の試験を海軍大学校で受けたのもいっしょで、このときはじめて第十三期飛行専修予備学生の募集を知ったが、もとより二人とも飛行機乗りになるなど夢にも思わず、予備学生も志願していれば技術見習尉官を心から熱望しているのだなという心証をえて、あるいは有利になるかもというわけで、予備学生志願の願書をその場で書いて出したのである。

ところが、なんと二人とも予備学生の方がパスしてしまい、昭和十八年九月十日、ほかの者より三日はやく、土浦海軍航空隊に仮入隊したというしだいである。

それからも、ともに各種のきびしいテストを突破し、編成では二人ともおなじ飛行機となり、さらに分隊まで五分隊でいっしょという奇縁がつづいたのであった。

秋もふかまった一日、一万メートル競争の〈分隊対抗〉があった。分隊中ひとりでも落伍者をゆるさないきびしさだが、おりあしく私はひどい下痢をしていた。岡部幸夫学生（早大）は早大相撲部出身の巨漢で、走るのはニガ手らしく、それを数人で押しながら走った。

山田もまた軽いねんざで痛む足をひき、私は私でシブリっ腹の痛みにたえながら、彼を肩にささえてけんめいに歯をくいしばり、冷えびえとした夕暮れを完走したときは、二人して泣きじゃくったものだった。

その後、各地の練習航空隊にそれぞれ散るさいには、「貴様とも今度だけはお別れだな」

といっていたのに、またまた大井航空隊へいっしょに転勤、しかも第二十六分隊第一班と、班からクラブまでいっしょになったのには、おどろくやらあきれるやら……。

それからさらにきびしい訓練をかさね、いよいよ実施部隊へ転属することになったときも、二人で二式飛行艇隊を志望した、という念の入れようだったが、その理由の一つは、戦闘機のように一人ぼっちではないこと、また航法には二人とも若干の自信があったからでもある。そしてなんと、またもいっしょに八〇一空への転勤である。それも分隊員二百名のなかの五名で、そのうちの二名が私たちだった。ここまでくると、まさに〝奇蹟〟としかいいようのない間柄であった。

八〇一空ってどこだ、北海道の厚岸かも知れないぞ、いや南方かも知れない、などといっていたら横浜だったとはうれしかった。というしだいで、今度もまたまた同室は山田というしまつであった。

そして、詫間への進出もいっしょだったが——十月三十日、私は川西へ飛び、彼は指宿から出撃——このたった一度の別れが、永遠の別れとなったのである。

私はぼうぜんとして殺風景な道場然とした雑魚寝の宿舎に帰りついたが、その夜はあれこれと考えて一睡もできなかった。そして最後に発したものは、「いずれオレもいくぞ、待っていてくれ」という一言であった。

一日おいて翌々日の十一月一日、豊岡良光中尉（早大・この日に進級）機が索敵に発進したが、彼もまた未帰還となった。しかも、彼は同期ただ一人の妻帯者で、奥さんはおりから身重だったという。その後、奥さんに彼の所在をたずねられ、ウソをつくのに大いに苦労した記憶がある。

このように未帰還者が続出するなかで、朝の整列もいつかさびしく半分以下になっていった。若い搭乗員の童顔がぽつりぽつりと消えていくのには、たまらなく心がいたんだ。

6　愛すべきナイン

十一月三日、この日は明治節である。指宿空の練習航空隊の予科練習生たちがにぎやかに演芸会をやっている。しかしこの夜、索敵に出るべく仮眠しなければならない私は、そのそうぞうしい音が気になってなかなか寝つかれない。

いままでも連日にわたって未帰還が出るということはなかったものの、敵の攻勢もいちだんとはげしさをましているころとて、私も今夜あたりが年貢のおさめどきかなと思ったが、ままよと腹をくくり、曾我中尉、河野上飛曹らとともにその夜の予定コースをじっくり検討し、いよいよ夜間索敵に出発した。

敵さえいなければ月夜の遊覧飛行としゃれこみたいところだが、どっこいそうはいかなかった。やはり予想どおり、先端ふきんで敵夜戦の攻撃を受けたが、すでに幾度となく交戦しているのでなんなくかわし、夜明けごろぶじに帰投した。さっそく弾痕を調べてみると、尾部に五～六発が命中していた。しかし、慣れとは恐ろしいもので、このくらいの弾丸にはへとも思わなくなっていた。

十一月五日の夜のことであった。大野少尉の機長転出につづけとばかり――私も台湾沖、比島、レイテ戦と、そのつどえがたい体験をし、これによる技術的な自信ができていたので、なんとか機長になりたいと思い、曾我中尉の私室をたずねた。

中尉はすでに床についていたが、「夜分、失礼します」といって入りこむと、「私も私なりになっとく行けるようになったので、機長にして下さい」とお願いした。

すると曾我中尉は、「お前がいてくれると助かるのだが……」と、しばらく黙考したあと、おもむろに、「ちょうど昭南（シンガポール）の八五一空が合併されるので、もし空きのペアがあれば話してみよう」といってくれた。私は、「ぜひお願いいたします」といって辞去したが、そのときの機長の顔がなんとなくさびしそうで、またそこまで私を信頼されていたのか、というよろこびもあって、感慨またひとしおだった。

十一月六日、指宿をたって久しぶりになつかしい横浜へ帰ってきた。浜空残留の同期たちともしばらくぶりの顔合わせだ。

十一月七日の昼ごろだったろうか、同期の川波活少尉（久留米高工）に、

「オイ、貴様、機長になっとるぞ、指揮所へ行ってみろ」

といわれ、とんで行ってみると、なるほど、編成表の名前のうえに機長と記入されている。いささか興奮の面もちでさっそくペアと初体面する。

彼らはサイゴンで哨戒に従事していた、なかなかの猛者《もさ》ぞろいで、しかも大半が佐鎮（佐

世保鎮守府）の人たちで、心強いことこのうえない連中だった。班長の笠原上整曹（埼玉県）は技量も抜群、温厚でよく部下を掌握しており、他のペアも心から信頼にたる人たちのようである。

「私は予備士官であるが、これまでいくたびか戦闘を経験してきている。これからはおなじ棺桶に乗るわけだ。みなで力を合わせてがんばろう」

その彼らをまえにして、私はかんたんなあいさつをしたが、その責任の重大さ、十名からの命をあずかることになったからには、口はばったいことだがとにかく、和と団結以外にないと心より感じた。

そんなある夜、日辻常雄少佐に同期数名が多度津のクラブで小宴をはったさい、はじめて飛行隊長の謦咳《けいがい》にせっし、私はあらためて感激をふかめた。そして機長になって周辺が一新し、さらに新しい力がおのずとわき上がるのを感じた。

つぎに、このときのペアをかかげてみよう。

班　長　笠原清次上整曹（埼玉）
主操縦　坂田潔上飛曹（熊本）
副操縦　武田勝利一飛曹（福岡）
主偵察　坂下岩太郎上飛曹（青森）
主電探　坂本幸上飛曹（熊本）

主電信　渡辺六郎一飛曹（佐賀）
副電信　伊藤静雄二飛曹（東京）
副搭整　猪原飛長（和歌山）
攻撃員　三浦飛長（北海道）

さいわいにこの時期はめずらしく平穏で、日夜、猛訓練に終始することができた。操縦員は飛行士とけんかしてでも操縦訓練に一回でも多く乗ろうとし、偵察員は私に天測、天測と毎晩のように機乗をせまるし、電信員は掌通信長に、電探員は専門の吉田少尉（熊本高工）につきまとい、各パートごとに技量のいっそうの向上にはげんだ。

また、たまの外出時にはちかくの料理屋で一同うちそろってのペア会をやり、意志の疎通をはかったが、私たちがたびたびペア会をやるので、名物になったほどだった。

十二月に入るころ、曾我中尉のペアと二機で台湾の東港へ転出する話が出た。しかし、結果は当方だけが残されることとなり、これが刺激になってなおいっそう訓練にはげみ、ペアの団結と技術の向上は急速に仕上がっていった。

あるとき鹿児島湾、指宿、呉をめぐる要務飛行があった。これまでにも一度くらいしていてもよかったのだが、私は、「ここがカーブのあげどころ」とばかり、要件をすべて完了するや、さっさと日帰りをきめこんだ。隊長は、「もう帰ってきたのか」というふうで、私はいささかカーブをあげたつもりだったが、ペアは大いに不満のようであった。

7　ヒョウタンの旗じるし

昭和二十年元旦は、なぜか予備士官は外出禁止をくらってしまい、いささかハラに一物あって、搭乗員会で飲むほどに、酔うほどに外出禁止はけしからんとばかり、酔いにまかせて、「隊長、外出します！」といって外出してしまった。ピカ一の大野少尉もいっしょだった。

その足で丸亀の旅館へ行き、さっそく宴会をはじめようとしたところ、酒は持参しているもののオカズがないと旅館の人がいうので、私が、「猪原飛長、河岸でなにか探してきてくれ」とたのむと、彼は黙々として河岸へ行き、やがてバケツ一ぱいのイカをもらってきた。破顔一笑、これこれとばかり大いに飲み、大いにくらって、翌朝、酔顔もうろうのていで帰隊したが、さいわいに待機なしの、おとがめなしというおめでたさだった。

このころ、私たちの任務は海上護衛艦隊への協力ということで、主として南西諸島方面への夜間索敵行であった。

これは、B29が大挙して北九州の工業地帯へ爆撃を敢行したあと、傷ついたB29が南九州や南西諸島の海面に不時着するのを救出するため、多数の敵潜水艦が充電をかねて夜間浮上するとのことで、これを電探で探知し、攻撃するものであった。

この作戦には疫病神の夜戦が出現しないのでわりとのんきで、夜間の航法、電探訓練さながらの飛行となり、この時期だけはほんの一時期ではあったが犠牲は皆無だった。

私たちは鹿児島湾上に飛行艇を係留し、鴨池《かもいけ》の鉾部隊（陸上基地隊）に居候をきめこみながら作戦に従事した。兵力も四、五機とすくなく、田栗大尉を基地指揮官として、ほかに私たち同期生と搭乗員という小世帯のおかげか、基地指揮官が甲板士官兼衛兵司令兼当直将校というわけで、大尉が、「今夜やるか」といえば、よろこび勇んで、「外出員整列！」の声に当直の腕章をつけてはせ参じる。

「帰隊時刻明朝〇七〇〇、かかれ！」

と令されるや、さっそく腕章をポケットに入れ、「外出いたします！」というわけである。搭乗員のほうも古参の人たちは、これまた右舷左舷もあらばこそ、毎日のように整列してニヤッと笑っている。しかし、ふところがさびしくなると、現われなくなる。私たちとて同様である。

こう書いてくると、エラクたるんでいるように見えるが、軍規、士気ともきわめて旺盛で、もとより本隊にはこのような外出はなかったが、支隊の方が歴然と「行き足（元気）」があると隊長がタイコ判をおしたのであった。そして神風特別攻撃隊にたいし、われを神風特別偵察隊と命名し、なおそれぞれに名称がつけられた。これも士気を鼓舞するのに大いに役立ったようだ。私のペアは私の姓が木下なので、木下藤吉郎、すなわち秀吉にあやかり、彼の〝千成ひょうたん〟から千成隊と名づけられた。

その名づけ親は名物男の先任伍長・三浦飛長であった。彼は四十歳をすぎての応召で、シャバでは巡査部長をやっていたとかで、なかなかの名物とっつぁんだった。

　そして千成隊を名乗ったあと、戦果をあげたさい、つまり潜水艦攻撃や夜戦を撃墜するたびに、ライフジャケットに赤いペンキでヒョウタンを描くことにした。

　さらにのりにのって、ヒョウタンを街で見つけると、マスコットがわりにかき集めた。それには貝がらあり、本物の小さいヒョウタンあり、木製あり、雑多であるが、これを一同は飛行帽に、要具の裏などにブラさげる。

　いよいよ出撃となって、飛行艇に搭乗するため駆け足をするうしろ姿に、可愛いヒョウタンがピョコタンピョコタンとおどり、緊張に胸がはりさけんばかりの瞬間に、一陣の涼風を感じさせるものがあった。

　二月はじめごろのことであった。前記の対潜作戦に出発することとなった。このときは基地上空の天候はそれほどでもなかったが、目標海域ふきんの天候はあまりよくないときいていたが、なるほど南西諸島に近づくにしたがって、だんだんと雲があつくなってくる。そこで雲上に出ようと高度をとるが、それもなかなかに出られない。やむなく四千メートルほどの高度をとって飛行をつづけた。

　文字どおり〝往きはよいよい〟で、いよいよ復航に入ってしばらくしたとき、暗夜にいきなり機銃掃射を受けた。被弾するはげしい衝撃音が連続して機内をふるわせる。

　敵機がいるような空域でもないので、思いきって機首灯をつけて見ておどろいた。機首灯の前縁にあつい氷が張りつき、さらに空中線にも氷がついている。

　さきほどの連続音は翼の前縁の氷か、ペラについた氷がはじけ飛んで機体に当たる音だったのである。小型機ならとうに失速状態になるところだ。ただちに高度を下げ、氷がとけるようにしないと危険だ。私は高度を千メートルまで下げるよう命じた。

同時に偵察席へ行き、いまどのへんを飛んでいるかとチャートをのぞいたが、私の悪い予感はズバリ的中していた。さあ大変である。戦場到達時から雲中飛行をつづけていたため、偏流測定も天測も不可能である。そこでやむなく電探により、つぎつぎ映像にうつしだされる島影を推測して飛行する以外にない。うまくいけばあまり大きなちがいはないはずだ。しかし、この高度では屋久島の千九百メートル級の峰にぶつかることはうけあいだ。しかも、屋久島にはあと数分で到達の予定だった。

そこで私は、戦場到達直前の風速、風向を計算し、思いきって倍にひねってみることにした。これでぶつかれば最後だ、と思いながら……。と、暗夜にスイスイと流れる雲の切れ間に、まことすれすれ、距離にして百メートルもないところに黒々と屋久島の山稜が見えてくる。やれやれ助かった、ほっとため息が出た。電探による推測航法はきわめて危険であり、いたしかたなく実施したのだがほぼまちがいなく、またコースのひねりもどうやらうまく行ったとみえる。

しかしながら、このコースをこのまま飛行するのは、はなはだ危険なので、私は独断で密雲のないところに出て、朝四時に都井岬に到達するようにコースを書きかえて飛行することにした。

一変して天候はよくなり、気をよくして一気に都井岬ふきんまで到達するころ、連合艦隊より、『ソノ機ハ只今ヨリ沖縄へ索敵ニ行クベシ』という電報が入ってきた。

だが、燃料はそれでなくともぎりぎりであり、余分なコースを飛行したので、いまさら沖縄へはむりである。いまの地点からでも、基地に帰投するまでにおよそ二時間はかかるのだ。それだけでも燃料はいっぱいだ。

そこで私は、帰ってからしかられるのを覚悟し、なに私がしかられればよいのだと思い、『ワレ燃料不足ノタメ索敵不能、基地ニ帰ル』と打電し、そのまま帰投したのであった。

帰りついて、そのことを隊長に報告すると、「その処置はよろしい」といわれ、とうぜんのことながらもほっとする。

あらためて機体を点検してみると、翼の前縁の塗料が数ヵ所にわたり、氷片が剝離するさいいっしょにはがれたのか、ジェラルミンの地が出ている。まさに〝命中音〟が救いの神となったのである。

この貴重な教訓は、場合によっては独断でコースを変更し、安全をはかるべく対処し、また危険な状況下でもコースの変更により、さらに的確な敵情をえられるということを教えてくれた。

8　苦あれば楽あり

三月一日――丹第一次作戦の発動前夜のこととて、日辻常雄隊長も大いに多忙のようである。

その夜、私と溝内春夫少尉（香川師範）機とが二機で、南西諸島方面の夜間索敵を実施した。

午後七時十分に基地を発進する。コースふきんの天候はよくもわるくもなく、どちらかといえばらくな索敵で、午前零時三十分に哨戒区域の先端に到達したが、敵を見ることなく復航に入る。

都井岬まで帰投したところで甲種電波（連合艦隊交信）から乙種電波（基地交信）に切りかえた。雲があついためどんどん高度をとる。雲上に出たかったが、いっこうに出られない。いまでは現在位置さえ雲中でわからなかった。あるいは八幡浜ふきんではないか、と思えたが……状況は前回とまったくおなじである。

その間にも風雨がはげしくなり、暗闇に見えかくれする翼をたたいている。機体はひどく流されているようだ。高度約四千メートル——とつぜん、機首がガクッと下がった。操縦員の操作ではない。どうやら機は巨大な積乱雲に突っ込んだようだ。

つぎの瞬間、強烈な下降気流に入り、操縦桿はまったくきかなくなった。とっさに気速計を見ると、機は失速直前のようにおそく、なおもぐんぐんと高度を下げている。下の雲の切れ間に山が見えている。これはいかん、このままではおしまいだと思ったとたん、こんどは急上昇をはじめた。つよい上昇気流に突っ込んだらしい。見ると気速計は二百ノットちかくをしめしている。

一転して機体は機首を上方にして上昇しつづけたかと思うと、また下降気流に入って機首を下げる。とまたまた急激に下降する。これを何度もくり返すのだから、まったくお手上げである。

こんどこそおしまいだなと思っていると、突然、機体はポーンとばかり、はげしい上下気流から放り出された。

なにぶんにもメチャクチャな気流の上下で、カンは狂いっぱなしだ。機体が斜めになって飛んでいるしまつで、あわてて姿勢をなおす。坂下上飛曹が、「どうします?」という。

「ウーン」私は一瞬、考えこんでしまった。この前の屋久島でのときは上下気流こそなかったが、やはりおなじく雲のなかであった。

まてよ、このまま基地に向かうとすると、はげしい風雨のなか、しかも瀬戸内の多島海だ。それに視界は不良だし、危険このうえもない。わるくすると島に激突するかも知れない。よーし、洋上に出よう。不時着も覚悟のうえだ——私はそう決心した。

そこで私は、現在位置をチャート（地図）上に石鎚《いしづち》山上空と仮定すると、まず、「百八十度ヨーソロ」で二時間飛び、それから右へ直角にまっすぐ飛べば大隅半島ふきんに行くだろう、そうすれば鹿児島か、指宿に不時着できると考え、コースを変更することにした。

気がつけば、まっこうからと思われるはげしい風と、しのつく雨で、艇内いたるところから雨もりがしている。しかし幸いなことに、はげしい上下動にもかかわらず、電探は平常どおり作動している。

しめた大丈夫だ、真っ暗だが電探が作動していれば安心——と、じょじょに高度を下げて高度二千メートルで飛ぶ。

そうこうするうちに夜が明けてきた。予定どおり変針するが、どうもようすがヘンである。陸岸が見えるはずがないのに見えている。おかしいぞ、それに九州の陸岸ともちがう。風雨は相変わらずはげしい。不時着できそうな場所も目下のところ見当たらない。

と、このとき笠原班長が、

「機長、もう燃料がわずかです！」

とさけんだ。こうなっては答えようがない。せっかく生きのびたのだから、なんとか不時着場所をさがさねばと思っていると、突然、視界不良の風雨のなかから一式陸攻が現われ、数十メートルの高度差ですれちがった。

みなは思わず、「アッ」と大声をあげた。もっともエンジンの音で声はかきけされていたけれど……。いまでいうニアミスである。これには本当にびっくりした。

高度をすこしずつ下げながら、荒々しい岩はだをみせる陸岸にそって飛びつつ、なおもけんめいに不時着場所を探すうち、広くはないがそうとう奥ふかい、細長い湾が見えてきた。

よし、ここにしようときめると、みなに万端をととのえさせて着水態勢に入る。しかし、なんとしてもせまい、やりなおしだ。艇は大木のそそり立つ森林すれすれにふたたび舞い上がる。こんどは森林すれすれに降下し、ドンピシャリ着水する。さすが千成隊である。

ひとまず陸岸にのし上げようとするが、波が荒いのでそれもならず、そのまま湾の奥へ入っていく。荒波もここではウソのように静まっている。

やがて陸岸から小舟で警官がやってきた。「ここはどこだ」と聞くと、「高知県の須崎港です」という。時に午前七時だった。

つまりは二時間飛んだつもりが、はげしい風により一時間しか飛ばず、しかも右にまっすぐとんだのか、なんとたどりついたところが足摺岬のちかくというわけであった。

なにはともあれ、おたがいにぶじをよろこび、さっそく機体の点検にかかったが、空中線一本も切れていなかった。イカリを積んでいなかったので漁船用のそれを漁師にかりて、艇を湾ふかく係留し、陸地へと上がった。

相変わらず風雨ははげしい。警官にたのんで搭乗員の一夜の宿をさがしてもらい、私は署長にあいさつに行った。

「とにかくよろしくたのみます。それから模写、撮影禁止の札をたてて下さい」

とたのむと、

「それでは警官を不寝番に立てますから、ゆっくり休んで下さい」といわれ、心より感謝した。

この日の朝方、『敵味方不明の大型機二機来襲』という空襲警報が出ていたというので私は、そのうちの一機は前記の一式陸攻で、一機はわれわれですといい、大笑いとなった。また、私がライフジャケットに拳銃をさしているのを見て、「いいものをもっておられますネ」というので、「これは自決用です」というと、署長は感にたえない面持であった。

おりからの嵐でふきんが停電なので、一応、陸電（通常電報）を指宿基地に打電したあと、みなのいる宿舎へ行き、わたのようにつかれた体を風呂で洗い流して、どろのように眠った。このとき私が打った陸電については後日談があった。つまり、最寄りに高知空があったのを失念していたのである。燃料補給などでやっかいになったあと、高知空司令からお目玉をくらったものである。

その夜、山内飛曹長（四月十七日戦死）、整備の川上少尉ほか下士官兵各一名が救援にかけつけてくれ、翌日からは町の人々の大歓迎を受けることとなった。婦人会の人々が総出で洗濯をしてくれることになったが、さすがの猛者連も最初は、くさい穴のあいた靴下や、よごれたシャツをはずかしがって出さなかったが、けっきょくはきれいに洗濯してもらった。

ごちそうもブリのとれる時期でもあって本当においしく、それにもまして土佐の酒はうまく、まるでゴクラクにいる気分だった。戦争などどこふくかぜ、のんびりと宿屋住いで食い物と酒はフンダン、いうことなしである。

艇の方も異常はなく、基地に帰るぶんのおよそ二千リットルの燃料を、補給しさえすればよいだけである。

これといって用のない連中が翼上でのんびりしていたところ、突如として飛行艇が飛来し、超低空で飛び去っていった。これは大変だ。はやく帰ってこいという指示飛行らしい。みなは大急ぎで準備をはじめた。

その間にも町の小学生が先生に引率され、モチをもってきてくれたり、山奥の人は、軍艦のような飛行機がきているといって見物にくるさわぎである。私は整備補給が終わるや、あつくお礼をのべて、そうそうに基地へと向かった。帰りついた私が、ぶじを隊長に報告したところ、なんと隊長は、「ユックリしてこいというむねを書いた通信筒を見なかったのか」といわれた。

僚機が超低空で飛来したとき、通信筒を落としていったのかと気づいたが、ガッカリ、あとの祭りである。

このとき司令より、賞辞をいただくとともにウイスキーまでちょうだいし、人員、機体、異状なしでまずはめでたしで幕がおりるはずだったが、ともに出発した溝内少尉機は同期の西岡静夫少尉（中央大）とともに、ついに未帰還となった。

私たちが須崎港へ不時着した午前七時ごろ、溝内機は佐多岬ふきんで遭難したもようである。この艇はただ一機の「K3」と称し、翼端フロートが離水後にはね上がる構造になっている飛行艇で、速力も五ノットは速くなっている機体であった。

また、丹第一次作戦の最初の一番機に編成されていた岩田精一大尉（予備十期）が、鹿児島から第五航空艦隊の命により、暴風雨のなかを強行避退を決行し、三月一日に淡路島南方山中に激突して散華するという悲劇があった。これには同期の山田甚助少尉（慶大）がいた。

その後、私が溝内少尉の遺品を整理していると、彼のベッドの枕の下から赤鉛筆で書いた、一つ軍人は……の五ヵ条が出てきた。きっと、かねてより心をきめていたのだろう。飄々《ひょう》として愛すべき男、決して肩をいからせ強がりをいわない男であった。

9　大挙出動せよ

そしていよいよ、第一次丹作戦が実施されることになった。

最初の編成では、一番機は岩田大尉機となっていたが、同大尉機が淡路島で殉職したので編成がえとなり、神風特別攻撃隊梓《あずさ》隊が編成されて、宮崎基地より発進する「銀河」二十五機の挺身誘導隊として、飛行艇二機が直接誘導することとなり、杉田正治中尉（彦根高商）機と小森宮正悳少尉（慶大）がえらばれた。

三月十一日の午前六時四十分、生田善次郎中尉（海兵七十三期）機がきわめて有効な天候偵察をウルシー敵基地の北方百二十カイリで実施して、攻撃隊の作戦に大いに寄与した。

そして、天候偵察を終了した後、敵の戦闘機の追躡を受けたものの、これをふり切り、ぶじ午後十一時四十五分に帰還した。

一方、杉田機と小森宮機は午前九時三十分に発進、みごと誘導を実施したが、杉田機はついに未帰還となった。小森宮機はメレヨン島に不時着した後、惨憺たる苦労をかさねた。そして不時着五十八日目の五月七日に、潜水艦でメレヨン島を脱出し、十六日をかけて五月二十三日に、ぶじ横須賀へ帰還した。

この作戦に関する手記は、すでに刊行されているので詳細はさけるが、私たちは、「小森宮機還る！」の報にこおどりし、メレヨン島における栄養失調による辛苦を聞かされ、人間の限界点への挑戦のきびしさ、またむなしさを聞かされ、大いに感動したものである。

この機には同期の遠藤一郎少尉（千葉師範）も同乗していたし、一時期には私も小森宮少尉と同乗していたこともあり、また酒友でもあったので、彼の帰還は本当にうれしかった。

さて、この作戦は、残念ながら大した効果はなく、かえって敵を挑発したかたちとなり、三月十七日には敵機動部隊が大挙して九州や四国に来襲することになり、わが隊もまた全力索敵を行なうこととなった。

これには五本の索敵コースがつくられ、私たちのペアは第四索として参加したが、それは最近にない強力なものであった。

これよりさき三月十五日のこと、豊田進中尉（海兵七十三期）が来室して、「木下少尉、拳銃をかして下さい」という。私が「どうぞ、どうぞ」といって渡すと、「借用書を入れましょうか」というので、「いや、いりませんよ、どうせ明日は帰ってこられるのですから……」といったのだったが……。

その彼もついに還らなかった。十六日の朝四時三十分まで、敵機動部隊に接触を実施したはてのことだった。

三月十七日の索敵コースは、第一索＝生田善次郎中尉機、第二索＝小山登𠮷男中尉（早大）機、第三索＝尾崎功少尉（日本獣医）機、第四索は私、第五索が末吉三郎少尉（甲飛一期）の五コースとさだめられた。

この日の第四索のペアはつぎのとおりである。

機長　木下少尉
操縦　坂田潔上飛曹
　　　武田勝利一飛曹
偵察　堺眞作少尉（明大）
　　　坂下岩太郎上飛曹
　　　三浦飛長
電信　永田上飛曹
　　　玉谷二郎二飛曹
電探　浜崎初二少尉（九州歯科医専）
　　　坂本幸上飛曹
　　　川瀬義雄飛長
整備　笠原清次上整曹
　　　猪原飛長

発進の予定は午後八時で、いつものように昼寝をした私は、山ぎわの宿舎から戦闘指揮所へ入った。チャート（航空図）をのぞくと、なるほどゴマンと敵機動部隊が記入されている。今夜はどのコースを飛んでも敵に会うぞ——と思い、その夜の搭乗機「九十五号」艇に行く。そこでは笠原班長をはじめ、各部署ごとに油まみれになって調整中で、日ごろとは目つきもちがうようである。ホゾをかためてベストをつくそうという姿勢だ。

私はひとり機長席にすわり、じっと目をつぶる。亡き同期搭乗員の顔がつぎつぎと現われる。おもえば十九年七月の転勤いらい八ヵ月余で、あまりにも数多くの戦友たちが散っていった。

ふと気づくと、試運転の轟音も消え、ペアの者たちもいつか引きあげてしまっていた。静かになった艇内から外を見ると、瀬戸内海特有ののどかな風景であり、むしろけだるい感じさえする。

それなのに——ここから数百マイルしかはなれていない地点では、たがいに見もしらぬ日米の兵士たちによって死闘がくりひろげられているのだ。そして私もいま、そこへ飛びこんでいくのである。ここで私は、いつもそうであるが、ふかぶかと深呼吸をする。生きている証拠だというためにか——。

そのあと笠原班長に、燃料はいつもどおり翼内各七百リットルと念をおす。これは離水してから戦場到達までに翼内タンクの燃料を消費してしまうためで、これにより被弾による火災を最小限にくいとめられるのである。

艇を下りてあたりを見まわすと、どの艇も調整にけんめいであった。

私室にもどってもういちど索敵コースを検討し、一時ボケーッとしている。私の部屋の壁には亡き同期の名前が墨痕《ぼくこん》あざやかに書きつらねられている。こんどは私かな、と一瞬思ったが、マアマアと思いなおす。おもむろにしたくをして戦闘指揮所へと行く。あたりはすっかりヤミにつつまれている。

海辺では内火艇が測定している。『風、SW（南西）三メートル、ウネリ少々アリ』と発光信号は告げている。まあまあのコンディションである。

外ではごうごうと試運転の音がひびいているが、ぶきみなほど戦闘指揮所内は静かである。神棚に灯明がともされ、動の前の静か、なにかすごく緊張するのは毎回のことである。

「搭乗員、指揮所前整列――」

とさけぶ当直下士官の声に、ダッダッとおしよせてくる搭乗員の半長靴の音はすさまじい。いつも二コースくらいの索敵なのに今夜は五コースゆえ、七十名からの搭乗員が飛行服に身をかためて整列するのだから壮観である。

隊長にとどける各ペアの声がひびきわたる。〝飛行艇の神様〟といわれる温厚な日辻隊長は、いつものようになかばうつむきかげんで、ゆっくり答礼する。

「休め、休んだまま聞け。くわしいことはさきほど機長に達したとおり、今夜はどのコースを飛んでも会敵の公算はきわめて大きい。各配置において充分緊張するように……とくに電信連絡はしっかりやれ。なお戦場ふきんの天候はおおむね良好。しっかりやれ、出発！かかれ！」

かんたんにして明快な訓示は終わる。

私はペアに「休め」をかけて、たくましいみなの顔を見る。

「注意事項はいま達せられたとおり。各配置とも補用品その他をよく点検せよ、天下の千成隊だ。かかれ！」

いっせいにかけ足で艇に向かう。飛行帽の後方に例のヒョウタンがピョコンピョコンとゆれ、とても可愛らしい。私が二十五歳で最年長、最年少は川瀬飛長の十八歳、文字どおりの若鷲である。

私は機長席につき、コンパス、スイッチを点検する。各配置から元気のよい声で、「よろしい」「よろしい」の連呼がおこり、整備兵に丸く懐中電灯をふって「よろしい」の合図をする。

静かに外発のレバーが押されて、艇はポンドをすべりおりる。まもなくグラリとゆれて大地とお別れである。一番はじめに第二索の小山機が午後七時五十分に離れ、ついで私と生田機、つづいて末吉機、尾崎機と一機また一機、暗夜に白い波頭をのこしつつ離水していく。さぞや地上で見ていたなら壮観なことだろう。

やがて、機体がスーッと浮上する。みごとに離水し、障害灯が点々と後方へ走り去っていく。視界は漆黒のヤミである。ときおり、灰色の雲のかけらがスーッと後方に飛んでいく。ここで私はブザーで「警戒」を発令する。ただちに弾倉は装塡され、電信が連絡の第一信をとる。

10　ぶきみな命中音

このあたりは、いつも飛びなれたコースである。私は艇内を歩きまわって、灯火管制をしているなか各配置を見てまわる。

岬の真上には敵の夜間戦闘機が待機していることがあり、そこはちょっとはずして哨戒基点である足摺岬沖の洋上へといそぐ。基点到達と同時に「戦闘」を発令、索敵態勢に入る。

ここで班長より燃料の報告があり、「翼内タンクゼロ」——予定どおりである。このまま「敵ヲ見ズ」予定どおりの索敵が行なわれればよいが、なかなかそうはいかない。

このとき電信の永田兵曹が、私の肩をたたいて電文を見せる。他のコースをゆく機の打った傍受電報である。

『敵機動部隊探知、地点……時間……』とあり、つづいて、『ワレ戦闘機ノ追躡ヲ受ク』とある。われわれとの間隔は百マイルとない。にわかに艇内に緊張がはしる。

だが、なぜかこのコースは、きみのわるいほど静かである。月さえおぼろに照っている。しかし、ここよりわずかな距離にある僚友たちは機動部隊を探知し、さらに夜戦と壮絶な戦闘をつづけているのだ。さらに油断なく見張りをつづける。

まもなく復航に入る。他機からのきびしい電報はポツンポツンと切れてゆく。電信機の故障にちがいないといいきかせる。

「基点到達予定時刻は〇一〇〇（午前一時）！」

と坂下兵曹から報告がある。予定どおりだ。

「ああ、ついに敵に会わずか」と半ば失望と半ば安堵のうちに、甲種電波（連合艦隊用）から乙種電波（基地用）に電波を切りかえようと思っていたところ、前席から電探の坂本兵曹が、ころがるようにかけ上がってきて、私のそでを引っぱる。

こちらも急いで前席におり電探をのぞくと、機動部隊だ——ぶきみな青白い反射波が、ヒクヒクとブラウン管のなかで呼吸しているようだ。左四十キロだ。

私はいそぎ席にもどり、坂田兵曹の右肩をたたく。かねての合図の右旋回である。

そのとき——右下方から強烈な真っ赤な火箭をあびた。いよいよおいでなさった。敵の夜間戦闘機の攻撃である。すかさずブザーで中央席の堺少尉に〝反射紙散布〟を令する。

と、火箭が反射紙のほうに走りはじめる。この反射紙は敵の電探をあざむくためのもので、飛行艇とおなじ波長に写る銀紙であり、これを散布すると敵の電探を撹乱し、あらぬ方向に火箭が散るしくみなのだ。

当方の機銃の反撃にまつまでもなく、たちまち夜戦の攻撃より離脱する。気速二百ノット、すれすれでうまくかわすことができた。日ごろの連係プレーのたまものである。みなもホッとして、私の顔を見てニヤッと笑う。この余裕であれば大丈夫、よし、今日は模範索敵をやるぞ、とみずからにいいきかす。

気速を落とし、ただちに上昇して断雲のうえに出るや、高度三千メートルで天測をする。ベカ、アンタレス、アルタイルをつぎつぎと満天の星くずから日ごろの訓練でさがし出し、操縦がドンピシャリでセットした地点で手ばやく測定をする。

この間にも電信永田兵曹に、つぎつぎと電文を手わたす。

『タナ一　敵機動部隊ヲ探知　地点——、時間——』『ツセウ　敵戦闘機ノ追躡ヲ受ク』『タナ二先ノタナ一ノ敵ノ天測位置ハ――、針路――、時間――』『タナ三　敵付近の天候クモリウコ（雲高）千、ウレ（雲量）十、シカ（視界）〇、時間――』

とやつぎばやに電報を打つ。みなの顔に、はげしい殺気がみなぎっている。

戦場離脱は午前二時だった。まだまだ時間がある。ふたたび接触に入ることにする。

こうしてもういちど敵を探知し、天測位置を確認すると、敵機動部隊の針路、速力、位置が算出されるのである。

と、このとき尾部二十ミリ機銃座の猪原飛長から、短符連送『・・・』のブザーがはげしくなった。これは『小型機見ユ』の信号だ。とたんにガンガンガンという命中音がする。どうやら被弾したらしい。

私は「射撃開始」のブザーを押すと同時に、坂田兵曹に「全速、高度下げ」をサインする。またもガンガンガンという命中音と、わが機からのはげしい発射音が起こり、機体が振動する。

そのうち、はげしい命中音とともに、右外側のエンジンがバッと火をふいた。真っ赤な炎がスーッと尾をひく。

「いけねえ、アウトかな」

と一瞬思う。このとき笠原班長が落ちついてのぞきこむと、すかさず消火のレバーをひいた。消えた、消えた。日ごろのたゆまぬ整備のおかげだ。

みな顔を見合わせる。またもニヤッと笑う。よし、よし、みな余裕がある。落ち着いている、大丈夫だ。

高度はぐんぐん下がるが、敵の攻撃はいぜんつづいている。風防から後方を見ると、ぶきみな小さな光が点々と追ってくる。六、七機はいるようだ。

さて電報だ、と私が電信席へ行くと、なんと永田兵曹の頭から血がふき、暗号書までが血だらけだ。いそいでマフラーで頭をつつんでしばり、「大丈夫か」とどなる。傷はふかいようだが、気のつよい彼は、平然と笑っている。

『タナ四　一発火災空戦中ナルモ士気旺盛　時間――』

と、とぼしい灯の下で電鍵は鳴る。ちょっと受聴器に耳をあてると、なんと敵は平文で相互に会話をかわしている。「ヘイ　ネクスト　ジョー　ゴー」という具合である。小しゃくな奴らだ。

機長席にもどるべく後部を見ると、通路にだれか倒れている。左側の二十ミリ銃座の川瀬飛長らしい。同期の浜崎少尉は歯科医出身である。私は彼に、

「貴様、ちょっと見てくれ」

とたのんで席にもどる。しばらくして手当をすませた浜崎少尉がもどってきて、

「川瀬飛長だが、腹部に被弾して出血が多い、応急処置をしてきた」

といいつつ部署にもどる。いまは元気でいてくれ、と念ずるのみだ。高圧パイプにも被弾したらしく、艇内は油と血でいっぱいだ。機銃の発射ショックが以前より少なくなったようだ。

そこへ背銃座の三浦飛長が突然とんできて、

「機長、一機撃墜しました！」とさけぶ。

「確認したか」というと、深くうなずく。私からみなに伝えると、どっとよろこぶ顔々でいっぱいだ。気のせいか、敵の攻撃もゆるんだようだ。時計を見ると午前五時三十分であった。

どうやらこちらも弾丸がなくなったようだ。外はだんだんと明るくなってくる。つぎの〝敵〟は黎明である。明るくなるとおしまいである。弾丸はないし、朝になれば敵の視界に入る。敵はまだ数機がいるはずだ。

これでおしまいだ――と私も思った。すでにわが艇は第一エンジンが被弾焼損、第三エンジンも振動がはげしい。気速はようやく百二十ノットそこそこである。みなも疲労の色がこい。目も真っ赤に充血している。しかし、まだまだ頑張らねば、と思う。まさに竜虎の前の小兎にひとしいのだが……。

11　陸岸にのし上げろ

いよいよあたりは明るくなってきた。上方を見ると、敵機は後上方約二千メートルに二機、前上方に二機いる。私はとにかく「〇度ヨーソロ」で飛ぶことにした。

このまま飛んでも、かならず日本列島に到達するだろう、と。

これを見た敵機は、前上方の二機が進行方向を牽制し、後上方の二機が交代でダイブに入り攻撃をかけてくる。こちらは高度五百メートルくらいで飛び、敵がダイブに入ると変針する、いわゆる之字運動をつづけるのみだ。

しかし、エンジンは弱々しく、変針すると翼端が波頭にふれそうになる。しかも、二十ミリの弾丸はもはや一発もない。七・七ミリ機銃はあるが、これでは蚊も殺せない。ただただ敵に機銃を向け、いつでも発射しそうなようすをみせるだけで、まったく心細い。

陸地はまだ見えない。燃料もあとわずかである。敵は相変わらず交互にダイブに入る。敵も着弾距離まで降下すると、「沈み」により自分もあぶないものだから、われわれが変針するとすぐにやりなおす。

空は青く、雲は朝日を受けてピンクにかがやいている。陸にいればすがすがしい朝なのだが、ここはまさに修羅場で、生死をかけた戦いがつづいている。各配置で疲労困憊の身心にムチ打ってけんめいにがんばっているペアは、それこそ崇高であり気高くさえ感じる。

機長席のそばに坂下上飛曹が、チャート（航空図）を片手に立っている。

ふと気づくと、敵が見えなくなっていた。敵の攻撃から離脱したのか、敵も母艦に帰る燃料が心細いので帰ったのだろうか。いや、これはこわいぞ、敵が私たちとおなじ高度で海面をはってきたらおしまいだ、四機が単縦陣できたら……。

敵の姿が見えなくなって、私はかえってこわくてたまらなくなった。

陸岸はまだ見えない。坂下兵曹が、「あと五分飛びましょう。きっと見えますヨ」という。私も一応、最後の電文をつづった。

『ワレ勇戦奮闘スルモ能ワズ今ヨリ自爆ス』と——。なにかわからないことが、つかれた頭のなかをかけめぐっているようだ。子どものときのこと、学生のときのこと、父母兄弟のこと、戦友のこと……。

しばらくして操縦の武田兵曹が突然、大声で、「見えた、見えたぞ!」とおどり上がってさけんだ。

見れば水平線のかなたに陸線が黒々と浮かんでいる。なぜか涙がボロボロと出てきた。みなも泣いている。

ついに生還か、しかしまだ、敵は見えなくなったもののきびしい警戒が必要だ。四方に目をくばりつつ、着水準備を手空きのものがする。

なにせ被弾がはげしかったので、遮光膜に使った毛布を被弾の穴につめることだった。同時に艇をできるだけ軽くするために、不要のサブ電信機などみな海にすてた。

陸岸にちかくなってきた。もう大丈夫だ、灯台が見える、海防艦がいるではないか。しかし、艇の底は穴だらけだから、陸岸にのしあげるしかない。滑水距離をできるだけ短くして着水に入る。

一瞬ののち艇体は、ドドッと陸岸にのし上げた。ときに午前六時五十分——。

私は窓から顔を出して、まず胸一ぱいに深呼吸をすると、ただちに作業に入る。

浜崎少尉には海防艦へ行って本隊へ打電することをたのみ、堺少尉と笠原班長とで被害状況の点検をするよう指示して、私は川瀬飛長(ほとんど呼吸をしていない)と負傷の永田兵曹を、元気な坂田兵曹とともに医者へつれて行くことにした。

町医者に診察してもらって、帰りに海防艦の艦長にあいさつに寄ったところ、労をねぎらわれて小カップ一杯のウイスキーをごちそうになったが、そのうまかったこと。

これからが息つく間もないほどの大いそがしとなった。伊勢の防備隊（御木元島）への連絡、そこへ行く舟の手配など、疲労困憊のなかで、みなはそれぞれの配置でよく働いた。腹がへってきたところで、土地の人がカキの養殖をしているとかでそれをいただき、火をおこして海水の味で食べたが、じつにうまく、みなは生命の尊さの実感をこめて味わったものである。

このたびの作戦で受けた被害は戦死者一名、重傷者一名、機体中破、被弾百七十発であった。ほかに三機が未帰還となり、詫間基地にも敵艦上機が数回にわたって来襲し、これにより大艇二機が炎上、戦死者一名、重傷者一名という大きな被害が生じたのであった。

そのあと、私たちはすぐさま夜間遊覧船で川瀬飛長の遺体とともに伊勢防備隊に行き、さっそく軍医官による死体検案を私の立ち合いで行なった。永田兵曹は、頭部剥過銃創と診断された。翌日、司令以下、とくに副長には全面的な協力をしてもらい、川瀬飛長を荼毘にふした。

機体の修理には横浜航空隊から藤田飛曹長以下四名が来援し、また川西飛行機会社からも技師がきて、すでに各所を点検していた。

私たちもぐずぐずできぬため、ただちに陸行で帰途についた。このとき伊勢神宮に戦勝祈願のため参拝したが、油によごれた飛行服を着用し、遺骨をもち、なかには弾が貫通したヤカンをぶらさげていたので、さだめし異様な風体だったろう。憲兵がジロジロ見ていたが、私たちはいっさいかまわず、威風堂々と参拝した。

なお、近鉄は私たちのために一車両増結してくれ、私たちのペアだけで一車両を占領するという破格のあつかいをしてくれた。

このころの大阪は空襲がひんぱんなので京都へ行き、海軍警備府のキモ入りで駅前の軍人会館に一泊することができ、永田兵曹は海軍病院で治療を受けることができた。このとき元舞鎮長官にお会いすることができ、大いに感激したものである。

おりから京都駅も被災者や疎開者などで雑踏をきわめ、基地で作戦だけしていた私たちにも、これは容易ならないことと、あらためて緊張を新たにした。

ここでおりよく三両ばかり、大阪からの被災者用の空車があったので、それを空けさせて乗りこんだ。

このころになると、傷夷軍人が白衣で乗っていても席をゆずらないのか、カッとなった私は突っ立ったままの彼ら数名を、お前たちはここへすわれといってすわらせた。

超満員の鈍行列車が駅に着くたびの乗り降りは、まさにケンカさわぎそのものだった。ちょうど加古川駅で、朝鮮の竜山連隊に入隊するという若者がいたが、だれも乗せてやらない。そこで笠原班長が乗れ乗れといって窓から入れてやった。見送りの人々もこれには狂喜していた。

このあと岡山、宇野、高松と乗りつぎ、高松から隊へ電話をしておいたので、詫間駅には士官バスの出迎えがあり、要務士と川瀬飛長の同年兵が迎えにきてくれていた。

そして隊へ着いたところ、総員が出迎えの位置についており、面くらってしまった。しかし、生きて帰れたというよろこびは、ひとしおであった。が、その一方で僚機の未帰還を知り、あらためて暗澹たる気持ちになった。

その後まもなく、的矢港で応急修理をすませた愛機を引き取りに、陸路、混雑きわまりない列車を乗りついでおもむいたところ、現地でふたたび相まみえた愛機は、傷つき痛々しく見えたが、救援隊の必死の努力によって飛行可能の状態となり、とにかく少量の燃料を搭載して、敵小型機の来襲のおそれの大きい白昼、的矢湾を発進して、陸岸にそって潮岬をへて詫間基地に向かったのだった。

もちろん機銃弾など一発もないので、もし途中で敵小型機に出合えばイチコロだと思い、気が気ではなかった。

紀伊水道の上空で、またもエンジンの調子がおかしくなり、やむなく徳島県の小松島航空隊に不時着し、基地整備員に点検してもらった。ふたたび飛行可能の状態となって、なんとか詫間基地までたどりついたときは、本当にホッとし、一同、思わず顔を見合わせたものだった。

この激戦で三機が未帰還となり、私のペアの戦死者をふくめ総計五十有余名の戦死者を出したのである。

12　悲しき白壁

このころになって、有効索敵高度についていろいろと議論が起こり、高高度による敵機動部隊への触接がよいとか、比較的に低高度で触接する方がよいとか、諸説紛々であった。

高高度による場合は、敵機動部隊を百キロくらいはなれたところで電探で捕捉できるが、低高度の場合は数十キロという近距離でなければ捕捉できない。

一方、敵機動部隊はその上空に数層にわたって夜間戦闘機を配し、警戒状態で待機しているようで、わが索敵機がちかづくとまず艦隊のレーダーがわれを捕捉し、上空に待機している夜間戦闘機にわれわれの位置を連絡して、数機で強襲をかけてくるといった戦法をとっていたようだ。

二式飛行艇は一口にいえば、大きな燃料タンクが飛行しているようなもので、その艇内燃料タンクこそ防弾装置はひじょうに強力なものだったが、瞬時の速力は二百五十ノットは出ても永続できないし、搭載火器は二十ミリ四門、その他七・七ミリ機銃三門と、きわめて非力であった。

はじめは機首に二十ミリ機銃が搭載してあったが、索敵能力を増大するためにこれを取りはずし、電探の空中線とした。これは電探員の操作によって動き、従来より広い角度の範囲を索敵できる効果があったようだ。

とにかく私の持論としては、低高度で索敵に入った方がよかろうということだった。これは、敵機動部隊にたいする接近度も高く、また燃料消費も大きいのだが、至近距離で敵機動部隊を探知でき、その位置も比較的に正確にとらえることができ、飛行艇のもっとも弱点である艇底部を敵にさらすことなく、うまくゆけば敵機動部隊の電探に捕捉されにくい、と考えたからである。

そして敵機動部隊を探知すると同時に反転、そのまま海面をはうようにして避退でき、敵夜間戦闘機の攻撃も最小限にさけられるのではないかと考え、他のペアたちより低高度で侵入、避退、再接触を行なったのである。これらはたびたび全員による、それぞれの体験を図上に具現しての甲論乙駁のなかから、もっとも適切と思われる方法によって、各自それぞれの方策をたてて索敵を行なったようである。

一方、このころから敵艦上機による空襲もひんぱんとなり、基地においてもおちおちできなくなってきた。おとりのボロ飛行艇を滑走台にならべておいたところ、これをやたらに銃撃していったこともある。

ある日のこと、私が大野少尉とのんびりと戦闘指揮所へ歩いていたとき、突如としてエンジンを切ったまま滑空で侵入してきた艦上機があった。なにげなくヒョイと振りむいたら、それがまっすぐ私たちを目がけて突っ込んでくるところだった。しまった、それっとばかりに二人はけんめいに走った。しかし幸いなことに、飛行艇からおろした二十ミリ機銃がちかくの掩体壕から火をふき、敵機の脚カバーをはねとばして敵に発射させなかったため、ことなきをえたが、まさにゾッとする話であった。搭乗員が陸で死ぬなどは、やはりはずかしい。

とはいえ京阪神、京浜地方ほどのはげしい空襲を受けていないこの香川県地方は、まだまだそれほどのきびしさは感じられなかった。

ある一日、私は浜崎少尉と外出した。そのころでも私たちはたくさんの航空増加食をもらっており、甘いいろいろなお菓子が豊富にあった。私はもちろん左の方だけで、甘いものは見向きもしなかったが……。

この日も、それらのものをたくさん持って、丸亀の映画館へでかけた。ちかくにいる小学校の生徒らにあげると、大変なよろこびようだった。とにかく、甘いものは干し柿か乾燥イモしかないころである。

その日もちょうど居眠り防止食というチョコレートを持っていたので、ちかくの子供にあげると、しばらくこれを見ていたがけげんそうな顔をして、

「兵隊さんこれなんや、石けんとちゃうか」

といわれ、この子供たちはチョコレートを知らないんだ、と思わず浜崎と顔を見合わせ、暗然とした。

私の遠縁の子が観音寺におり、ときどきゆで卵などを大量に持って遊びにくる。これがまたよく飯を食い、アルミの椀に二、三ばいは食べる。同期の人気者である。兵隊が食事を持ってくるのを見て、

「あの人も兵隊さん？」

　とびっくりしている。

「兵隊さんは戦争だけでなく、いろいろのことをするんだよ」

　というと、納得したようなしないような顔をしている（今は一部上場の会社の社長）。

　それにつけても、このごろは大都会以外の地方の都市でも、物資が欠乏しているのだなと切実に感じた。

　昭和二十年も四月に入ると、飛行艇の被害はますます甚大となり、さらに大型機の生産が中止されたとかで、よれよれの飛行艇を修理しつつ飛行任務がつづけられたが、ついに飛行艇残存兵力がすべて詫間に集結されることになった。

　四月二日、指宿にいる佐伯空飛行艇隊が、四月十六日には台湾の東港にいる九〇一空飛行艇隊が合併され、詫間空飛行艇隊となった。

　このころ、私たちの部屋の白壁に同期の後藤摂二少尉が墨痕あざやかに、
　壮士一度去って又還らず　風粛々として易水寒し
と序し、戦死した同期二十五名の名をつらねて霊をなぐさめた。

　この涙して記された氏名の一人ひとりに思いをはせるとき、戦《いくさ》の非情さがひしひしと胸にせまってくる。はたしてオレの名が書かれるのはいつか、いずれにせよ、そう遠い日ではなかろう。私が的矢湾に不時着したときは同期九名を一夜にして失い、約五十名からの搭乗員を失った。隊長の心中またいかばかりか、はかりしれないものがあったろう。終戦の日まで、

このあとさらに同期五名がくわわるのである。

さきの空戦で負傷した搭乗員の永田上飛曹は、包帯のとれぬまま敢然としてちょうど一ヵ月後の四月十七日、沖縄方面の夜間索敵に出撃し、午前一時四十分に「ツセウ」、午前二時三十分に「ツセウ」を発したまま未帰還となった。

私の艇にはプラスとして搭乗したのだが、明るい好青年であった。いよいよ出撃する夜、真っ白い包帯を飛行帽の下からはみださせながら、「いって参ります！」と笑顔でいって、それっきり還らなかった。

13　白昼の決死行

四月二十九日、第二次丹作戦の一環として、トラック島への挺身輸送が、横浜から佐々木大尉（海兵七十二期）機により行なわれた。

詫間をたつ朝、戦闘指揮所へゆくと、わがペアの笠原兵曹と武田上整が飛行服を着用しているので、「どうしたんだ」と聞くと、挺身輸送のプラスで行くのだという。私が「もってのほか」とばかり怒って、機長の吉沢一雄中尉（海浜七十三期）に抗議したがむなしかった。

ちょうどそのころ、私は水虫になやまされ、戦闘指揮所へ出てこられず、これらの事情についてはまったく聞かされていなかったのだ。それがこの事態をよんだのかと思うと、残念でたまらなかった。

彼らはこの日、銀河隊基地員十名および物件一・五トンを輸送するため、午後五時に横浜を発進し、午前五時三十分に着水、輸送任務をみごとに達成完了したが、午前十時三十分に敵戦闘機の大群来襲との報に空中避退をしたが、敵戦闘機と交戦、確実に戦闘機二機を撃墜（潜水艦が確認している）したが、ついに被弾炎上、自爆した。またもかけがえのない戦友をなくしてしまったのだ。

これよりさきの四月二十七日、私は沖縄方面への夜間索敵に出撃した。午後八時に発進、索敵コース先端ふきんで潜水艦らしきものを探知したのち、午前三時に敵戦闘機と交戦するはめになったが、すでに数度の交戦経験があるから、そこはなれたものでうまく避退し、午前五時五十分にぶじ帰着した。被害状況をしらべてみると、被弾わずかに二発のみであった。

このころになると敵の夜戦は、都井岬など岬の上空に待機していて、私たち索敵機が岬を起点として出発するのをねらって迎撃する作戦をとっていた。

そこで私たちはあえて岬を起点とせず、洋上のX地点を起点として出発、索敵コースに入るようにしていた。

また、敵のわが基地への攻撃もいちだんと活発になっていったが、みなすばらしい技量を発揮して、重要な夜間索敵により敵機動部隊の確認、天候偵察などを敢行し、翌日の特攻作戦に重要かつ正確な資料を提供して、大きな効果をあげた。

しかし、第二次丹作戦も準備だけに終わり、五月に入るやさらに新たな大作戦——第三次丹作戦が実施されることになった。内容はおよそつぎのようなものであった。

任務＝沖ノ鳥島に到達線を構成するとともに、航路ふきんの天候偵察を実施し、特攻隊の間接誘導に任ずる。

編成＝二式飛行艇二機をもって挺身誘導隊を編成する。

行動＝二式飛行艇はX日の午前二時、詫間基地を発進、宮崎基地を発進する特攻隊（銀河隊）に先行し、午前十時ごろ沖ノ鳥島上空へ到達、一番機が東側、二番機が西側に、特攻隊航路に直角の方向に各六十カイリの到達線を構成する。この到達線は目標弾を十カイリ間隔に投下する。

さらに十カイリ進撃して、ふきんの天候偵察を実施し、特攻隊の通過を見とどけて帰投する。

というものであった。そして、X日は五月七日と決定された。

さきの第一次丹作戦とおなじく、宮崎基地より発進する特攻機は銀河二十五機である。これは神風特別攻撃隊第四御楯《みたて》隊と命名され、その挺身誘導隊として二式飛行艇二機をもって当たることになったのである。その搭乗員は表のとおりだった。

この一番機には私たちのペアのほか、プラスとして機長温品大尉（海兵七十二期）および豊福上整曹。二番機は神先中尉（神戸商大）を機長として同期の峯脇少尉（立命館大）、高倉少尉（明大）、後藤少尉（神戸高工）が同乗。私のところは堺少尉（明大）が同乗することになった。なお機長がプラスということは、吉沢一雄中尉が病で入室中のためだった。

なにぶんにもわが千成隊は一騎当千の荒武者たちである。編成が決定されたときのよろこびもまたひとしおだった。部隊のなかでも数多くの実戦を体験し、その闘志と団結力にはすばらしいものがあったのだ。

夜間索敵のさいにも以心伝心で、そろそろ高度を下げようかなと思っていると、坂田上飛曹がひょいと後を見て手のひらを上方にヒラヒラ動かす、そこで私がオーケーサインを出す、といった具合で、おたがいに顔を見ただけで、いわんとすることも行なわんとすることも通じるのである。

もとより伝声管などつけていないので、飛行帽の耳かくしをまくってワメカなくてもすむのである。

また、猛烈な攻撃を受け、はげしい火箭に見舞われたさいは、たくみに艇をすべらしてよける。とんでもない方向に敵の火箭が集結するのを見て、顔を見合わせてニタリと笑う余裕すらあった。

これも、あまり搭乗員の移動を考えず、うまいまずいよりも団結を優先するという私の方針が好結果を生んだものと思う。

この作戦のただ一つおそろしい点といえば、白昼堂々の行動であったが……とにかくベストをつくすのみ、もって天命を待つの心境で準備に入った。

一番機	二番機
温品逸水大尉	神先亮三中尉
木下少尉（私）	峯脇保少尉
堺眞作少尉	後藤摂二少尉
豊福上整曹	高倉宏一少尉
坂田潔上飛曹	山口上整曹
坂下岩太郎上飛曹	古庄上飛曹
坂本幸上飛曹	木下上飛曹
玉井巧上飛曹	宇野上飛曹
武田勝利一飛曹	原田一飛曹
玉谷二郎一飛曹	平山一飛曹
太田一飛曹	有光二飛曹
猪原　飛長	大西二飛曹

さきにのべたように、特攻隊に先行して、それぞれ単機ではるかの洋上にある小さな、あまりに小さな直径二キロのリーフ（サンゴ礁）である沖ノ鳥島に突っかけるのである。直径二キロの島というと、太平洋のど真ん中ではゴマつぶより小さい、バクテリアの一細胞にもひとしい大きさの島である。が、そこは天下の千成隊、完璧な偵察員と操縦員によって行なわれるので、二番機ともどもなんら心配していなかったようである。

とにかく搭乗する二式飛行艇もまた、完璧でなくてはならない。そこで試飛行はくり返し行ない、そのつどチェックし整備をしたのだが、思いもよらぬアクシデントが起こったのは、まことに残念であった。

14　一番機発進せよ！

決行日もせまったある日、川西航空会社に要務飛行をかねての試飛行を行なうことになった。飛行艇の諸雑務のほかに、同期の須藤専吉少尉（専大）をむかえにゆくためであった。

五月晴れのすがすがしいある日、中国山脈の上空で垂直旋回まで行なうなどして試飛行する。そして数々のチェックポイントを点検してから、いよいよ川西航空甲南工場へと向かった。

上々の好天気なのだが、敵戦闘機や爆撃機はこのころになると白昼堂々、軍需工場や都市をひんぱんに攻撃してくるので、もとより警戒はおこたりなく、やがて艇は神戸須磨上空にさしかかる。高度はおよそ二千メートルくらいであろう。と、このとき急に下方からはげしい高射砲の攻撃を受けた。

「よせやい、敵とまちがえるなヨ」

と思い、ひょいと上方を見ると、なんとB29の大編隊が第一梯団、第二梯団と図上を通過しながら爆撃を開始しているではないか。

これはいかん、こんなところで死んでたまるものかと、さっそく川西航空機甲南工場行きを断念し、高度を下げつつ大阪湾の一隅の比較的無傷な堺沖に緊急着水する。

やれやれ、よわったことになったぞ、空襲警報はいつ解除になるのだろう、いちおう陸へ上がってみようというわけで、私は坂田上飛曹と二人でちかくにいる船頭の小舟に乗せてもらって上陸した。

このあたりは堺の豪商の住処《すみか》があったところか、豪壮な邸宅が立ちならび、もちろん人通りも少ない。しかたなしにそのへんの邸宅に行って聞いてみようというわけで、とある家を訪れた。さっそく、

「現在の空襲状況をお知らせいただきたい」

というと、案内の娘さんが奥へ行き、すぐに、「どうぞお上がり下さい」という。これにはまいった。飛行服はよいとして、汗くさいシャツ、少々穴のあいた靴下をはいて、あまりさえない海軍さん二人だが、遠慮しいしい応接間に通される。

そこへなにかと美しいお嬢さんが入れかわり立ちかわり、いろいろともてなしてくれる。

二人ともチラチラ、目を白黒させている。大阪の事務所が焼けてここが仮事務所とか、シャバも本当に大変である。ラジオの情報によると、神戸地区が空襲のもようである。

このありさまで、私までがいささかシャバ時代を思い出したが、艇ではみな首を長くして情報を待っている。そそくさと礼をいって艇にもどり、基地に現在の状況を打電する。空襲警報は解除されたもようであった。

ただちに離水して、川西航空にはよらずに、急ぎ基地へ帰る。しかし、当方の電信機の故障のため、基地よりの『神戸空襲引キ返セ』を受信しておらず、もちろん当方から打電した〝不時着のもよう〟も到達しておらず、コッテリとしかられた。不徳のいたりである。今後は電信機の整備には念には念を入れようと思った。基地でも本当に心配したらしい、申しわけのないことをしたものだ。

大事の前の小事などといっておれず、この重要な作戦を前にもしものことがあれば、大作戦がメチャクチャになってしまうところだった。本当に申しわけのないことをしたと、みなもともども大いに反省する。

とにかく今回だけは、作戦会議のつど神経がピリピリして、いくどか大作戦に参加しているにもかかわらず緊張のしつづけであった。

この五月になって、そもそも日本の飛行機が白昼に太平洋を飛ぶことなど、情けないことながらあまりなく、しかも制空権を完全に掌握された洋上、一千カイリのかなたに単機飛行するのだ。敵の艦載機にでも会えばよってたかって、なぶり殺しになるだろう。

なにか妙に身心が不安定となり、ぶじ帰投するのは奇蹟にちかいのではないか、いよいよ年貢のおさめどきかという気になり、刻々とせまる決行の日をひかえて、にわかに大地がいとおしくてたまらなくなる。

一歩一歩足をふみしめ、大地の感覚を飛行靴の底をとおして強く、あるいはやわらかく感じとる。

しかし、万事は時間が解決してくれるのだ、という気持ちに切りかえることにより、ベストをつくしてお国のためにがんばろうと、準備万端、慎重のうえにも慎重に、兵器の整備、補用品の確認、機体の整備にと、整備士らとともに総員であたった。

五月七日、いよいよ待ちに待った日がやってきた。心の準備はすでにできたし、体の調子もきわめて良好である。午前二時、発進の予定である。

いささか興奮ぎみか、まんじりともできなかった。黒坂敏一中尉（神戸高工）や後藤少尉ら、玉谷一飛曹、武田一飛曹とも、兵舎のうらでいっしょに写真をとった。何十回となく体験している出撃前の緊張も、今回だけはいままでとちがう。

何回も何回も要具嚢、チャートの点検をする。各私室でもあまり話をしていない。

午前一時、漆黒の闇のなか、服装をととのえ、しっかりと大地をふみしめながら戦闘指揮所へ向かった。だれひとり語るものもなく、黙々として歩む。心のなかに去来するものはなにか、ただ歩むのみ。ふたたびこの大地をふみしめることがないかも知れない飛行靴の重い音だけを残して――。

「総員整列」――日の丸の鉢巻きをそっと飛行帽の下にかくし、じっと神棚を凝視する。亡き戦友の霊よ、どうか日本の作戦が達成されるよう御加護あらんことを――わずかに灯明のゆらぐ指揮所内の空気は、一瞬、異様な緊張感にみなぎる。

はげしい闘志をうちにひめ、表面は温和冷静そのもののわれらの隊長日辻少佐より、いつもと変わらない簡にして明なる訓辞を受けた。

とぼしい灯火管制下の明かりのもとに、同期の顔がボーッと浮かび上がっている。あの顔、この顔、これで見おさめかと思う。

「帽とれ、敬礼！」

深ぶかと神棚に礼をする。

よし、ドンとこい太平洋、ベストをつくすのみ、スーッと心がかるくなり、強と弱の心のみだれがおさまった。

ペアたちのヒョウタンがいつもと変わらず、ピョコタン、ピョコタンゆれながら艇に向かう。

いよいよ機上の人となった。すでに私の心はつねのごとく平静である。みなといつもどおりの点検確認をする。なにも特別なことはない。何回となくやってきていることをやるだけだ。

艇は静かにポンドをおりる。グラリとゆれて海上に出る。一番機である私たち、二番機である神先組、それぞれ巨鯨がのたうつごとく試運転を行なう。

各配置から、「よろしい」「よろしい」の声があがる。離水態勢に入る。隊内電話はいそがしく基地と連絡をしている。離水——午前二時！

過荷重の重量離水（燃料一万四千リットル）である。機首が上がる。やみのなかに泡立つ海。セットする。ドンピシャリ、すばらしい離水であった。

一呼吸おくれて二番機も離水したようだ。

15　特攻隊きたらず

艇は徐々に高度をとる。眼下の娑婆はきびしい灯火管制をしているにもかかわらず、下界はよく見える。四国山脈中の九十九折りの山あいの道を走る自動車のヘッドライトの光芒まで見える。

いつものごとくエンジンの排気筒の青白い炎が目にしみる。いよいよ陸岸とおさらばだ。一瞬、これで陸岸を見るのは最後かなと思う。

ふとエンジンを見る。なんと一番発動機の油がもれているではないか。またも減軸飛行か、いや遊覧飛行ではないのだ。天下わけ目の大決戦場にこれからむかうのである。不安が頭のなかをよぎった。

東の空は少しずつ明かるくなってきている。天候はきわめてよい。

しかし正直なところ、制空権がまったく敵の手にあるにひとしいこの時期に、白昼堂々と飛ぶのかと思うと、やはり気持がわるい。

日の出から日没ちかくまで、敵機がわがもの顔に飛びまわっている太平洋をただひとり行くのだ。だが、見たところ搭乗員たちはこの大きな作戦にも、きわめて平静のようである。これもいままで何回となく死線をこえている余裕か。

とにかく、いつもとまったく変わらない。強いて変わっているといえば、目にしみるような真っ白な日の丸の鉢巻きだけである。なんともたのもしいかぎりだ。まだまだ童顔の若い搭乗員の真剣なまなざしは、なんにたとえられようか。

これまでは夜間索敵が専門だった。しかし、いまはちがう。徹底した見張りをしなければならない。搭乗員たちは特大眼鏡で、あるいは裸眼で注意ぶかく見張りをつづける。広大な空間にあるゴマつぶくらいの一点ものがすまいと見張る。

もとよりこの行動は、あくまで隠密行動なので、「ツン」とでも電波を出したらおしまいだ。電信機は電源を切ったうえに、さらに電鍵の間に紙をはさむ。

午前六時――緊張しきった表情で坂田上飛曹が指さす。こちらへ向かってB29二機が反航してくる。眼鏡で見ると、顔までが見えるようだ。敵もこちらを見ているようだが、幸いにしてこちらは太陽を背にしているので、敵から見ればわが艇は真っ黒に見えるはずだ。

味方の飛行艇PB2Yと思っているのか、あるいはまた、おたがいに任務を持っているので、かかわりあいたくないのか、なにごともなく反航してゆく。

しばらくして、尾部の射手からまたも、「敵大型機見ユ」の連絡がある。あっという間にその敵機とも反航する。沖縄へでも行くのか、火力ではとうていかなわないが、ふしぎに心は冷静だ。

敵の大型機とは合計五機、回数にして三回ほど顔を合わせた。いぜん天候はきわめてよい。戦争さえなければ口笛でも吹きたくなるような上天気だ。それだけに見張りを厳重にしなければならない。突如、雲霞のごとき敵戦闘機に会うかも知れないからだ。

さんさんたる日光をそそぐ太陽があるかぎり、位置の確認は容易だ。天測また天測、風向きや風速など航法もドンピシャリ、艇は予定どおりすすんでいる。

洋上の大海原にポツンと浮かぶ直径二キロそこそこのリーフ（サンゴ礁）、風呂オケの中のケシつぶより小さい沖ノ鳥島に突っかけねばならぬ。みがきにみがいた航法の腕が、いまこそコトの成否を左右する。

すでに午前九時を少しまわったが、まだ島は見えない。もう予定からいえば、ボチボチ見えるはずだ。みなは目を皿のようにしてさがす。

午前九時二十分、ついに見えてきた。可愛い小さなリーフが、縁に白波を立てている。「そば」のカラのようなすこしとがった三角形をしている。

見れば、二番機もすでに到達している。おたがいにぶじを祝してバンクする。私たちよりやや高度が低いようだ。もちろん電波は出せない。隊内電話で話もできない。もどかしいが、ただちに作業に入る。

予定どおり――大型目標灯弾投下用意！　沖ノ鳥島を中心に右に一番機、左に二番機で、ウルシー敵艦隊根拠地の方向に直角に十カイリ間隔で六個、計六十カイリの線に落とす。海面に接するたびに、オレンジ色の大きな輪が美しくひろがる。とくに群青《ぐんじょう》の海の色によく映える。大成功！

それにしても、そろそろ特攻隊の編隊が見えてくるはずだが、どうしたのか姿をみせない。いささか不安になってくる。すでに私たちの任務は完璧な形で完了したのである。どうしたのだろう。

このとき、玉井巧上飛曹（愛媛）が到着した電文を私に見せた。なんたることぞ、連合艦隊より『本日ノ作戦中止、引キ返セ』とある。身心ともにけずりとる思いでここまできて、任務を完遂したのに、中止とはなにごとか、とみないきりたった表情になっていた。

なかには、このまま特攻隊のかわりに突入しようではないかというのもいたが、待てよ、私たちはあくまで挺身して特攻隊を誘導するのが任務である、数少ない飛行艇と優秀な搭乗員をこのまま失っては、大変な損失である、と判断した私は、とにかく命令どおり引き返そうと決意した。

ただ、けさほど陸岸をはなれるさいに不調が発見された第二エンジンが、油もれによる焼損でまったく用をなさなくなっているのが気にかかる。いままで何回も減軸飛行を経験しているので、おどろくにはあたらないが、不安がないといえばウソである。

とにかく正午まで沖ノ鳥島を中心に、二番機とともに綿密な天候偵察を行ない、帰途についた。

16　恐るべきもう一つの敵

いつ敵に会うかわからない帰投時も、しごく気持ちのわるいものだ。緊張に緊張をかさねて厳重な見張りをつづける。天候は相変わらず良好で、紺碧の空、群青の海、はるかに目にしみるような白雲――がつづく。

午後二時三十分ごろであったろうか、突然、艇はなにか大きな衝撃を受けてガクンとゆれた。なんということだ、焼損した第二エンジンのプロペラが吹き飛んだのである。あと数十センチ上だったら、機体に大穴があくか、真っ二つになるかしただろう。ともかく、プロペラが艇の底をかすめたので、それだけでも相当な損傷があるもようだ。

さっそく豊福上整曹が艇内タンク室に入り、点検している。やはり、大きな穴があいているという。さあて大変だ、それでなくとも減軸飛行中なので、燃料の消耗も大きい。それにこの損傷ではますます燃料消費も大きくなり、へたをすると基地まで帰れないかも知れない。

鹿児島ちかくで不時着したとしても、艇底に大穴があいているので、たちまち艇は沈没してしまうだろう。えらいことになったものだ。陸上機ならば最寄りの基地に着陸すればよいが、飛行艇はそうはいかない。

さきにふれたように洋上係留はできないし、揚収設備のあるのは詫間基地だけなのだ。こうなっては、なんとしてでも基地に帰らなければならない。敵を心配し、燃料を心配する、心配が倍増したわけだ。

そうこうするうち、だんだんと内地がちかくなったので、方向探知器のスイッチを入れてみた。いわゆるラジオビーコンで、内地の放送局の発進する電波をとらえ、これに針路を合わせる、つまり電波にのるわけである。これなど比較的にラクな航法といえた。

まず、小倉放送局の電波を入れてみる。やれやれ、「敵小型機大挙来襲中」とアナウンサーがさけんでいる。北九州はいま空襲のまっさかりである。「この野郎！」といっても、私たちにはいまはなにもできないのだ。

待てよ、そのとき私はふと思いめぐらせた。それよりなにより彼らが空襲を終了して帰途についたとき、ちょうど南大東島あたりかどこかで、その小型機とバッタリ出くわすかも知れない、という危惧《きぐ》である。

こちらは偵察装備を重視し、長距離を飛行するため、ガソリン搭載に重点をおいて他の重量を排しているので、まったく無防備にちかい。それに第二エンジンのはげしい損傷がある。敵戦闘機のすこしあまった十三ミリ銃弾で一航過すれば、一コロだ。

これではたまったものではない。まっぴらごめん、願い下げである。しかし、まったく会わないという保障はなにもないのだ。ほほがひきつるような緊張がつづいた。

このときから、時間の経過がやたらおそくなったように思えてならなかった。何度も時計を見るが、針がとまっているようだ。内地がちかくなるということは本当にうれしいのだが、敵と、みずからの燃料計におびやかされるのは、なんとしてもつらい。

しかし、経験とは貴重なものだ。さきの三月十七日の空戦の帰り、穴だらけの艇で燃料消費の大をふせぐため、不要なものをすて去ったが、今回もこれを実施することにし、どんどん不要なもの、予備電信機やらはては二十ミリ弾倉まですてた。

しかし、天はわれに味方したか、ついに敵を見ることなく、あるいはふたたび見ることがないかも知れないと思っていた内地が見えてきた。とはいえ、ホッとするひまなどはない。機体の損傷と燃料消費がまだまだ気がかりである。あと二時間少々で基地に帰投できるのだが、はたしてそれまでもつか？　もしも瀬戸内海に不時着するようなことになれば、艇までもすてなければならない、そんなことができるものか！

すでに時刻は午後五時三十分をすぎている。艇はあえぎあえぎ飛行している。われ、いま病めりの風情ながら、やがて松山上空にさしかかった。もう少しだ。しかし、燃料ゲージはゼロを指している。あと三十分、飛行できるか？

飛行艇は苦しそうに、弱々しいがけんめい基地にたどりつこうと努力していた。ちょうど傷ついたハトが巣へ帰ろうと必死になって飛んでいるのに似ていた。

と、観音寺が見えてきた。ただちに坂本上飛曹が隊内電話で、『燃料ゼロ、プロペラ飛散、艇底損傷、旋回スル燃料ナシ、直接ポンド（揚収台）ニツケル、揚収準備タノム』と要点を基地に連絡する。

——やれやれ、ぶじ基地に帰ってきた。

シューという音とともに着水し、ただちにブイをとる。夕闇せまる基地にあわただしく走る運搬車の牽引により、するすると艇は陸へ上がる。――ご苦労さん、本当にご苦労さん、わが艇に声をかけるようにして私は地上に立った。

ふーッと力が一時にぬけていく――ときに午後六時であった。

緊張には慣れているとはいうものの、十六時間の精神的緊張は強烈であった。

基地では「総員整列」で出むかえてくれた。

二番機はすでに午後四時三十分に帰っているとのこと。このあと機長がかんたんな報告をし、上官より手あついねぎらいの言葉を受けた。同期の連中もみな心からぶじをよろこんでくれた。グッと一息に飲んだウイスキーのおしいかったこと！

これで私たちは任務を完遂したのであった。聞くところによると、特攻隊は発進がおくれて中止になったそうで、まことに残念だった。

後日、連合艦隊司令長官よりおほめの言葉をいただき、さらに次回の作戦もふたたび私たちに、という指名があったとかで、戦果はなくとも、とにかく優秀な技量を長官にみとめてもらったことだけでもうれしいが、あんなおそろしい思いはもうゴメンというのが実感であった。

17 燃え上がるふるさと

その後は、詫間基地の上空には連日、朝に真昼に敵の小型機が乱舞するようになった。

そこで、数少ない残存兵力となった二式飛行艇隊は早朝に基地をはなれ、瀬戸内海の島々の影にかくれ、薄暮になると基地に帰りつき、急ぎ燃料を搭載して索敵に出発するようになる。

しかし、その島々への避退も、すべてにあわただしい搭乗員にとって、ちょっとした息ぬきだ。

小豆島へ避退したあるときは、小さなハタゴ屋で休息をとりつつ、ただなんとなくすごしたものだったが、このときばかりはシャバにすこしふれた思いで、生命あることを確認したようだった。

隊内においては緊張のくり返しで張りつめた気持ちでいるが、一時にもせよ、ここではなんといってもタタミにゴロリと横になり、あるいは窓辺から緑濃きミカンやオリーブ林のかなたの静かな、そしてのどかな海をながめることもできる。そして思い思いの姿勢で、それぞれになにを考えているのか、意外に沈黙の時間は長い。

あるいは故郷の父母をしのび、幼い弟妹を思い、はたまた、遠いかなたに残した恋人を思うのか、はげしい戦闘からはなれ、自分だけの空間を、一人ひとりが楽しんでいた。

そのうちに班長から、「いっちょう、鳥ナベでもやりませんか」ということになり、ああ悲しいかな、食うコトにはだれひとり反対する者なく衆議一決、一人は鶏を買いに、一人はネギを、一人は醬油をと分担して四方にはしる。

醬油はもともとこの島の名産である。鶏、ネギはそろったが、醬油係の者がなかなか帰ってこない。まさか品切れということはあるまい。
まあ温暖な土地でさんさんたる太陽の光を受け、一同意外にのんびり待っていると、やっと帰ってきた。しかし、ヘンな入れ物を荒縄でしばり、これまたあたりをながめながら、ぶらりぶらりと帰ってくる。絵になるナアと思っていると、ニコリともしないで、「ビンがなくて入れ物をかりてきました」という。なんとそれは火消しツボだった。黒ぐろとした土器のようなもので、なるほどこれではぶらさげるスベもなく、やむなく荒縄でしばったのだろう。

一同は呵々《かか》大笑、いちだんとこの日の鳥ナベがうまくなったことはいうまでもない。

こんなのんびりすることばかりならよいが、ある島に避退したときなどは、頭上を敵機が飛び交い、擬装の木や枝を艇にのせ、一人ふたりを二十ミリ機銃の配置につかせることもあった。

その後、避退基地は石川県の七尾、島根県の隠岐の島、朝鮮の鎮海などとなり、行動半径はのびる一方で、作戦を指導する上層部も大変であったことだろう。

五月も中旬をすぎたある日、私は日辻隊長に呼ばれた。なにごとかと急遽、戦闘指揮所へとんで行くと、隊長は、「お前たちのペアはこれから温品機に便乗して横浜へ行き、一機残っている飛行艇を整備してもってくるように」という。

しめしめ、横浜へ行けば家に帰れる、とばかり私は二つ返事で引き受けて、ペアに伝えた。どうせオヤジのところはブツ（物資）がないだろうからと酒、菓子、煙草、日用品を若干持って温品機に便乗した。搭乗員のなかには、むかしの彼女に再開できるかも知れないと、はしゃいでいる者もいる。

途中なにごともなく横浜にぶじ着水し、楠日基地指揮官（予十期・京大）に挨拶をすませ、さっそく家路をたどることにした。ちょうど同期の福沢昭少尉が東京・阿佐ヶ谷なので、いっしょに帰ろうというわけでともに電車に乗った。

ひさしぶりの東京もまたよきかな、などと二人で話をしながら品川までくると、いやはや空襲警報発令である。もちろん電車はとまる。やむなくほこりっぽい、そしてカビくさいホームの階段下に避退した。これではシャバの人も大変だなあと語り合いながらである。

ようやく家に帰って父母の顔を見て一安心したものの、妹は勤務先の群馬県の館林の陸軍特攻基地にいるという。私が二、三日いる予定だというと、父はただちに館林へ電話を入れて妹を呼びかえす手だてをこうじた。その父は、ひさしぶりの酒にしごく御機嫌だった。

しかしこのころ、私はなんとなく体がだるく、また食欲もまったく細くなり、あげくのはてには食べ物のにおいをかいでもムカついてくるといった状態にあった。母がひさしぶりの私にむりをして、なにやかやと作ってくれるがあまりのどをとおらないしまつだった。

さて、基地に持ってかえるという飛行艇だが、これがまたモノスゴイ代物であった。エンジンの一つはまったくなし、二十ミリ機銃もなし、電信機および電探もなしというもので、隊長が私たちをえらんだことがここにきてようやくわかったしだいだった。

これまでもたびたび減軸飛行を行ない、わが操縦員はまさに達人の域にたっしているとはいえ、やはり大変だ。

数日間におよぶ整備試運転もなかなか思うにまかせなかったが、やっと、このくらいなら詫間まで二時間くらいだから、なんとか飛べるだろうということになった。

これで最後になるかなと思いながら、家に向かう。いぜん体の調子がわるい。しかし隊では、だれにもいわない。家に帰りつくころ、とうとう熱が出てきたようだ。

その夜、間のわるいことに敵の大空襲があり、私の家のある中野付近をつつむように夜空を赤々とこがし、俗に「モロトフのパンかご」といった焼夷弾が空中で花ひらくごとく散り、紅蓮の炎が天に冲するのを見た。

このぶんでは、あす横浜に帰隊できるかどうかも心配になり、その不安と熱発のため、まんじりともできなかった。

とにかく、朝一番の電車に乗ったが、聞くところによると田端までしか電車は行かず、不通のようである。

早朝にかかわらず電車はラッシュなみで、軍人はあまり見られない。罹災《りさい》して親戚へ行くのか、疎開するのか、雑多な人々で満員だった。

田端までくると、東京駅までは行くがその先は不通だという。どうやら京浜工業地帯が空襲を受けたのだろう。

東京駅で海軍の主計大尉が、新橋までいけば車を出してやるというので、陸軍のトラックを止め、これに便乗して汐留まで行った。そこで主計大尉が大手運送会社へいって顔をきかそうとしたが、ダメだった。

そこで私は、「自分でさがします」といってまたも陸軍のトラックを止め、大森まで便乗したが、気分がわるくてムカついてしかたがない。

ついで大森で軍の車をさがしたが、これまた大変だった。空襲のために焼け出された多くの人々が行列をして、生大豆を一にぎりずつもらっている。電線はたれさがり、そこここでまだくすぶりつづけていた。

目前の様相はじつに惨憺たるもので、いままで基地にいて知らなかった現実を、目のあたりに見せつけられて慄然とした。

やっと陸軍の大型トラックを止めて鶴見までたどりついたが、鶴見は焼けておらず、市電も通っていた。

やれやれこれで基地へ帰れると一安心し、市電を乗りついで基地にたどりつくことができたが、つくとすぐに、楠目大尉にいわれた。

「お前、よう帰ってきたナ、しかし顔色が悪いぞ、もう一日、休養をとったらどうか」

「大丈夫です、多少発熱していますが、どうしてもきょう帰ります」

空襲の惨事を目前にして私は、一日もはやく飛行艇を持って帰らねばならないと思ったからである。

飛行服に着がえると、やはりなんとなくシャキッとした。しかし、機はまったくの無防備で、しかも白昼の帰還である。雲霞のごとき敵大部隊に、いつどこで会うかもわからない。

といって、躊躇している場合ではない。私は、ええいままよ、そのときはそのときよ、と度胸をきめ、岬から岬につっかけて海岸線を飛び、高度一千メートルで行くことにした。

18 特攻出撃の前夜

離水は例の〝減軸の達人〟坂田、武田の両兵曹である。いつものごとくドンピシャリだった。見張りにつぐ見張りをつづけたが、気分は悪いものの緊張しているのでこたえないのか、平気だった。

高度一千メートルという低高度で、観音崎→城ヶ島→石廊崎→御前崎と飛んだ。伊良湖岬→大王崎、ここからまっすぐに潮ノ岬へ飛んだ。なにごともない。やがて大島、潮ノ岬が見えてきた。ここから紀伊水道に入ったが、いぜんとしてなにごともない。

病める減軸の二式飛行艇を、ペア一同がけんめいに調整しながら、ここまで持ってきたのだが、敵機は目下のところいないし、まずは上々である。

何回となく飛んでいる鳴門海峡をへて、高松上空にいたり、ホッとした。気のゆるみからか急に胸がムカムカしてくる。背骨もなにもバラバラにほぐされたようにだるいが、もうひとしんぼうだった。

ついに詫間基地の上空までぶじに到達し、いよいよ着水態勢に入った。みごとな減軸による着水で、高々と白波を上げて停止し、まことにあざやかだった。名手坂下上飛曹がブイを取り、静かにポンドを上がっていった。

ふらふらしながら艇を下りた私は、日辻隊長にいままでの状況、および帰着の報告をしたのち、発熱とともにめまいまでして我慢ができず、そのまま病室へ行って、ついに入室となった。どうやら過労による黄疸《おうだん》とかで、小水が沃度《ようど》チンキとおなじ赤さだった。私はベッドに倒れこむようにして、安堵のためか、グッスリと眠りこんでしまった。

数日ののち、聞くところによると、もし私が横浜基地で休養のため休んでいたら、私たちの出発した二日後の五月二十二日、横浜はこれまでにない大空襲を受けて、基地も多大の被害を受けたそうである。あやうく貴重な飛行艇を失うところであった。

病室にいるまま、昭和二十年六月一日、私は中尉に進級した。たいしてうれしくもない。そんなことより戦況が心配だった。このころ、基地にたいする小型機の波状攻撃にも、いちだんとはげしさがくわわってきていた。

小森宮中尉のペアとともに着水時に機長席より投げ出され、ペラで頭部をふかく切ったが奇蹟的に回復した黒坂中尉らが、玉造温泉に療養に行くとのことで、私も便乗することになった。

宍道《しんじ》湖畔に基地のある旭部隊（九〇一空）にやっかいになりながら、玉造温泉に宿をきめたが、そこには陸軍の病院があり、川をはさんで大きい旅館のたくさんある側は、陸軍がしめていた。

私たちはその反対側に、それぞれ居をさだめた。同期七名と主計見習尉官とだけなので、気がらくだった。宿のあるじは奥さんで、ご子息が海軍技術士官で出征中とのことである。しかし、松江の町へ出てみておどろいた。防空ずきん姿も少なく、モンペをはいている人もいない。静かな城下町のたたずまいで、カンカン帽に白いカスリの着物姿も散見する。一方ではこのような、戦争なんてどこでやっているのだろうという光景があったのだ。

しかし、さすがに松平不昧《ふまい》公の城下町である。茶道がさかんで、ちょっと道を聞きによると、「海軍さん一服どうぞ」と接待される。

詫間基地には申しわけないが、きわめて平和で優雅な生活をしていたある朝、突然に引き揚げ命令を持った基地からの飛行艇がやってきた。

いずれもなつかしい私のペアの面々である。引き揚げといっても、私物を入れた落下傘バッグ一つという身軽さで、機上の人となった。

乗りこむとすぐ、坂田上飛曹が私にいった。

「私たちも飛行艇による特攻に待機することになりました、爆装は六十番（六百キロ）二発で、沖縄行きです」

私は思わず、「ウーッ」とうなってしまった。そして、いよいよ来るべきものがきたと思った。そして、こんどこそ最後になるだろうと複雑な気持になった。

この大きな図体で、どうして行くのか。

雲霞のごとき敵小型機を思い浮かべると、いままで数度にわたり敵機との交戦を経験している私たちには、その不可能とさえ思われるむずかしさは一番よくわかった。

いや、到達は絶対に不可能ではなかろうか。

まあ、わが信頼する日辻隊長が、「オレがいっしょに行く」といわれたということが、せめてもの救いであろう。

19　千成隊最後の日

その後、じりじりする暑い毎日がつづき、敵襲も毎日のようにあり、外出はないし、隊員もなにかしらおかしくなってきたようだった。

私たちの兵舎でも、さきに特攻で戦死した同期の者が、夜ごと現われるという風聞がながれ出していた。それは灯火管制下の深夜の各部屋を、つぎつぎとめぐり現われるとのことだった。私の部屋は大野、後藤両中尉らと同室だが、順番からするといよいよ今夜ということだった。

私はしたたか酒を飲み、グッスリ寝込んでしまったが、翌朝、後藤中尉に、「ゆうべはきたか」と聞くと、「きた」という。

胸苦しく、うなされて目をさますと、きちんと三種軍装を着用した士官（顔はよくわからない）が、腹の上にまたがり、のどをしめる。彼は手でふり払おうとしたが、まったくきかない。わずかに足が動くようだったので、けると〝カシャ〟というような音がして姿が消え、体がらくになったという。

おそらくは、まぼろしかも知れないが、心身ともに極度に疲労すると、現われるのだろうか。

一方、搭乗員のほうでは〝コックリさん〟（うらないの一種）が流行《はや》りだしていた。なにやら末期的状況である。

八月になると、司令の発案で、松根油を当隊で精製してガソリンをつくろうということになり、実行することとなったが、予備士官のなかで理科系の者というと、私（東京農大）と武山中尉（帯広獣医）だけで、武山中尉は専門ではない、とさっさとおりてしまった。

一方、私は技術士官志望で、科目は燃料である。しかし、さきにのべたように飛行機乗りに徹したので、白紙も同然であった。だが、いまさらとはいえ、命令ゆえに一応、関係のあるところへ行って、いろいろと調べなければならない。

手はじめに高松の海軍区へ行ったり、住友化学（新居浜）などへ足をのばした。ここでは砂糖からとるアルコール、すなわちブタノールを生産していた。

そんなわけで毎日のように外出したが、いっこうに身が入らない。オレは飛行機乗りだ、とんでもないことだ、という思いが胸の内にあるからだ。

そうこうするうち、八月六日、広島に新型爆弾が投下されて、被害甚大という電報を見た。これが原子爆弾であった。

じりじりと暑い毎日を、松林のなかの分散宿舎ですごしていた。

けだるいある朝、山鳩の声に目をさまし、またきょうも行くかというわけで、関西ペイント善通寺工場へ出かけたが、こよみは八月十五日であった。

ここでは松根油を精製していた。いろいろ話を聞いていると、ひとりの老婆がかけこんできて、

「海軍さん、戦争は敗けた。天皇の玉音放送があった」という。

「ばかなことをいいなさんな、それはデマ放送だ」

と意気がってはみたものの心配になり、そうそうに工場を辞去して、善通寺駅へ向かった。駅では憲兵が、流言飛語にまどわされるな云々、というビラをはっている。それ見ろと思いつつ、詫間への帰路についた。

隊に帰りついて、この日のことを司令に報告したが、いつになく司令がえらくていねいにいろいろと気をつかっているし、私の報告もあまり身を入れて聞けない様子なので、へんだなと思いつつ私室に帰ると、みなシーンとして重苦しい空気のなかで、頭をうなだれてだまっている。

「どうしたのだ」

と聞くと、

「きょう玉音放送があって戦争は敗けた」

と小声でいう。

やはり昼間の話は本当だったのだと思うと、いままで張りつめていた気持ちがスーッとぬけていくような虚脱感と不安感におそわれた。

もちろん、食事ものどをとおらない。

それでも一夜が明けると、いくらか平静心をとりもどし、むしろ安らぎさえ感じられるようになった。もう戦わなくてもよい、空襲もないのだ。しかし、一方で、敗戦による敵の復讐はどんなものかと考えおよぶと、不安と動揺に心がみだれた。

なかにはこのままおめおめと郷里に帰れるか、いっそのこといまから沖縄に突入しようではないかという者もいた。

さらには、二式飛行艇に武器弾薬、食糧をいっぱい積みこんで、満州で馬賊になろう、反対する者は射殺して尾部偏流孔から突きおとすべし、そしていつの日か、詫間航空隊にふたたび軍艦旗をかかげようではないか、などという者もいる。

八月二十二日――「緊急集合」の命があり、「基地は即刻解散、搭乗員はただちに故郷へ帰れ」という命令が出た。同時に、檜垣主計長(元参議院議員)から三ヵ月の俸給、そのほか米、煙草などが支給された。

わが千成隊では五年後に、奈良の桜井駅で再会しようとたがいに約束しあい(実現しなかったが、その後、詫間で大部分のペアの人たちと再会した)、盛大な搭乗員会が開かれて、みなしたたか酒を飲んで、なじみの百トン船で離隊したのであった。

私のみじかい海軍生活の終止符はついにうたれた。わずか二年間ではあったが、戦場に、ふたたびえられない青春のエネルギーをたたき込み、また、ふたたび味わうことのできない数かずのことを体験し、そして、とうてい平常ではえられない友、あついあつい友情をえたこの一時期は、私の終生わすれえぬ貴重な時代であったろう。

（昭和五十五年「丸」三月号収載。八〇一空搭乗員）

大いなる愛機「二式大艇」奇蹟の飛行日誌

詫間海軍航空隊飛行艇隊長が綴る知られざる太平洋攻防戦——日辻常雄

1　空中艦隊南へ飛ぶ

中天高くかがやく月光に映えて、青白い炎をはきながら九十六基の金星発動機が百雷のようなうなりをたてている。

昭和十六年十一月八日午前一時、台湾の南端に近い東港海軍航空隊における九七式大艇隊（二十四機）が出撃を前にして勢ぞろいした勇壮な光景である。

開戦必至——とあって、われわれ東港大艇隊は開戦一ヵ月前に、パラオに基地を移動するよう命じられたのである。

海兵入校いらい、すでに親のもとをはなれ、一年間におよぶ南支沿岸航空作戦も体験している私にとっては、故国をはなれることになんの未練も感じなかったが、大艇二十四機の一斉試運転に腹の底をゆさぶられていると、まさに勇気百倍、はやくも心は南方の空に飛んでいた。

午前一時三十分、三浦鑑三司令が搭乗する第一小隊（各小隊三機）がまず〝すべり〟を出てゆくと、三十分ごとに番号順にあとを追って、一千三百カイリの南方洋上はるか待ちわびているパラオに向かい、二度と還らぬかもわからない東港基地に別れをつげたのである。
深夜に二十四機の保有全機が、一機もかけることなく過荷重離水を敢行してゆくという事実は、当時の海軍航空部隊の練度の高さを充分に物語っていた。

パラオ基地は珊瑚礁にかこまれた自然の水上基地で、空も海も深遠な青一色、敵襲にそなえてせっかくのりっぱな格納庫もエプロンも、整備機をのぞいては使用せず、可動全機がブイ係留されていた。

各機の搭乗員は十一名、いずれも現在のように離着水時は、デッチングシートにしがみついて身の安全をはかるようなことはできなかった。

いつ襲撃されるかもわからないのでつねに機銃をかまえ、見張り配置についたまま発着した。パラオでの訓練はすべて実戦主義で、とくに飛行艇は索敵攻撃が主であり、米英蘭海軍の艦型識別、対戦闘機戦法、射撃、低空爆撃法（高度四百メートル）などに熱を入れた。

十一月二十一日には九七大艇の一機が「日ノ丸」を消され、機体には擬装塗料がぬられた。搭乗員は特別編成とし、飛行長、飛行隊長が乗りこんだ。

海軍落下傘部隊（この時点では落下傘部隊が養成されていることを知らなかった）の目標としていたセレベス島メナド飛行場の隠密偵察命令が出ていたのである。そして、高度六千メートルからの写真偵察を実施した。

また、十二月にはいると飛行艇部隊は、フィリピン東方海面の索敵を開始した。機銃全装備、爆弾だけはもたなかった。このように航空部隊はすでに一触即発の体勢で、実戦行動にはいっていたのである。

十二月七日の薄暮、九七大艇一機（例の国籍不明機である）が比島ダバオ湾内を超低空高速で、大胆にも一巡して南方に消えた。これはもちろん開戦第一撃の餌物をさがすために敢行した、わが大艇隊の強行手段であった。

十二月七日午後九時、東港空の九七大艇常用全十八機が、パラオ湾の波をけって飛び立った。待ちに待った太平洋戦争における初陣だった。

それはパラオを扇のかなめとして、台湾南端からニューギニア西端におよぶ一千五百カイリの広大な索敵線を構成するためである。

私は中央索敵線を担当した。コースの先端には、セブ島の敵戦闘機飛行場があった。ほかの二、三、四、五各機ともにフィリピン沿岸二十カイリ圏にたっしていたが、このとき在比米空軍に〝戦闘機即時待機〟が下令されていることを私たちは知った。

敵はどうやら十二月八日の開戦を知っていたようである。

だが、わが第一撃の索敵網には、漁船一隻すらひっかからなかった。十八番索敵機がオランダ貨物船（八千トン）一隻を血祭りにあげたのが唯一の戦果だった。

月光に照らされたセブの飛行場にも敵の機影はなく、私はセブ港湾に四発の爆弾を見舞って、うっぷんをはらすことにした。

そして八日の午前零時――山本五十六連合艦隊司令長官から第一声が発せられた。〝皇国の興廃はかかりてこの聖戦にあり、粉骨砕身、各員その本分をまっとうせよ〟——このとき私は、フィリピン沿岸十五カイリの上空を、セブに向かって突進していたのであった。

2　血と炎の中の正月

ついでわれわれは十二月三十一日の大晦日、パラオから占領直後の比島ダバオ基地に前進し、B17〝空の要塞〟のゲリラ爆撃下で昭和十七年の新年をむかえようとしていた。そして、

「敵巡洋艦見ゆ、攻撃隊急げッ！」

という、けたたましい伝令のさけびを、餅つきのさいちゅうに耳にしたのであった。私はふりあげたキネをその場に投げ出して海岸に走った。

この日の攻撃待機は、私の爆撃隊三機と、太田寿双大尉の雷撃隊三機の計六機である。各機の搭乗員はさきをあらそって交通艇に飛び乗り、係留中の愛機に移乗する。

「エンジン起動、ブイ放せ！」

この間わずかに十五分、まさに戦闘機なみの早業である。そして水上滑走中に敵情をもらうと、もう波をけたてて離水にうつっていた。編隊を組んでから、攻撃法を打ち合わせる。

「大晦日の餅は喰いそこねたなァ」

などと独り言をいいながら、触接中の大艇と連絡をとる。薄暮のせまったモルッカ海はドロッとしたように黒ずんでいた。

そして午後四時七分――いたッ、前方六カイリほどに真っ白く尾をひきながら、高速でオーストラリア方面に逃げようとする敵の軽巡一隻を発見した。速力約二十五ノット、ジグザグで逃げるからには、爆撃を予期している証拠だ。しかし、オレの後方に十分おくれて突っ込んできている雷撃隊には気づいてないぞ、よーし、このまま爆撃針路に入れ――高度は二千メートルだ。

「撃ってきましたッ！」

という機内のさけび声。しかし弾着は低いし、後落している。大艇は百三十ノットとおそいが、雷撃隊を突入させるために、砲火をこっちに集中させるつもりで突っ込んだ。

さらに目標上空になると砲火は予想外にはげしく、目前にも弾着が見えはじめ、思わず目をつむりたくなる。

「用意……テッ！」

三十六発の爆弾がつぎつぎと落下をはじめる。これ以上速力が出ないのはわかっていても、私は前方いっぱいになっているスロットルをなおも力いっぱいに押さえている。この気持ちは爆撃直後のパイロットだけが味わう、だれにもわかってもらえない緊張の一瞬だ。

このとき、二番機の三番エンジンが対空砲火にやられたらしく、おくれ出した。かろうじて弾幕を突破して見おろすと、艦尾に爆煙が見え、太田隊が射点に進入してゆくのがのぞまれた。息をのむ瞬間、中央を突っ込む太田隊が雷撃の直前になって火をふいた。そして、アッというまに敵の艦上を通過したところで、大爆煙とともに海面に突入してしまった。

文字どおり目前での壮烈な自爆だ。私たちは声も出なかった。なんともやりきれない気持ちだ。残った五機をひきいて帰途についた私も、精神的にまったく疲れ果てていた。

その私たちをむかえてくれたのは、ひにくにも猛烈な雷雨であった。そのためダバオに進入することができず、暗夜の湾口ふきんに荒波をおかして全機が着水し、視界の回復を待って、やっと基地に還ったようなしまつで、時計は一月一日の午前零時二十五分をさしていた。

つまりは大晦日から新年にかけて、二年がかりの攻撃となったしだいであった。雷撃隊長の霊前に餅をささげて、還らぬ僚友の冥福を祈った。

3　不運なり雷撃一番機

昭和十七年一月六日、アンボン島へ向かう夜間攻撃隊を前にして、みずから雷撃隊指揮官をかって出た飛行長の相沢達雄中佐は、力づよく訓示した。

「いよいよ待望の日がやってきた。これまで計画し訓練をしたとおり実行する。今日は壮烈な自爆をとげた太田機のとむらい合戦でもある。成功うたがいなし。しっかりやれ」

相沢中佐は、人呼んで〝昭和の広瀬中佐〟という。柔道、剣道あわせて十段、相撲は十両級、その豪快な笑いは搭乗員の不安など、一気に吹きとばしてしまうほどの有名なものだった。

この日のアンボン夜間攻撃は、往復一千六百カイリ、着水雷撃隊三機、超低空爆撃隊三機よりなる攻撃隊で、よりぬきのパイロットを集めて特別訓練を実施してきたもので、もちろん相沢中佐の発案によるものだった（攻撃から帰投後、この事実を知った）。

このときも私が爆撃隊を指揮することとなった。爆撃隊は高度四百メートルで敵飛行場に進入し、銃爆撃をくり返して所在機と兵舎を壊滅し、一方、雷撃隊はアンボン湾に停泊中の水上艦艇にたいし、着水して接近した後、各機が魚雷二本を水上発射するという、飛行艇による奇襲攻撃を敢行しようとするものだった。

ダバオ湾はこの夜、北の風がつよく、海面はだいぶ荒れていた。まず爆撃隊が先行、おりからダバオにはつぎの作戦にそなえて輸送船団が密集していたので、安全をはかるため私は充分に南にさがって、編隊のまま過荷重離水を行なった。時刻は六日の午後八時十五分だった。

つづいて雷撃隊が離水にうつったが、上空から見ている私には、やはり不安がつきまとった。すこし輸送船に近いがなあ、離水して早目の旋回はあぶないぞ――不幸にもこの第六感は的中した。天はセオリーを守らぬ者に味方せず、一番機は離水して間もなく左旋回にはいり、灯火管制中の輸送船のマストに左翼をひっかけ、魚雷を抱いたままその船の舷側ちかくに、もろに突っ込んでしまった。

爆発こそまぬがれたものの、もちろん全員とも即死であろう。しかし、機体からは火が出なかったので、上空にいた私にはこまかい状況はわからなかった。私は約二時間ほど上空で待ったが、基地からはこの惨事を知らせてはこず、〝爆撃隊出発せよ〟という司令の命令が出たのみであった。

そこで私たちは、雷撃隊は故障ですこしおくれるかもしれない、といった気持ちで、八百カイリの洋上をひたすら進撃していったのである。そして、アンボンの三百カイリ手前から灯火管制を行ない、排気管の炎をたよりの緊密隊形をとった。

そのころから編隊の右になり、左になってついてくる青白い灯火を発見した。星でも、飛行機でもない。ふしぎに思ったが、雷撃隊が私たちについてきているのだろうとむりに想像しながら、静かに降下を開始した。

七日の午前三時四十分、雲の切れ間から突如として、月光に照らされて滑走路が見えはじめた。私は計画どおりエンジンをしぼり、山の谷間をぬって、一気に四百メートルの高度まで舞いおり、一千五百メートルの滑走路に三十六発の爆弾をバラまいた。

この敵の虚をついた爆撃行動はみごと成功し、なんらの妨害もなかった。そこでさらに三百メートルまで降下し、あたり一面を銃撃したところ、はじめて敵は高射砲を撃ち出してきた。しかし、その弾着はいずれも頭上はるかに高く炸裂するのみで、完全に奇襲は成功した。

『奇襲成功、全弾命中、われに被害なし!』

と打電したのが午前四時、私たちはゆうゆうと胸を張って帰投を開始した。帰路についてから、雷撃隊の行動中止を知ったが、理由はいぜんわからず、基地に帰ってはじめて、相沢中佐らの出発時の戦死を知らされたのであった。

アンボン基地ふきんで見た、あのふしぎな灯火については私なりに、相沢中佐の霊魂がわが爆撃隊を護衛してくれたものと信じている。死を超越した戦士たちの魂のつながりとでもいうべきか、戦場ではよくこのようなことがあるものだ。

いずれにせよ、相沢中佐がもし健在だったなら、飛行艇による着水雷撃という、前代未聞の奇襲攻撃が戦史の一ページをかざっていたことだろう。

その後、相沢中佐の遺品のなかから、この攻撃の前日に書かれたと思われる一句〝ひとり減り、ふたり減りしてまたみたり、いずれの時ぞわれの番なる〟が発見されたとき、われわれは男泣きに泣き伏したものである。

4 血をはく激闘四日間

開戦当時、新型大艇である二式飛行艇は、開発着手後約三年半を経過し、横須賀航空隊で実用試験がすすめられていて、前線には姿を見せていない、とされていた。

しかし、そのころ橋爪寿雄大尉がこの実験を担当していたが、開戦後まもない十七年一月すえ、橋爪大尉を長とする横須賀航空隊の実験クルーが二式大艇二機とともに、ひそかにヤルート島に進出していたことはあまり知られていない。

じつは橋爪大尉の起案による第二次ハワイ空襲作戦が採用され、そのための行動開始であったのだ。航続力四千カイリというこの長距離機をもって、第一次ハワイ空襲による工廠地区の復旧作業を妨害するため、ゲリラ的空襲を続行するのが目的だった。

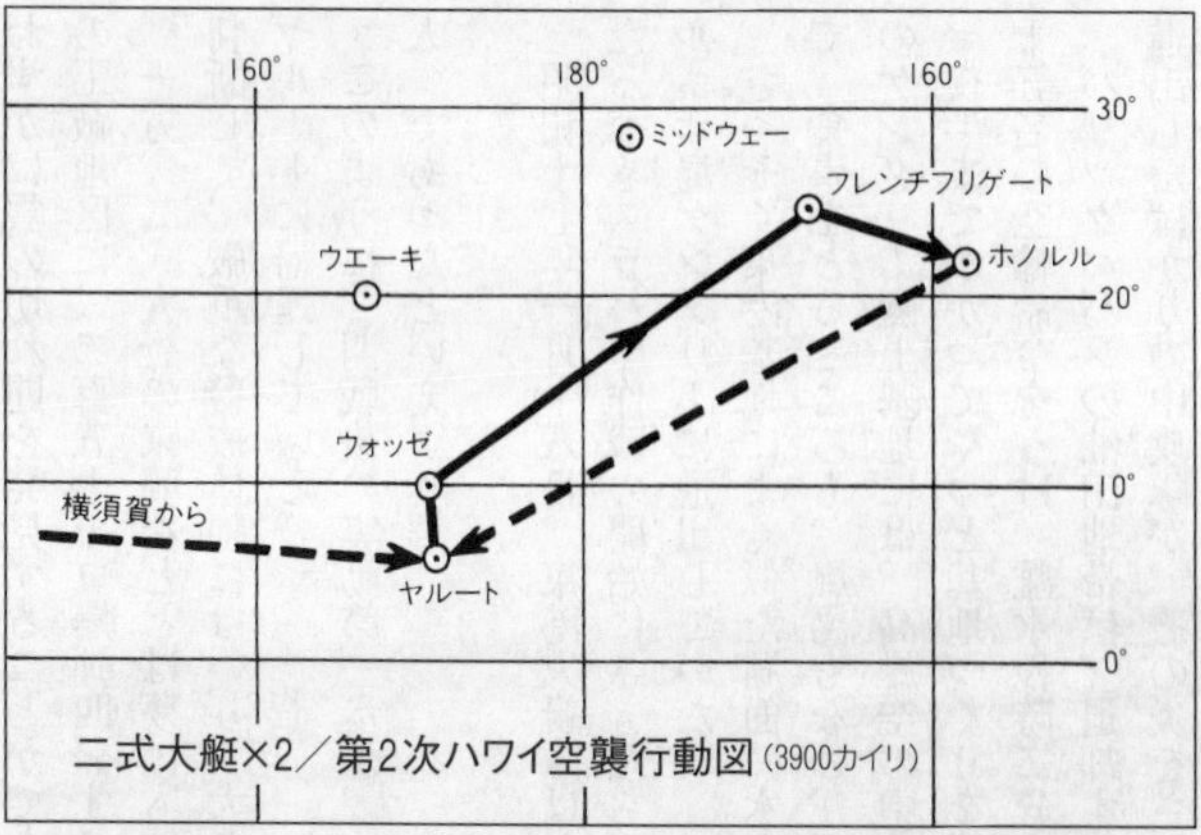

二式大艇×2／第2次ハワイ空襲行動図（3900カイリ）

そのためヤルートを拠点として、往航はハワイ南西約四百八十カイリのフレンチフリゲート環礁で待機する伊号潜水艦から燃料を補給し、ハワイ地区を夜間偵察攻撃して、復航は一挙にヤルートまで帰る、という総航程約四千カイリにおよぶ大作戦であった。

橋爪大尉はヤルートに進出してから約二ヵ月間、綿密な研究と訓練をつづけていたが、三月四日の午前零時、二機をひきいて、ウォッゼ環礁を発進した。そして一千六百カイリを翔破して予定地点に到着し、腹いっぱいの燃料を潜水艦から積載することができた。米軍に気づかれなかったことは、まさに天佑というべきだろう。

ついで薄暮を待って相ついで離水し、最後の進路を突進して午後九時十五分、めざすハワイ上空にたっしたが、上空はすべて雲におおわれ、高度四千メートルからでは下界はのぞめず、盲爆もやむなしと思われた。しかし、ここにも神助があり、わずかに雲の切れ間を発見することができて、灯火管制もなしに終夜、復旧作業にけんめいの工廠地区に、二百五十キロ爆弾四発ずつを投下したのであった。

一方、二式大艇の来襲などとは夢にも知らず、米軍は機動部隊がふたたび来襲したものと判断して、厳重な警戒体制にはいり、大さわぎとなったのであるが、二式大艇はゆうゆうとヤルートに帰還している。

このように、開戦後の実動第一歩が、ハワイ空襲なのだからやはり、二式大艇は〝空の巨人〟であったといえよう。

昭和十七年一月十八日、東港大艇隊はセレベス島のケマ基地に前進していた。そして、きたるべきスラバヤ作戦の開始にさきだち、私は特命をうけて四機をひきい、二月一日にはボルネオ島ケンダリーに進出していた。

さっそく東港基地によく似た湖面に水上基地をつくったが、なにぶんにも占領直後のことで、食事をとるところも、風呂もない、雨露をしのぐだけの天幕生活であった。しかし、このケンダリー陸上基地には、高雄空の中攻隊、戦闘機隊が約百機も集まっていた。

夜半までかかってやっと基地づくりを終え、翌二日はバリックパパンまで戦闘機整備隊五十五名の空輸命令をうけ、離水秒時二分もかけて、決死の離水に成功した。

バリックパパンの油田地帯は、退却する敵側の爆破で大火災をおこしていて、飛行場には進出したばかりの中攻隊が、その炎をさけるように散在していた。着水直後に七機のB17による空襲をうけ、至近弾の大水柱をあびながら投錨、かんづめ弁当で夕食をすませて、飛行艇のなかで一夜を明かすしまつであった。

明けて三日は、スラバヤ大空襲に向かう戦闘機隊の収容隊としての任務についた。この日は文字どおりのレスキューだ。バリックパパンから五十九機の零戦隊、ケンダリーから八十機の中攻隊が合同しての進撃である。心のなかで成功をいのりながら、くたくたのからだをむち打ちながら離水した。

離水後まもなく、偵察にきた米海軍のＰＢＭマリナー飛行艇を追撃しながらスラバヤ沖で空中待機にはいった。

そして、この日は一機の損失もなく、大戦果をあげてスラバヤ空襲を終わり、私はそのままケンダリー基地に雷雨をついて帰投した。だが、食事をする元気もなく、そのまま仮製ベッドのなかにもぐり込んだ。

翌四日の早朝、急電がはいってきた。

きのうの空襲の帰途、中攻隊はスラバヤ沖で米英蘭合同の艦隊に遭遇し、別働隊がこれを攻撃したが、効を奏するにいたらず、今夜間ふたたび攻撃をかけるので大艇隊は索敵触接を実施せよ、というのである。

さあ、こんどこそは本来の任務である。いつ食べて、いつ寝たのか、今日は何日目なのかもわからないくらいの興奮ぶりだった。とにかく、一時間後には飛び出さねばならない。しかし、出撃ともなれば、おのずと新しい闘志がみなぎってくる。

だが、三日に攻撃をかけた後の敵艦隊の動静は、まったく不明とのこと。ロンボック海峡をぬけてインド洋に出られては、捕捉できる公算もきわめて少なくなる。どうしても海峡通過まえに捕捉せねばならない。

敵艦隊は米重巡ヒューストン、マーブルヘッド、オランダ巡洋艦ジャワ、トロンプ、デトロイトの五隻を主力として、ほかに駆逐艦八隻をくわえた大兵力である。わが飛行艇にはこれを捕捉し、つづいて夜間触接を持続して、中攻隊を誘導する大任があたえられた。

敵艦隊に触接するのは、マレー沖海戦いらい二回目である。

索敵隊が死所を得るのは、敵を捕捉、触接に成功したときである——とは三浦司令から何回か説教されてきたことである。今日は死んでもよいとばかり、みなは張り切って出発にかかった。そして私は後続機をさだめると、まず先陣をきった。

午後二時、マカッサル沖にはわが艦爆隊に襲われた敵の水上支援部隊が沈没して、わずかに水面上にマストをのぞかせながら、黒煙を上げていた。とにかく日没前に敵を発見できなければ、攻撃成功の望みはない。かくなるうえは、大胆なカケだが、ロンボック海峡に直行することだ。私の左手は無意識にスロットルを全開していた。

フロレス海にはすでに宵闇《よいやみ》がせまっていた。天候は悪化しつつある。わが大艇は暗雲を突破しながら突進した。

午後七時三十分、かすかにロンボック海峡両側の山頂が目にうつりはじめた。航空灯を消したまま海面をはうようにして、全員で見張りに全神経を集中する。なにがなんでも敵発見の第一電を打つまでは、絶対に死ねない。

見れば海峡の北側に、ややうす明かりが残っていた。なぜか頭のなかがいやにさえてくる。

「いたッ」――私の目に、はっきりと黒点がうつった。とっさのうちに機体を大きく右に旋回させて、十二センチの双眼鏡でにらむと、まさに敵の主力だ。艦影約十隻、速力をおとして海峡にはいりつつあるところだった。

『敵主力部隊見ゆ、ロンボック海峡北口、針路一八〇度、速力十二ノット、われ触接す――二〇〇〇』

発見の第一電である作戦特別緊急信が、全海軍の耳をするどくついたはずだ。

「電報了解！」

とさけぶ電信員はうれし泣きに泣いていた。おれが食いついた以上、もう逃がさんぞ。

『艦影約十隻、うち大型四隻をふくむ』

つづいて緊急信がとび出す。しかし、残念ながら天候はますます悪化している。この水道内ではとても攻撃隊は進入できないだろう。

『付近天候くもり、雲高三百メートル視界不良、夜間攻撃困難！』

と、私は涙をのんで打電した。

しだいに海峡の暗闇に消えてゆく敵艦影を見つめながら、司令部の指示でやむなく帰途についた。そして、五日の午前零時四十分に基地に帰着した。

こうして攻撃こそ中止のやむなきにいたったが、夜間触接に成功したという喜びはかくせなかった。そして、この四日間にわたる不眠不休の苦闘も、夜間触接成功の緊急信で吹っとんでしまったことも事実だ。

基地移動、作戦輸送、救助、夜間触接と、飛行艇にあたえられた任務を、この四日間ですべてやってしまったのである。敵襲下、基地も不備な状況のもとで、この任務を達成できたのは、まさに飛行艇なればこそであったと信じている。

5 敵飛行艇基地の惨劇

スラバヤ空襲が一段落した昭和十七年二月十二日、私たちはアンボンに転進し、本隊と合同したうえ、いよいよオーストラリア方面への作戦を開始した。

海軍落下傘部隊はすでにチモール島に天下《あまくだ》っていた。連合軍としてはジャワ、スマトラをすでに失い、つぎにチモール島をうばわれては、オーストラリアの防衛に大きな支障をきたすことになる。そこでチモール島の奪回に必死となり、逆上陸まで企図しているようであった。

たまたま二月十五日、アンボンから出発したわが大艇索敵機が、豪州のポートダーウィンの西方百カイリふきんで、

『敵大船団西進中！』

という発見電を発信したまま、未帰還となった。ついにその情報が現実となったのである。

ケンダリー、アンボン所在の大艇、中攻各基地は殺気立った。

そして二月十六日の黎明を期して、大艇九機、中攻五十四機の攻撃隊をくり出すことになり、攻撃隊の一時間前方に大艇から選抜された有力な索敵隊がアミをはることになった。明くれば十六日、私はスラバヤ方面での夜間触接の体験をかわれて、索敵網の中心線をうけもつことになった。

午前四時、星のさえわたる晴天の暗夜に飛び立った。きょうこそスラバヤ海峡の名誉挽回をはかるとともに、この作戦の端緒をひらいて未帰還となった、きのうの部下たちのとむらい合戦だとばかり、艇内には決死の気迫がみなぎっている。

私としても、後方に六十数機の大攻撃隊がつづいていることを思うと、索敵一番機の責任の重大性が、ひしひしと身にのしかかってくるのを痛感していた。激戦の場なれというのか、そのころの私には、会敵となると敵のにおいまで感じられるようになっていた。

東の空が白んでくると、南国特有の断雲が美しい形をつくって機体をなでてくれる。「警戒」を令しながら、雲間にひろがる青い海上からは寸刻も目を離せない。

午前八時三十分、主操席からにらんだ私の眼中に、チラリと一条の白波が目に映った。「敵だッ！」とさけんで、雲下に一挙に機体を突っ込んだ。「いたぞッ！」まさしく敵船団である。

重巡を先頭に軽巡二隻、駆逐艦二隻で輪型陣をつくり、一万トン級の輸送船四隻をまんなかに抱えこんでいる。作戦特別緊急信がただちに全軍にとんだ。スラバヤ沖の感激の再現である。

『敵輸送船団見ゆ、チモール島の南東二五〇カイリ、針路二九〇度、速力十五ノット、われ触接を確保す――〇八三〇』

ついに捕捉したのだ。攻撃隊はわが電報をキャッチすると、目標に向かって殺到するコースをとった。

見れば敵の上空には、PBY飛行艇三機が上空警戒にあたっている。いうまでもなく、ここは完全に敵戦闘機の行動圏外にあったのだ。

私はとっさに高度を下げると、敵船団の視界外からときおり方向を変えてはのぞき込む戦法をとって、PBYのウラをかいた。燃料も充分、きょうこそ敵のおだぶつになるようすを見とどけるまでは、どこまでも食いさがってやる。

――刻々の敵情を報告しながら、攻撃隊の誘導につとめていると、いよいよすさまじいばかりの対空射撃がはじまった。敵重巡からの高射砲一斉射の弾着は、三十六発が確認された。

この弾幕を突破して爆撃針路にはいった第一群は、なんとわが飛行隊長の指揮する大艇九機ではないか。

それにしても遅いなあ、いまに何機か墜ちるぞ――鈍足と巨大な図体にハラハラしながら見守るうちに、みごと輸送船一隻の船尾に二弾を命中させた。私は思わず、「おみごと！」とさけんでいた。

つづいてやってきたのが中攻隊、さすがに爆撃の名人たちだ。つぎつぎとみごとな弾着が

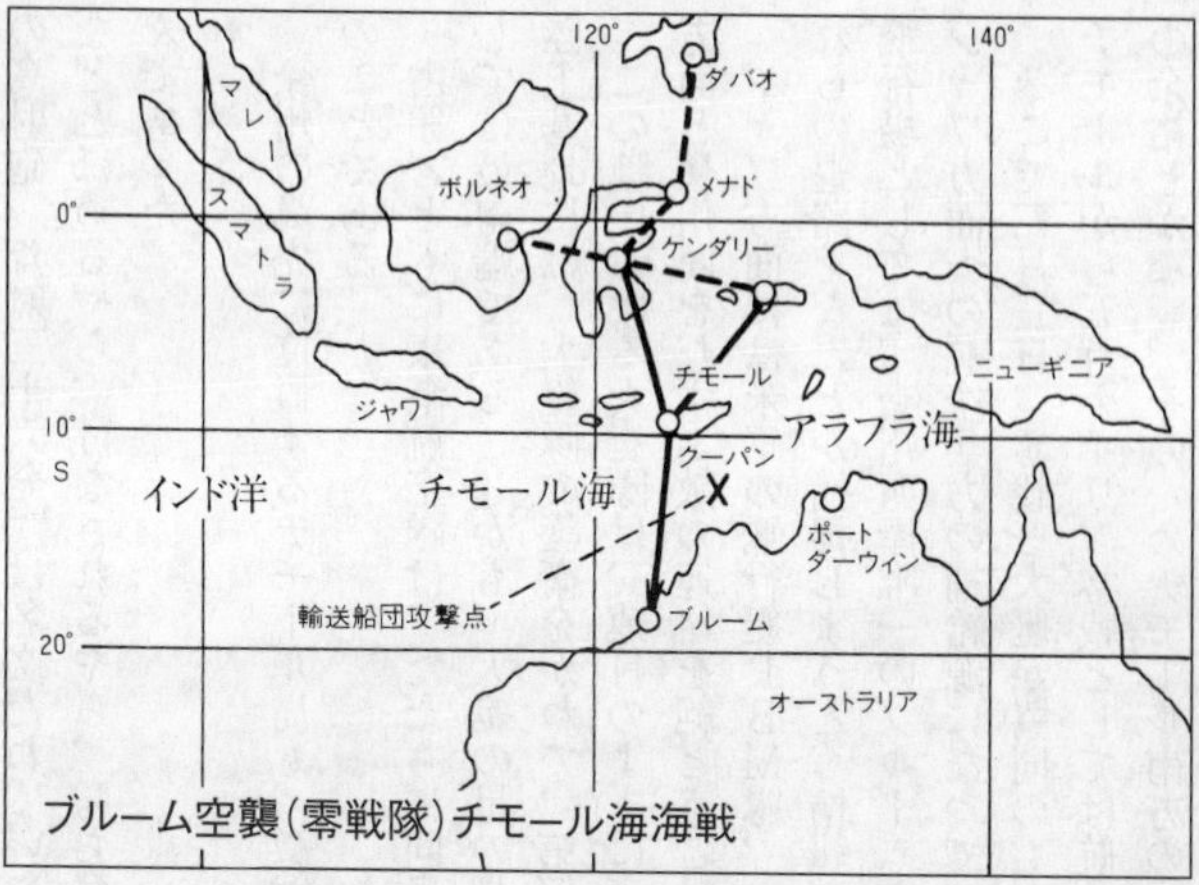

輸送船を猛火につつんでゆく。私も触接の任務をすっかりわすれ、敵重巡の艦名を確認するため、その艦尾方向から低空で突っ込んでいった。やはりスラバヤ沖で命びろいをした米重巡ヒューストンにまちがいない。

われにもし魚雷ありせば——と地団駄ふんでいると、敵も必死だ。雷撃をされると思ったのか、主砲まで撃ってくる。と、目前に大水柱が立ちはじめた。はっと気づいてふたたび触接の任務にもどる。

この日の戦果は大きかった。敵の逆上陸の企図を完全に紛砕したうえに、重巡一隻、軽巡一隻が、かろうじて、豪州に逃げのびたほかは全滅させてしまったのだ。

もちろん、この海戦で索敵隊として働いた飛行艇の名声は、大いに上がった。戦闘が終了したあと、私の発した敵情報告が大いに話題をよんだことを私はいまもおぼえている。——『敵の高射砲一斉射三十六発』は名文だね、いや攻撃隊の士気を阻喪させてしまうんじゃないか、などとほめるやら、けなされるやら、勝ち戦の渦中にある海鷲の意気は、まことに意気さかんであった。

豪州の鼻先に位置するチモール島も、激戦の末ついにわが手中におちた。昭和十七年二月のことである。

占領とともに東港航空隊は、ただちに同島のクーパンに水上基地を設置した。水上基地としては最南端である。しかも、大艇の足の長さをもってすれば、豪州などは一またぎである。陸上基地には、大艇隊の護衛をかねて、第三航空隊の零戦隊が進出していた。

この地における大艇隊は、連日のように豪州西岸寄りのインド洋の哨戒を実施し、ジャワ方面と豪州間をむすぶ敵の連絡を絶とうとはかったのである。

ジャワ方面には米軍の飛行艇ＰＢＭ隊、およびＢ17陸爆隊がのこっているはずである。これらの退路をなんとか捕捉しようと、情報収集につとめていたところ、まもなく敵側の集結飛行場としては、豪州西岸唯一のブルームが水陸両用の飛行基地として要衝を占めており、ジャワ方面への航空兵力の補給源になっている事実をつかんだ。

そこで三月三日、零戦と大艇が協同のもとに、奇襲攻撃をくわえようということになった。チモールから五百カイリ、零戦としては航続限度にちかく、目標のブルーム上空では十五分の余裕しかない。そのためチモール南方の環礁上空に、大艇が救難態勢をしき、一機をブルームへの偵察と、零戦の誘導にあてることになった。

やがて、三空零戦隊宮野善次郎大尉の指揮する十二機は、勇躍チモールを発進し、決死のなぐり込みをかけたのである。

そして、ここでは天はわれわれに味方した。タイミングよく、ジャワを最後に撤退した米軍のPBM飛行艇二十二機が、ブルームにつぎつぎと着水をしていたのである。

そして、最後の一機が午前九時三十分ごろに接水するや、その五分後に、魔神のごとく零戦隊が襲いかかったのだからたまらない。搭乗員もろともこれら二十二機は、またたく間に炎上爆発して消え去ったのである。

偵察中のわが大艇は、敵とはいうものの、おなじ飛行艇仲間のPBM隊がつぎつぎと血祭りにあげられるのを見て、思わず機上から合掌した。

思わぬ大戦果によった零戦隊は、燃料も気にせず、鬼神のように暴れまわり、隣接する陸上基地にかくされていた六機のB17をも道づれにして、意気揚々と帰還したのである（零戦一機未帰還）。まさに驚異の大戦果であったが、PBM隊の最期をしのんで、わがことのように胸をしめつけられたものである。

6　戦場の悲喜劇

ここで三つ四つばかり、飛行艇が主役のユーモラスな一面をもつ戦闘を記してみよう。

開戦まもない昭和十六年十二月十七日、パラオ基地を発進したわが小隊の五番機は、セレベス島北方の至近海域を哨戒中、国籍不明の巡洋艦一隻（のちにオランダ軽巡と判明）を発見した。雲下に出たとたんのことで、両者ともあわてたが、飛行艇側は日本艦でないことはすぐにわかった。

高度五百メートル、距離二千メートル、かの巡洋艦は米軍のコロラド四発飛行艇と誤認したのか、よく見ると、水兵がひとり大急ぎで艦尾に走って、オランダ軍艦旗を掲揚する。味方識別のつもりであろう。そのうち艦橋から発光信号までおくってくる。

おそらくは〝だれか？〟だろうと思ってわが飛行艇は、とっさにバンクをやった。ところが艦側は急に軍艦旗をおろし、増速しはじめた。

大艇はそのままの高度で低空爆撃を実施したが、あわてているから艦側に水柱をあげただけだった。

一方、敵の巡洋艦も砲撃が間に合わず、頭上を低空で通過する日の丸機に機関銃をあびせてきたが、そのうちの一発が主翼を貫通したのみで、両者は引き分けと相なった。

こんなのんびりした戦闘も、ときには起こるものだ。

また、昭和十七年一月二十四日、敵潜水艦がわが方の飛行艇基地に進入し、係留中の飛行艇を雷撃するという珍事が起こった。

ダバオからセレベス島のケマ基地に前進して間もないこの日の午前四時、索敵のため発進した私は、離水して五分後に、航海灯をつけて基地に向かう一隻の船を発見したので、すぐに打電しておいた。

帰投後の推論ではあるが、これが偵察にきた敵潜水艦であったにちがいない。私はもちろんのこと、基地のだれもが、予想もしていないことである。潜水艦は飛行艇を見てとっさの判断で、航海灯をつけて日本軍にばけたのだろう。その後ただちに潜航して、ジッと基地をのぞき込んで潜望鏡で偵察していたのである。

そのとき基地には係留中の大艇が六機、警戒のため停泊中の砲艦一隻（漁船）と、支援船葛城丸（一万二千トン）がいた。敵潜水艦はこの葛城丸をねらいたかったらしいが、島かげになっていてどうにも手が出ない。そこで米潜の艦長は、漁船と大艇に向けて三本の魚雷を発射して逃げた。

このうち二本は漁船（砲艦）を撃沈するという大戦果（？）をあげた。沈みゆく艦上から水没するまで、機銃で応戦した当直員はみごとであったが、目標は最後までどこだかわからない。

他の一本は水面航走をつづけたあげく、魚雷整備員の待機する砂浜にのし上げて不発。おどろいたのは整備員だ。砂浜の上でプロペラがまわっている魚雷に目を白黒させるばかりだった。

不発に終わったこの魚雷は、待っていましたとばかり、さっそく分解されて調査した結果、米軍の潜水艦用の魚雷とわかり、貴重な捕獲品となって、この戦闘はケリがついた。

十五分後には大艇二機が発進して、付近の海面を盲爆したが、その後の敵潜水艦のゆくえは不明だった。

おなじくこの日、索敵に出た益山正中尉の大艇は、予定の行動を終わっての帰路、悪天候にみまわれ、豪雨のなかを低空でのたうちまわっているうちに、いつかバンダ海の小島ナンレア島を横断していたが、ここで偶然にも敵の秘密飛行場を発見した。

見れば飛行場には、B17重爆四機が列線をつくっていた。とたんに彼は爆撃というより、すてるように爆弾三発を投下した。ところが、これがみごとにB17の列線上につぎつぎと命中し、あっという間に、三機を爆破炎上してしまったのだ。幸運はどこでつかむかわからないものだ。

おどろいたのは敵よりも、むしろこちらの搭乗員たちだった。

この名人芸に色めき立ったのがダバオの中攻隊である。この報告を聞いてすぐさま〝残敵知らせ〟といってきた。三浦司令が応答していわく、

『一機討ちもらしたり』

とたんに士官室にどッと歓声が上がった。

さらに一ヵ月をへた昭和十七年二月二十二日、わが小隊の四番機が豪州北岸方面の索敵に出たが餌物はなかった。折りからポートダーウィン東湾口ふきんで、はるかかなたから帰投する小船を一隻発見した。手もちぶさたの同機は、高度三千五百メートルから爆撃訓練を思いつき、六十キロ爆弾一発だけを投下することにした。

米つぶのようなこの目標にたいし、照準をつけて〝ヨーイ、テッ〟とやった。ところが、

爆弾はどうしたわけかいっこうに落ちない。そこでパイロットは翼をやたらとふってふり落とした。

しかし、この一弾がもののみごとに命中したのだ。一体どうなったものやら、上空から弾着を見ると、目標は完全に消えている。爆発の瞬間を写真にまでとってきていた。まさに迷爆撃である。

これは米国の戦史家モリソン先生の記録にも記載されているが、同艦はオランダの機雷敷設艦といい、敵側は日本海軍飛行艇の名人爆撃手に最敬礼したことであろう。

7　決戦の空に機影なし

昭和十七年四月ごろまでは、全般的に勝利のうちに進んできたが、米軍も準備がととのってくると、そろそろ本格的な反攻を開始してきた。そのもっとも顕著なものが、サンゴ海海戦の幕あきである。わが空母「祥鳳」が沈没第一号となってから、しだいに雲行きはあやしくなってきた。

サンゴ海海戦が一段落した十七年五月十日、アリューシャン方面作戦のため、東港空の大艇六機が伊東祐満副長指揮のもとに、北方部隊に編入されることになり、私もその先任分隊長としてくわえられることになった。

一方、おなじ飛行艇隊である横浜航空隊も、東方南洋群島から作戦の場面はしだいに南下し、ソロモン方面にまで展開しながら、苦闘をつづけていた。

そうこうするうち東港空の北方支隊は、五月十日から十六日にかけて、インド洋のどまんなかのアンダマン基地をはなれ、横浜で約二十日間にわたる北方作戦への衣がえを実施したのち、海軍記念日である五月二十七日の北方出撃にそなえた。

したがって、海軍飛行艇隊はインド洋、アリューシャン、ソロモンの三方面に展開されることになったわけである。

しかし、私は残念ながら、北方出撃を目前にした五月二十六日、とつぜんに発病し（マラリア）、自刃覚悟の具申もついにいれられず、横須賀海軍病院で白衣をまとう身となってしまった。そして九月二十七日にソロモンの土をふむまでの四ヵ月間、後輩の教育をしながら、戦友の悲報に身をこがし、一日千秋の思いで再出動の日を待っていたのである。

私がベッドの上で高熱にうなされているその間、六月五日にあのミッドウェー海戦が起こっていた。

のちにこの海戦が実質的に、太平洋戦争の天王山となったといわれるように、事実、正規空母四隻と神技の域にたっしていた搭乗員多数を一挙に失ってしまうという完全な日本海軍の敗北に終わったのである。

敗因にはいろいろと要因があげられるが、直接の敗因としては、ミッドウェー北東約百五十カイリの海域で、機会をうかがっていた米機動部隊の主力の発見がおくれたことであろう。といって、母艦機では手のとどかないこの海域の捜索をおこたるような日本海軍ではない。

その重要任務は、ヤルートに待機していた二式大艇に下令されており、ミッドウェー北東部三百カイリ圏内の索敵計画がねられていたのである。だが、それにはヤルート基地からではさすがの二式でも遠すぎた。そこでウエーキ島から出て、約三千五百カイリの航程を捜索することになっていた。

しかし、事前の計画が悪いといわれればそれまでのことだが、当日、ヤルートを出てウエーキ島に進出してみると、風向きの関係で超過荷重三十二トンの離水が、リーフなどの地理的条件に妨害されてどうしても不可能で、涙をのんで中止のやむなきにいたったのである。

こうして結局、カミカゼは米軍に吹く結果となってしまい、二式搭乗員の心中は察するにあまりあるものがあった。

結果論で、無責任な暴論とおしかりをうけるかもしれないが、去る三月六日に第二次ハワイ空襲を終わったばかりの橋爪大尉を、ミッドウェー島強行偵察で殺すだけの決意をもっていた日本海軍ならば、なぜこの日の索敵をむりにでもヤルートから出発させなかったのだろうか。

この天下分け目の大海戦を勝利にみちびくためには、二式大艇一機を見殺しにしても、当時の飛行艇隊としては、まさに死所をえたものとして、欣然と任務についたであろう。

そして、もしヤルートを発進しておれば、かならずや米機動隊を捕捉できたはずだし、それは不運にも撃墜されたとしても、任務終了後にウエーキの至近に不時着するにしても、敵の存在は推定できたにちがいない。

また、くどいようだが、この決断がなされていたならば、ミッドウェー海戦はあるいは逆転劇を演じていたかもわからない。戦史研究者のあいだにいまなお、ミッドウェー敗戦の秘話としてつたえられるゆえんもここにあると思う。

8　残るはわれ一人のみ

昭和十七年五月ごろから、ソロモン方面を中心として米軍の本格的攻勢が開始され、勝ち戦の夢もけされて、わが方の被害もしだいにめだってくるようになった。

とくにミッドウェーの敗戦後は、ソロモンの奪回をめぐる大激戦が展開されたのであるが、その緒戦ともなるのが、十七年八月八日からの第一次ソロモン海戦である。

この海戦の発火点ともなったのは、米軍のガダルカナル上陸であるが、その方面の横浜航空隊の大艇隊は当時、主力をキスカ島の水上基地に集結し、東方海面の哨戒にあたっていたのである。しかも、まだ航空機用レーダーが装備されていなかったため、哨戒は目視による以外、手段がなかったのである。

ところが、不運にも八月初旬ごろのソロモン南東方面は、悪天候のため索敵が充分にできなかった。そこへ悪天候を利用して、米機動部隊に護衛された大船団がガダルカナル島めざしてしのびよっていたのである。

しかし、目には見えないがやはりにおいはするもので、八月七日は早朝からツラギの大艇隊は、離水前の洋上試運転を実施していた。だが、やがて発進できるというときになって突然、米戦闘機隊が襲いかかってきたのである。

そして――前述のブルームにおける零戦隊の奇襲がここに、逆転劇となって実現された。つづいて敵軍の上陸、宮崎重敏司令、勝田三郎飛行長以下総員が陸戦隊となって奮戦したが、米軍の装備のもとには、大和魂だけでは対抗できず、ついに玉砕の非運に泣いたのである。

一説には上陸とともに全滅したかのようにつたえられているが、最近になって生存者二名がいたことがわかった。この人たちの証言によっても、米軍は頑強な抵抗をうけ、制圧するまでに上陸後四日間を要していることが証明された。

これらの悲報は、ただちにインド洋方面の東港部隊にもつたえられた。そして東港大艇隊は八月二十八日、東港支隊は八月十九日、それぞれアンダマン、キスカ各基地を出発し、九月二日にはソロモンのショートランド基地に集結し、横浜航空隊のとむらい合戦を開始したのである。

なおこの間、新編の十四空大艇隊約六機が、東港空の進出が完了するまでのつなぎとなって任務についてくれていた。また横浜原隊においては、佐世保航空隊飛行艇隊を基幹として、ただちに新横浜航空隊が再編され、猛訓練を開始していた。

いずれにせよ横浜航空隊の玉砕は飛行艇隊にとって、大きなショックであった。また、とむらい合戦にはせ参じた東港空大艇といえども、すでに何機かを失っていたのである。

昭和十七年九月二十七日、私は希望がかなってふたたび東港大艇隊にもどることができた。

十月十一日、ショートランドに着任してみると、四ヵ月のあいだにすでに五機が姿を消し、また多くの戦死者を出していた。そのなかには、飛行隊長も、同期の分隊長も名をつらねていた。

そして私は、三浦司令から着任そうそう、つぎのような注意をうけたのであった。

「ソロモンの戦闘は、これまでとはまったく様相がちがっている。空戦による未帰還機が続出しているが、どうやら戦闘機に食われているように思われる。敵機発見の電信を発したまま、そのあとがほとんどわかっていない。君もあせることはない、少なくとも一週間くらいは充分な情報を集め、対戦闘機空戦法、索敵行動などについて、隊長からもよく聞いて勉強してほしい」

そして着任の翌日から二日間に、四機の大艇が還らなかった。やりきれぬ思いだ。

十月十五日の夕食後、私は転勤荷物のなかから、アルバムをひっぱり出してみた。そこには昭和十六年四月当時の佐世保航空隊の講習員十一名の卒業写真があった。真ん中に学生長として私ががんばっている。

よく見ると、そのうちの九名がすでに還らぬ人となっており、残るは私と日向嘉秀大尉の二名だけだった。そこへ司令がちょっとのぞき込んでいう。

「貴重な写真だねえ、だいじにするんだなあ」

だいじに、とは写真のことだろうか、それとも残る二名のことだろうか。

またそこへ偶然にも、日向大尉がやってきた。

「ああ、この写真、残ったのはわしら二名だけですね。そのうち一名になるんじゃないですかねえ……」

一瞬、私の胸にいやな予感が走った。

「いやなことをいうなよ」

といって、私はそのままトランクにつっ込んでしまった。

明くる十六日、日向大尉は元気に出動していった。しかし、不吉な予感は不幸にも的中してしまった。出発後三時間——。

『敵飛行機見ゆ』

の緊急信を発したまま、彼はついに還らなかったのである。昨夜のことがあっただけに私には大きなショックであった。まるで日向大尉は、私の着任を待っていたかのように先立ってしまった。はやくも彼のベッドはきれいに整理されて、昨夜まで愛読していた雑誌が一冊、シーツの上にぽつんと残されていた。

見れば飛行長が頭をかかえて黙然としている。夕食後、私の左席に〈日向大尉〉と書いた名札が、永遠にこない主人公を待っていた。とうとう十一名のメンバーは私一人を残して、みな還らぬ人となってしまった。

ひとり減り　ふたり減りてまたみたり　いずれの時ぞわれの番なる

相沢達雄飛行長の辞世の一句が、またも思い出される。まさにいまの私の心境にぴったりの句ではないか。

十月二十日、いよいよ私の出撃の日がきた。しかし、その日の十一時間におよぶ超低空索敵飛行にも、ついになにごとも起こらなかった。

つづいて二十三日、二十四日、二十七日、二十九日、三十一日と連続出撃して、ソロモンの空気を充分にすい込んだ。

とくに二十四日には、敵戦闘機二機と遭遇したが、相手は燃料でもなかったのか、そのまま逃げていった。この日はさらにPBY一機をかわし、コースの先端ツラギよりの方位百五十度、三百六十カイリにおいて、ツラギ方面に向かう敵主力部隊（戦艦二、重巡二、駆逐艦二）を発見するという幸運にめぐまれた。

これをきっかけにしてソロモン海なにするものぞ、という戦場度胸が私の胸によみがえった。しかし一方、私とともに行動した三機は、相ついでソロモン海に消え去ってしまったのである。

9　あるサムライの出撃

だが、せっかく戦場のサムライとして立ち直れたと思ったら、マラリアが再発して、私はふたたび病床に伏す身となってしまった。

十一月十四日、敵有力部隊出現の情報がはいるや、〝おれが行かなきゃ〟と高熱をおかして出撃を申し出たがいれられず、ついには和田龍飛行隊長までがなだめにくるしまつであった。

「分隊長、あせるなよ。ゆっくり休んで早くよくなってくれ。今日はおれを分隊長のかわりに機長にしてくれよ」

といぅと、にっこり笑って出ていかれた。すると、私のクルーがそろってやってきた。

「分隊長、早くよくなってください。きょうは心配ありませんよ」

口ぐちにそういって、笑いながら隊長のあとを追っていった。

私はといえば、熱にうかされて見る夢はソロモンの海原と、孤独な飛行艇の姿だけである。待つこと十時間、もう帰るころだと思ってベッドに起き上がっていると、伊東祐満飛行長が浮かぬ顔をしてやってきた。

「貴様にかくしていたんだ、怒るなよ。隊長機は出発後二時間、敵機見ゆの電報を打ったまま連絡がないんだ……」

ふらつくからだを海岸のヤシの木でささえながら、私はジーッと東の空を見つめていた。ソロモンの空にはまん丸い月が出ていた。

隊長、すみませんでした。わが一番機のみんな、ゆるしてくれ。おれが病に倒れたばっかりに、おれだけ残ってしまった。しかし、みんなの仇はかならず、おれが討つぞ――。

涙にかすむ月のなかに、飛行隊長の笑顔が浮かぶ、そして十名の部下の顔が笑っている。潮騒の音が還らぬ部下の声を送ってくれているようだ。

和田隊長を失って五日目の十一月十九日、この日も索敵機は飛び立った。出発命令をあたえてから、飛行長は司令となにごとか話し合ったのち、防暑服にサンダルをつっかけ、腰に拳銃をぶら下げて、戦闘帽をチョコンと頭にのせ、まるで散歩に出かけるような姿で桟橋に向かった。

病床にさよならをつげた直後の私だったが、どうも変なので後を追って、

「飛行長、どこへ行くんですか？」

とどなると、

「おれもパイロットだよ。とめるな」

と一言のこして飛行艇に乗り込んでしまった。

この日の索敵はソロモン南方海面で、会敵の算大なりだ。私は戦闘食をにぎったまま電信室にもぐり込んで、索敵隊を耳で追った。

待つこと九時間、ぶじを祈りながら宵闇のせまる海岸に出てイライラしていると、やがて司令も心配顔でやってこられた。

と、やがて九七大艇の特徴ある爆音が近づいてきた。三機目の帰還だ、まちがいなく飛行長機だ。ここで司令もニッコリして指揮所にはいった。

まもなく飛行長は、出発時とおなじかっこうで指揮所にやってきた。そして、

「エモノなし！」

と一言発したのみだった。

夕食の席ではじめてニッコリしながら、しみじみと語ってくれた。

「飛行隊長も還ってこない。日向もやられてしまった。おれもいよいよ番がきたと思ったよ。空戦になったら、相手が何ものなのかを確認したうえで、あとを追うつもりだった」

なにげなく語る飛行長の顔を見ていた私は、よしッ、おれがやる。かならず未帰還をくいとめてみせるぞ、とひそかに誓っていた。そしてヤシの芽をサカナにして、飛行長とくみ交わしたビールの味は、腹の底までしみて、じつにうまかった。

10　地獄の使者の正体

「敵機ッ、右後方ちかいッ！」

尾部銃座からの急報に、私は〝空戦用意〟を令してただちに増速、超低空に舞いおりていった。

電信員はその間に「ヒ」連送——敵機見ゆの略語——をうちつづける。それにしても、このまま消えてしまった僚機のなんと多かったことか！

ときは昭和十七年十一月二十一日、ガダルカナル島の南西百五十カイリの洋上であった。

私は飛行隊長に先立たれ、クルーを失って一人ボッチとなったため、急速編成替えをして、その日はあらたなクルーをひきつれての覚悟の出撃、決死の仇討ち行だったのである。

なにがなんでも飛行長との心の約束をはたさねばならない、オレが未帰還なら十七番目になるだけだ。そんな心境であった。

それにしても、この敵機には早目に決着をつけねばならん。私は思い切って反転すると、そのまま突っ込んでいった。早くも尾部二十ミリ機銃が、調子よく一連射を浴びせかけた。幸運にもB17の右内側エンジンを射ぬいたようだ。敵は白煙を吹きながら遁走していく。

時計を見ると午前七時ちょうどだ。ここらで朝食をとっておけ、いそがしくなりそうだぞ、と声をかけて弁当にハシをつけようとしたとき、突如として前方の雲中から他のB17が一機、あの特徴ある尾翼をピーンと張って、まっしぐらに突っ込んでくるのを見た。

まさに、やる気充分の態勢だ。私は、

「空戦だッ！」

とどなりつけると同時に弁当をかなぐりすて、みずからタンク室の炭酸ガスの引き手を力いっぱい引っ張った——空戦必至となった場合は胴体タンク室を密閉して、そのなかに炭酸ガスを充満させ、火災を防ぐための手段である。

ついで私は指揮官席に腰をすえると、小林義雄少尉を主操につけた。もちろん全機銃に銃手を配備し、低空全速のまま、前方はるかなスコールに向けて突進した。

これでよし、さあこいッ——全機をあげて不敵の笑みをうかべながら、生死を超越して闘志をたぎらせた。

決定的一瞬は刻々とせまる。第一撃——わが右舷四梃の機銃と、敵の前方銃とが同時に火を吐いてクロスした。敵は高速でジグザグコースをとりながら、直進するわれわれにたいし、左右に交叉しつつ撃ってくる。

第三撃目——敵が右から左へ変わった瞬間、敵の四十ミリ機関砲の一弾が、わが操縦席前下方のキールの部分に命中し、大穴があいた。海面が穴から見えている。高度十五メートル、海面は機銃弾着で水柱をたてて真っ白だ。そのうえ、目の前を曳痕弾が無数に飛ぶ。

第五撃目——敵は左から突っ込んできた。「キューン」という音と同時に、クルー室が哨煙でかすむ。と、私の腰から十センチはなれた機の胴体が、「ガチャーン」とすさまじい音をたてた。見ると十三ミリ弾がつきささっている。エイッとこいつをむしりとると、熱で手袋がこげた。

ちくしょう！　という声にふりむくと、私のすぐうしろで、〝B17と交戦中〟と発信していた電信員の右腕がブラさがって、血が音を立てて天井まで吹き上げている。さらに搭整員までが、左腕を血に染めて倒れている。一弾で二人がやられたのである。

倒れた搭整員が〝タンクがやられたッ！〟と叫んだ。火こそふかなかったが、三本のタンクからはガソリンがシュー、シュー音を立てながら吹き出していた。

と、となりの機銃をにぎっていた飛行士が、電信員にとびついて止血のひもをしめている。だが、私は敵から目をはなせないので、首にまいたマフラをむしりとると、〝飛行士、これでしばってやれッ！〟と怒鳴った。

敵はこの間にふたたびきり返して、こんどは右から突っ込もうとしていた。じつに執念ぶかい。その瞬間、私の頭にあることがひらめいた。

「こいつだ、未帰還の原因は！　B17との空戦だったのだ、まるでわれを呑んでかかっている。こいつを叩きおとせッ!」

猛烈な闘志が腹の底からわき立ってきた。私は拳銃の安全装置をはずした。そして主操の小林少尉の肩を拳銃でたたきながら、

「小林、オレが合図したら体当たりに行くんだぞッ、いいな!」

主操はしずかにうなずいた。突っ込むとなればとうぜん十一名の命をうばわねばならないが、私も海に突っ込む直前に、拳銃をわが脳天にぶち込む覚悟である。これでよし!

撃ち合いは、ますますはげしくなる。と、そのとき副操が突然、機首を突っ込んだ。まだ早いと思い、とっさに左を見ると、考えは相手もおなじだったのか、敵は高度三十メートルのわが胴体下にもぐり込もうと突っ込んでくる気配を見せた。

だが、副操のとっさの判断がこの危機をすくった。

敵は後落して、わが尾部をクロスした。このすきを見のがしてたまるか、わが後部の全機銃が敵に集中した。

つぎの瞬間、B17は左垂直旋回をうってパイロットの顔まではっきり見えるくらい接近したが、はげしい銃火のなかを泳ぐようにして、黒煙の尾をひきながらついに離脱しはじめた。

われわれが接近したとき、すでに敵の機銃はまったく沈黙していた。撃ちつくしたのか、射手がやられているのかのいずれかだ。われ勝てり——敵の最後を見とどけることはできなかったが、四十五分間におよぶ死闘はようやくにして終わった。

さて、基地まで飛べるかどうか。ここで私は、はじめて報告電報をうった。不時着覚悟の

むねもふくんである。

そして総員を叱咤《しった》しながら、重傷者の応急手当やら被害の調査、とくに艇底の被弾には細心の注意をはらった。こうして基地まで二時間、神に祈りながら雨のなかをいそいだ。

どうしても帰還せねばならない。今後、未帰還機をださないためにも、この死闘の状況だけは知ってもらわねばならないのだ。倒れた二人をはげましながら、私は、みずから操縦桿をにぎった。

どうやら燃料は、まだ三時間分は残っているようだ。だが、着水後の沈没はまぬがれないかもしれない。しかし、なんとかオレが救ってみせる――満身創痍の大艇をいたわるようにして、私たちはかろうじて、基地の上空にたどりつくことができた。

地上では司令以下、全員が待っていてくれた。艇がのし上げる砂浜まで用意してくれているようすだ。私は全神経を集中して、定着する。行き脚がとまると、艇内には早くも浸水がはじまる。そこで搭乗員自身が穴の上に寝ながら、身をもって防水につとめつつ砂浜をめざした。そして、ザザッという艇の底をこする砂の感触で、ようやくこの日の死闘は終わりをつげたのであった。

やがて、報告のために整列した九名は、いずれも血しぶきをあびて全身血だるまとなっていた。よくも生きて還ったという実感が、このときほど身をふるわせたことはなかった。

このあと損害の状況をしらべてみると、大艇は被弾九十三発、二番エンジンは火災を起こして、自然消火していた。電信員は右腕切断、搭乗整備員は左腕のつけ根に貫通銃創をうけていた。しかし、いずれも生命に別状はなかった。

この奇蹟の帰還はいくたの戦訓をもたらし、その後の飛行艇など大型機の戦法を大きく転換させた。すなわち、

一、ソロモン索敵隊の最大の敵はB17であり、大型機どうしの空戦という、予想もしないことが起こっていた。

二、大型機どうしの空戦は、優速性もさることながら、射撃能力の向上と、防弾装備の強化が焦眉の急務である。

——ことがわかったのである。この結果、飛行艇は二十ミリ機銃×五、七・七ミリ機銃×三という重装備をしたほか、燃料タンクは防弾ゴムでつつみ、パイロット席および各銃座には防弾鋼鈑が装備され、一・五トンも重量を増加することになった。

そして、搭乗員はこれにより精神的安心感をいだき、その後は索敵機の本分をわすれて、さかんに敵機を追いかけまわす、という武勇伝まで聞かれるほどになった。

いずれにせよ、十七番目の未帰還機となる悲劇をたち切ることができたこの空戦こそ、私には生涯わすれられない思い出である。

11　電波兵器よもやま話

いささかわき道にはいるが、ここにわれわれをなやませた、姿なき強敵についてふれてみ

たい。

緒戦期における航空戦闘は、いうなれば、戦国武士の日本刀による斬り合いにも似ており、個々の搭乗員の実力においては、日本の方がはるかにすぐれていたといえる。

しかしながら、その後の戦闘は、数量のみでなく、電波兵器の優劣が両者の雌雄を決したともいえよう。

開戦の翌年に米航空部隊は、はやくもレーダーを実用化していた。B29の東京空襲にたいしても、われわれはB29は高高度で富士山頂を目標に来襲し、それから針路を決定し、雲上からの推測爆撃をやるのではないかと見くびっていた。しかし、彼らはすでに電波航法、つまりレーダー爆撃を採用していたのである。

終戦時に彼らの資料を見ると、なんと、みごとな日本主要都市のレーダーチャートができていた。彼らは機上レーダースコープ上の映像と、このチャートを照合しながら、正確な爆撃を実施していたのである。

さて、レーダー（日本海軍は電探と称した）を最初に機上に装備実用化した日本機は、九七式飛行艇であった。

米軍はB17に装備し、戦場は両軍ともおなじソロモンで、索敵機どうしが装備してお目みえしたのである。昭和十七年十二月ごろのことだ。

そもそもレーダーの着想は日本が早い。大正十三年、わが海軍の浜野技術大尉が、米国留学から帰国して、電波を利用して敵艦との距離を測定する方法について上申したのであるが、当時、この意見をとり上げてくれる人などあるはずもなかった。ようやく海軍が電波兵器の開発に着手したのは、その後、十五年もすぎた昭和十三年で、この立ちおくれはまことに悔やまれてならない。

ソロモンの激闘、索敵機どうしの空戦などで刺激されたこともあり、十七年の十二月、私が横浜から補充機を空輸する前日になり、九七大艇三機に突貫工事でレーダーアンテナをとりつけ、内部は仮装備のまま、部品と指導技術者、それにレーダーの神様といわれた有坂磐雄中佐をのせて、年の瀬の十二月二十八日、急遽、ソロモンのショートランド基地にはせ参じたのである。そして戦闘の合い間をぬってレーダーの調整と、とりあつかい講習が真剣につづけられた。

だが、わが大艇がヒゲアンテナであるのにたいし、ちょうどそのころソロモンの基地上空には、八木式アンテナをつけたB17が、ときおり姿を現わしはじめたのを私ははっきりおぼえている。

装備をはじめた時点はほとんど同時であるが、アンテナに関するかぎり、米軍の方が一歩すすんでおり、実用も早かったようだ。

さて、レーダーによる索敵の初陣は、まさにケッサクの一語につきるものであった。

昭和十八年の一月十日ごろだったと思う。講習を終えた一号機を使っての夜間索敵（初陣）が、その日をさかいにいよいよはじまった。基地の南東方百二十カイリ、小島ひとつない海上で突然、レーダー員が、

「敵艦、十五カイリ前方！」

とさけんだ。なにを寝ぼけているんだと思っていたら、装備されたレーダースコープにエコーが出たのである。

私はそんなもの信用できるものかとばかり、そのまま索敵を続行していると、十五カイリほど進撃したところで、まさに闇夜に鉄砲、一斉砲撃をうけて、アワを喰って反転するという、笑い話のような一幕があった。

しかも、これが日本海軍機がレーダーで敵をとらえた、最初の場面なのだから皮肉であった。

終戦後の調査によると、米軍も航空機用レーダーの開発開始は昭和十三年とあり、各社に一斉に試作を命じ、できたものは型式のいかんを問わず、すべて採用したという。その証拠には終戦時、米軍機のレーダーは六十種類におよんでいたという。この一事だけからも、電波兵器にたいする熱意のほどがうかがわれる。

12　有馬少将の奇抜な熱望

かくして四つ相撲では、わが方にこれといった打開策がなくなってきた昭和十九年の六月、私はながい戦場生活からはなれて、空技廠飛行実験部部員として勤務していた。

そのころ、サイパンをめがけて来襲してきた米上陸部隊に決戦をいどむため、わが機動艦隊は全力をあげて、フィリピン南西方のタウイタウイ島を出撃しようとしていた。

そして空技廠は、これに間に合わせるために開発した、空母用特殊防空爪《たこ》を二式大艇で緊急輸送せよという命令をうけ、飛行艇班にそれを命じたのである。

だが空輸先をサイパンにするか、ダバオにするかで軍令部の指示をいらいらしながら待っていたところ、十四日の出発直前になって、やっとダバオと決定された。

考えればこの空輸先こそ、まさに私の運命を決めたといっても過言ではない。もしサイパンに飛んだとすれば、翌朝（昭和十九年六月十五日）にはサイパンの米軍上陸に遭遇し、三十歳の人生に幕をとじて靖国神社行きとなっていたはずだからである。

台湾の東港基地を経由してダバオに到着すると、そこに待ちうけていたのが、あの将軍特攻の異名をはせた有馬正文少将であった。有馬少将は戦況を詳細に説明したのち、

「そのような兵器を空輸してくれても、すでにおそい。まもなく血戦が開始されるであろう。艦隊は予定を変更して、もはやサイパンに近づいている。空母一～二隻をふくむ敵の機動部隊群が、サイパン全周をこのようにとりかこんでいるんだ」

私はさし出された海図を見ておどろいた。サイパン島の三十カイリ圏を、すっかりとりまいている米機動部隊はなんと、十二群におよんでいるではないか。

これにたいして決戦をいどむわが空母は、わずか四隻にすぎなかったのである。司令官はすでに死を覚悟されていると、私には感じとれた。尋常一様の手段では、とうてい抵抗できるはずがなかったからだ。

ここで司令官は話を変えて、私につぎのようなことをいわれた。

「私も横浜航空隊司令として、飛行艇の育成につとめてきた。いまこそ二式大艇でなければできない、大仕事をやってもらうときがきたと思う。オレが潜水艦三隻を確保してやるから、それをとちゅうの燃料補給に使って、ただちに大艇三機を選抜し、長駆パナマ運河を空襲して水門を叩きこわせ。

もし逃げられるときは、ドイツに飛ぶことを考えるんだ。しかし、計画としては片道体当たり攻撃をねらうべきだと思う。きみたちならかならず成功すると信じている」

私はこの司令官の言葉に胸をしめつけられるような感激をおぼえた。

そして帰国するとすぐに、この一件を上司に報告し、私自身も真剣にこの計画をねってみた。もともとパナマ運河を破壊して、米大西洋艦隊の太平洋への移動を封ずるという構想は、わが海軍には以前からあったのである。

このために「特型」と称する超大型潜水艦が建造され、水上爆撃機「晴嵐」が開発されて、すでに訓練まで開始していたのである。

そして私が、飛行実験のわずかなひまを見つけては、計画の実現に苦心していたころ、特型潜水艦三隻が、それぞれに「晴嵐」を三機ずつ搭載して、はるか大洋のかなたをめざして横須賀を出港していった。

しかし、わが二式大艇によるパナマ運河攻撃を考えていたのは有馬少将ただ一人だったとかで、このような奇抜な計画も、急速にせまってくる米軍の圧力下では実現をみることはできず、潜水艦も大艇もともに他の作戦につぎつぎと転用され、消耗されてゆくのみで、ついに有馬少将の考えは日の目を見るにいたらなかった。

のちに台湾沖航空戦において、中攻に搭乗し、陣頭指揮にたった有馬少将が、米艦に突入、体当たりを敢行したのは、それから間もなくのことであった。

ダバオの指揮所で私に、パナマ運河攻撃を強調されたあの言葉は、かつてみずからが育成した飛行艇隊にたいする少将の遺言であったと、私はいまだに信じている。

13　わが詫間に精兵あり

昭和十八年二月、ガダルカナル島がついに米軍の手中におちたため、八五一空飛行艇隊は東港基地に引き揚げたのであるが、この開戦からソロモン方面の争奪戦までが、九七大艇の活躍場面であったといえよう。

その後、八五一航空隊（東港空）は、再編成されてジャワ、スマトラ、アンダマン方面に再度転戦し、インド洋が主戦場となって西方からの来攻にそなえるとともに、十八年五月には二式大艇が主戦力となって、これまでの九七式大艇は、新たに編成された海上護衛総隊（対潜作戦）に吸収されたのであった。

二式大艇はその長大な航続力を活用し、インド方面の要地にたいし、後方撹乱戦を企図して夜間爆撃を連日のようにくり返したが、戦線はしだいに縮小されていく一方であった。

一方、東方戦線でも米軍の飛び石作戦におしまくられ、激戦の連続により消耗の一途をたどっていた。

とくに十八年十月以降は、ブーゲンビル島沖航空戦が激化し、十二月までに六次におよぶ航空戦がくり返された。

そのような日本本土をめざす米軍の攻勢がひしひしと身に感じられる十九年一月、私は長い戦場生活から内地に転勤を命じられた。しかし、もはや内地も戦地も特別のちがいはなく、まさに一億火の玉となっての抗戦状態にあった。

昭和十九年十月二十七日、私はふたたび八〇一航空隊飛行艇隊長として、戦線に出ることになった。もはや大艇隊では隊長級の士官はほとんど戦死して、私ただひとりが残っているのみだった。

おりから台湾沖航空戦の真っ最中でもあり、大艇隊もいまは整理されて、十九年四月には八〇二空（もとの十四空）が、九月には八五一空（もと東港空）がそれぞれ解隊し、八〇一空だた一隊のみが残っていた。

横浜を整備基地として、鹿児島県指宿《いぶすき》に本隊をおいたが、その後、四国の詫間《たくま》に移動していた。

台湾、比島沖航空戦において、大艇の夜間レーダー索敵は予想外に奏効したが、昼間索敵に任じた関東方面における二式大艇の大消耗戦がひびいて、このころの飛行艇隊は航続力を活用して、後方基地から行なう夜間レーダー索敵のみを専門とする戦術に転換していた。

ときすでにおそしの観はあったが、大艇隊は天測技量の伝統的な優秀性と、大型レーダーの能力とを組み合わせ、夜間に高高度（四千メートル）索敵を実施し、百〜百五十カイリで敵を捕捉しうるまでになり、同時に被害の局限に大いに効果をあげた。

敵機動部隊にたいする夜間触接も高高度、高速（二百二十ノット）で、しかも遠距離から敵を捕捉しては探知圏外に離脱して、正確な天測位置をもとめ、一時間ごとに正確な敵位置の報告をしながら、長時間の触接を確保する、という方法をとっていた。

しかも、日没一時間半後から日の出三時間前までに限定していた。この戦法はしばらく効を奏していたが、昭和二十年にはいって敵の夜間戦闘機がレーダー射撃でさかんに暴れまわるようになってからは、まさに二式大艇対夜間戦闘機の電波合戦というよりも、秘術をつくしての死闘がはじまったのである。

14 木下機勇戦す！

昭和二十年二月十日――日本で唯一の特攻航空艦隊が誕生した。海軍中将・宇垣纏を司令長官とする第五航空艦隊、別名「菊水部隊」がそれである。

山本長官の再来ともいわれる宇垣長官は、連合艦隊参謀長としての生命をソロモン海にしずめ、第五航空艦隊司令長官として生まれかわってきた智将というべき提督であった。

また、同時に八〇一空の名称は中攻隊にゆずり、これまでの八〇一空飛行艇隊は、詫間航空隊として生まれ変わり、第五航空艦隊麾下《きか》の夜間索敵隊として不動の地位をしめ、二式大艇の真価を発揮することになったのである。

いよいよ最後の一隊となった詫間航空隊飛行艇隊は、二式大艇十二機、搭乗員二十組をもって編成され、同時に、連日連夜の出撃をくりかえし、敵の夜間戦闘機と言語を絶する死闘をつづけた。私は毎晩のように出撃クルーと水杯をくみかわしては見送ったものであるが、彼らのうちからも悲しい未帰還機がいぜん続出した。

しかし、これら未帰還機といえども、それぞれ機動部隊をレーダーで触接し、動静報告を発したのちに、夜間戦闘機数機にたたかれる例が多く、そのつど敵の動静こそキャッチできたものの、その代償はあまりにも大きかった。

五航艦に編入された昭和二十年二月から終戦までの六ヵ月間に、わが最後の飛行艇隊は、二式大艇十八機、搭乗員二百四名を失ったのである。

このように九州南東方海域における大艇の索敵はきわめて大きな成果はあげたが、その行動中に起こる戦闘は、地獄の戦いといっても過言ではないほど激烈なものであった。

ここに機長、木下悦朗少尉の例をあげてみる。

このころ、米軍のねらいは沖縄上陸にあり、その準備作戦として航空基地の集中している九州、四国方面のわが根拠地を徹底的にたたくことにあったのは明白だった。夜間索敵は、八〇一空の中攻隊と、わが大艇隊が主力であるが、中攻隊の兵力消耗にともない、大艇の負担が急に増加してきた。

三月十七日から十八日にかけて、わが大艇七機が、九州南方、四国沖海域の哨戒に発進したが、このうち四機が還ってこなかった。

木下少尉機は、これまでの索敵においても、しばしば敵戦闘機と交戦し、いちどは不時着するなどの死闘を経験していたが、その猛烈な闘志はつねに敵を圧倒し、みごとに索敵任務をはたしてきている精鋭組だった。

三月十七日――この日が天王山という場面で、私は五機を投入することにした。木下機はその四番索敵線を担当し、午後八時、詫間基地を発進した。

この日は各機とも奄美大島東方百カイリふきんを中心として、午後十時ごろから夜半にかけて、機動部隊四群という大量の敵水上部隊を捕捉しており、攻撃隊は目標の配分に火の車であった。

木下機は午前一時、最初の目標をレーダーで捕捉した。間髪をいれず触接行動にうつりながら、敵夜間戦闘機どうしの電話をキャッチし、各射手は暗夜の星空をにらんで、空戦のかまえをととのえた。

敵は相互の衝突をさけるために、それぞれ機首にオレンジ色の灯火をつけている。そうこうするうち電話の感度がしだいに高まり、接近してくることが感知できた。晴天の暗夜には、敵機の灯火は、よく金星とまちがえることがあるが、ベテランの木下機は、早期にこれを識別していた。

午前三時――はやくも後部射手が、敵の一機を発見した。その通報でただちに、尾部からレーダーの欺瞞《ぎまん》紙（錫箔でつくる）を撒布しながら、パイロットがラダーをけって機体を左右にすべらせる。

この呼吸は、尾部射手とパイロットとの巧妙な連絡によってのみ、つかむことができる。敵機の曳痕弾は欺瞞紙を追ってむなしく、あらぬ方向に消えてゆくのがよくわかった。

ところが、午前三時三十分ごろから、敵機が集中して機首を向けてきた。その灯火数から約十機とみた。このときまでに、すでにわれわれの僚機三機が音信を絶っていた。敵機動部隊の動静を報告する一方、右に左にこの鬼どもをかわしながら交戦をつづけるうちに、つぎつぎと機体の各部に被弾し、火災こそ発しないものの、まさに獅子奮迅の戦いをつづけた。

木下機とて空戦が任務ではない。攻撃隊が敵位置を確認するのをまって、ただちに東方に避退し、雲中に突入した。

しかし、この夜の敵機は、執拗に喰いついてきた。雲からぬけてみると、すでに東の空が白みはじめていた。

午前五時三十分、さらに三機が追蹤《ついしょう》してきた。ここで再度、空戦にはいったが、まもなくその一機が火をふいた。一機撃墜！　これを見ると、ほかの二機はあわててUターンして逃げていった。

ようやくのこと、敵機の包囲網を離脱できたのは午前六時、約五時間にわたる死闘であった。ホッとしたがすでに燃料は心細く、位置は潮ノ岬の南方であった。木下機は詫間基地への帰還を断念し、そのむねを基地に報告して伊勢湾に進入し、ぎりぎりの燃料を残して十八日午前六時五十分、鳥羽港に不時着した。

砂浜に自力でのし揚げ、被害を調査してみると、じつに被弾百七十発、機体は中破状態となっており、射手一名戦死、電信員一名が重傷を負っていた。まさに奇蹟の生還であった。

15 その名は〝梓〟特攻

これよりさき、日本唯一の特攻航空部隊である第五航空艦隊が編成されたのも、レイテ海戦でほとんどの艦船主力部隊を失った日本海軍として、最後ののぞみを航空部隊にかけざるをえなかったためと思われる。

しかし、硫黄島への上陸以後、本土にたいする敵機動部隊のはげしい攻撃をうけっぱなしで、敵の全貌は五航艦の全力をあげての索敵網をもってしてもつかみえず、いたずらに兵力を消耗するのみであった。

そこで、連合艦隊司令部が、敵の兵力集中の時機をとらえて、一挙にたたきつぶそうと決意するにいたり、その集結基地としてねらいをつけたのが、南太平洋上唯一の米海軍の前進基地となっていたウルシー環礁であった。

小島ではあるが、ここは周囲をサンゴ礁でかこまれた天然の要港で、日本の周辺をさんざん暴れまわった米空母二十四隻を休養させるにも充分な海域をもっていた。

このような好機にそなえて、日ごろからひそかに特訓をつづけていたのが、黒丸直人大尉を長とする攻撃第二六二飛行隊（銀河二十四機）であった。しかし、九州南端の鹿屋を基地として、ウルシーまでは洋上約一千五百カイリもあり、はるかかなたに存在する点にすぎなかった。

また、八百キロ爆弾をかかえては、銀河単独でこの長距離進撃は不可能に近かった。しかも、目的地での行動時間は十五分がせいいっぱいだった。

このため、菊水部隊司令部でも慎重に計画をねる必要があった。大和魂のみで解決できる問題ではなかったからである。

昭和二十年二月二十日——訖間で作戦中の私のもとに、一通の作戦緊急信がとどいた。私に本日正午までに鹿屋に出頭せよという、指名の命令である。

ただごとではないと、飛行機を飛ばし、鹿屋の穴倉のような司令部にはせ参じてみると、宇垣長官をはじめとして、首脳部がズラリとそろって、異様な空気がみなぎっていた。

そして横井俊之参謀長が、まっていたぞとばかり、ふくらんだ大型封筒をさし出した。先着していた江口英二司令が、はやく見ろというように目くばせをする。ひっぱり出した書類の表紙には、『軍機』の赤印が押してあった。

——特攻作戦命令

〔任務〕ウルシー在泊中の敵機動部隊を攻撃し、その正規空母群を覆滅する。

〔編成〕梓特攻隊——指揮官二六二飛行隊長黒丸大尉

銀河二十四機、二式大艇三機

第二誘導隊──指揮官八〇一江口英二司令所定

二式大艇二機

〔行動〕X日〇八〇〇──鹿屋、鹿児島基地を発進、ウルシーに進撃する。

第二誘導隊は、南大東島まで、攻撃隊を直接誘導し、先行する特攻隊の大艇と合同後、誘導を交代し、帰投する。

特攻隊の大艇一機は、当日〇三〇〇発進、ウルシーの百五十カイリ手前までの天候偵察を実施する。

銀河隊はウルシーを確認後、大艇隊と分離し、一機一艦の必中攻撃を実施する。

大艇隊は誘導任務終了後、鹿児島に帰還、またはメレヨン島に不時着し、大艇を処分後、潜水艦にて帰投するものとす。

私はこの命令を読んで、その任務の重大性におどろくというより、呆然とした。

「今回の特攻作戦の成否は、かかって長距離洋上航法の正確性にある。この長距離進撃を誘導できるものは二式大艇以外にはないと考える。二式大艇三機を梓隊に編入したのはこのためである」

横井参謀長は、私を説得するかのように、厳然と作戦の説明をむすんだ。

と、黒丸大尉がとつぜん立ち上がって、私のところにやってきた。

「隊長、よろしく願います!」

「よしッ、いっしょにやるぞッ!」

二人のかたい握手で、緊張した会議場の空気が急にやわらいだ。そして江口司令が、私の肩をたたいた。

「隊長ッ、二式大艇ならではできない大任だぞッ！　人選は隊長にまかせる。しかし、今回の指揮官は攻撃隊の黒丸大尉に指定されている。隊長はいってはならんぞッ！」

司令はさっきの握手を見て、私の心のなかを読んでいたのだ。その晩、私は鹿屋基地のベッドのなかで、東の空が白むまで悩みぬいた。

なぜおれが征ってはならんのか？　自分は残って部下を死地に追いやれというのか？　万一、隊員に自発的希望者が出なかったら…あれを思い、これを考えると頭が狂い出しそうだ。

軍隊統率の真髄は、戦場において部下を敢然として死地におもむかせることにある。そのもっとも至難の技をためす場に立たされたのである。迷ってはならん、これをなすには、たんなる指揮命令であってはならない。指揮官にたいする信頼と、部下にたいする愛情が一致したときに、以心伝心的な行動となって表われるはずである。いつか私には、このような信念がわきあがっていた。

二月二十二日の深夜、私は詫間の士官室に准士官以上を集め、鹿屋における作戦状況を説明した。いつもとことなった私の態度に、一同は、つぎに出る私の言葉を読みとってしまっていた。

「今回、当隊は三機をもって、神風特別攻撃隊を編成することになった。梓《あずさ》隊と命名される」

一瞬、室内がシーンとなった。食器室の蒸気の音までピタリと止んだ。
「万歳ッ、その命令を待っていたんだッ、やるぞーッ！」
歓声とも怒声ともつかぬ叫びがとびかった。
いままで、はなやかな攻撃隊のかげに、捨て石となってただ黙々と戦い、そして莞爾《かんじ》として死んでいった大艇隊員、やはり神風の命名を待ちわびていたのだ。
ついで総員が指名を申し出た。散るさくら、残るさくらも散るさくら——思わず心のなかにこの一句をよみながら、私は心のまよいを吹き消して、つぎの三機を指名した。
一番機　岩田精一大尉
二番機　杉田正治中尉
三番機　小森宮正悳少尉
「有難うございます！」
杉田中尉の大声とともに、「わーッ」という大歓声が深夜の士官室をゆるがした。いつつたわったのか、搭乗員室には〝総員起こし〟がかけられ、三機のクルーを中心に割れかえるような歓喜の渦がまき起こったのである。私はただひとり、呆然として感涙にむせんでいた。

16　南海を圧す空中特攻

決行の日を待つこと約二週間、この間こそまさに死の道の教育であった。一方、索敵は続行され、未帰還機はあとをたたなかった。しかし私は、心を鬼にしながら、特攻の三機は温存しなければならなかった。

死を決定づけられたこの三組の搭乗員も、毎日のように消えてゆく戦友に思いをはせて、しだいにあせりを感じはじめていた。だが、連日のように死への訓練がつづけられた。

「浜までは、海女もみのきる時雨かな——この一句を心にきざみつけておけ。二十四隻の空母をたたきつぶすまでは、あらゆる苦難にたえなければならんのだぞ!」

三月一日——一番機として率先陣頭にたって指導してくれた岩田機が、悪天候のなかで、神風の名を残したまま、花のつぼみで散るという悲劇が突発した。

ああ壮士、ついに神風にかおりを残して還らず、天をあおいで号泣する私の前に、

「私がかわります!」

とみずから申し出たのは、生田善次郎中尉であった。

「おまえはまだ若い!」

と、どなり返したものの、号泣して立ち去らぬ純情さに負けて、一番機を再指名せざるをえなかった。

岩田機の異変で、いちだんと闘志を燃やしているうちに、三月八日、ついに待望の命令がくだった。

「梓隊は、本日中に鹿児島に進出せよ」

きたなッ——「梓隊出動用意!」と拡声器ががなる。飛行場は殺気立った。特攻二式大艇

が、試運転を開始する。兵器員が機銃弾をかついで走る。連絡自動車がかけめぐる。あわただしいなかにも整然と出動準備がすすんでゆく。

このなかにあって、特攻隊員だけはゆうゆうせまらず、笑みをたたえて心にくいまでに落ちついていた。

異常な感激と、興奮のあらしのなかに基地総員の見送りをうけつつ、堂々の三機編隊は勇ましく訖間の波をけって、紺碧の空に羽ばたいた。そして、ふたたび還ることのない基地に別れをつげ、ぐんぐん上昇していった。

隊員の心はすでに、敵の牙城ウルシーに飛んでいることであろう。かたく結んだ口もとには、不敵の微笑さえ浮かべている。

一番機に乗り込んだ私は、去る二月二十八日、〝成功したらこれを親もとに送って下さい〟とたのまれた岩田大尉の遺髪をしっかりと胸に抱いていた。

「X日を三月十一日とす」

命令書をにぎったまま、私は鹿児島基地の作戦室でしずかに瞑目していた。

岩田大尉の顔が浮かんでくる。目の前の黒板に無造作に書かれた杉田中尉の一句が目にしみる。

かえらじと　かねて思えば梓弓
なき数に入る名をぞとどむる

鹿児島湾の海は荒れていた。三月とはいうものの、寒風は身を切るようである。出撃する大艇は夜を徹して、整備員のあたたかい努力がつづけられていた。

木下藤吉郎が信長のぞうりをふところに入れてあたためていた、という昔ばなしでもないが、早朝の洋上からの発進なので、エンジンの起動を容易にする手段として、エンジンをあたためておく必要がある。このため予備のパイロットと整備員が、不眠の洋上試運転をつづけているのである。

私もまた一睡もせず、岩田大尉の遺髪を三人の機長にわけてもたせようと考えながら、紙包みをつくりながら、時計ばかりを気にしていた。

三月十一日、午前二時——

「おい、生田中尉、時間だよ」

と寝室に声をかけると、もう彼はおきていた。新しい飛行服をつけ、胸に岩田大尉の写真を抱いて出てきた。

江口司令の切々たる別れの訓示をうけ、盃をかわしたあと、元気にゴム艇に乗り、沖合の愛機に向かった。私もいっしょに乗り込んだ。彼は二式大艇の超過荷重離水はきょうが最初なのだ。

しかも夜間離水である。特攻よりも私には、この離水の方が気になってしかたがない。

「目標はあの赤ランプだ。スティックをすこし引いたまま、離昇馬力いっぱい使うんだぞ。ハンプをこえたら慎重に操作しろ。いいな、それじゃ元気にいけッ！　たのんだぞ！」

「隊長、お先にいきます」

別れるのはつらかった。

海岸に帰って、ジーッと見守っていると、

「離水する！」

元気な声が電波に乗ってとどいた。あたりをふるわすするどい爆音——美しく夜光虫のおりなす波をけりながら、みごとに離水した。こうして生田機は、回天の偉業を背負って、流星のように航空灯の尾をひきながら、南の空に消えて行った。

午前六時、主力が出発する時間がせまると、基地はいよいよ殺気ににた空気が感じられてきた。桜島の上空にはなお、残月があわい光を投げている。

特攻の二機の搭乗員がキリッと日の丸のハチマキをしめて元気いっぱいの顔をそろえると、誘導隊の二機も、われおとらずといういでたちで整列している。ただ飛行帽の下にしめたハチマキが、特攻隊員にたいするささやかな遠慮の意を表わしているのが、じつに印象的である。

この出撃状況を見て、私はもういても立ってもいられず、即座に誘導隊指揮官をかってでた。

司令も笑ってうなずいてくれた。司令、飛行長の訓示、別盃が終わると私は、

「さあ、いくぞッ！」

とどなって陣頭に立った。即座にみずからきめてしまった指揮官——

「やっぱり隊長だなぁ」

というだれかの声に、出撃隊員がどッと笑って、緊張した空気をほぐした。

午前八時――指揮所にさっと信号旗があがった。『出発』の合図である。特攻の二機がまずエンジンを入れた。みごとな離水を見送って、「つづけ！」――私はみずから操縦桿をにぎって、あとを追った。

四機、堂々の出撃だ。

私はそのまま鹿屋上空に向かう。陸上基地では、黒丸一家の銀河隊が歓呼に送られて、ふたたび還らぬ鹿屋をつぎつぎと発進するさいちゅうだった。

私は、ゆるやかに大旋回しながら、銀河の大編隊をまとめるため、先頭に立った。針路は南、いまぞ神風特別攻撃隊梓隊の出陣である。一路、ウルシーに向かう主力をあげての堂々の出撃は、まさに南海を圧する。それは壮厳な一幅の錦絵でもあった。

17　基地をつつむ男の涙

黒丸一家の先頭に立ってみると、もうこのままいっしょにいきたい、という衝動が高まってくるばかりである。燃料さえ満タンにしていたら、離れなかっただろう。

「南大東島まで五分！」

偵察員の声にハッとわれにかえる。先行の特攻大艇二機が視界に入ってきた。私は黒丸大尉を呼んだ。いよいよ訣別のときがせまった。

「成功を祈る……成功を祈る」

電話の声がふるえている。黒丸一家はしずかに機首をふって、しだいに特攻誘導機の方に近づいていく。

南大東島にくだける白波が直下にきて、すぐ通り過ぎていった。いつのまにか私は大編隊から列外になっていた。あらためて接近しながら翼をふる。大艇も銀河もみな、いっせいにマフラーをふっている。万感胸にみちて、涙がほおをつたってくる。

「ちかって成功を期す！」

黒丸大尉の力づよい声が耳にひびく。私はなおもしばらくあとを追っていった。

ちょうどこのとき、第五航空艦隊司令長官宇垣中将から、壮烈な激励電報がとどいた。

『皇国の興廃はかかりてこの壮挙にあり、各員奮励全機必中を期せよ』

この電報をうけるとともに、私はひかれるたもとをふり切るような思いで、大きくバンクして反転した。

南進をつづける梓隊の編隊を、もう一度ふり返って、はるかに合掌した。

梓隊が出陣した後の基地は、嫁ぐ娘をおくり出した親元の放心したようなありさまに似ていた。時計の針は午後六時をさしている。生田機がコース先端の天候を報じてから、すでに三時間をすぎていた。

夕食の席では、だれひとりハシをとるものもいない。

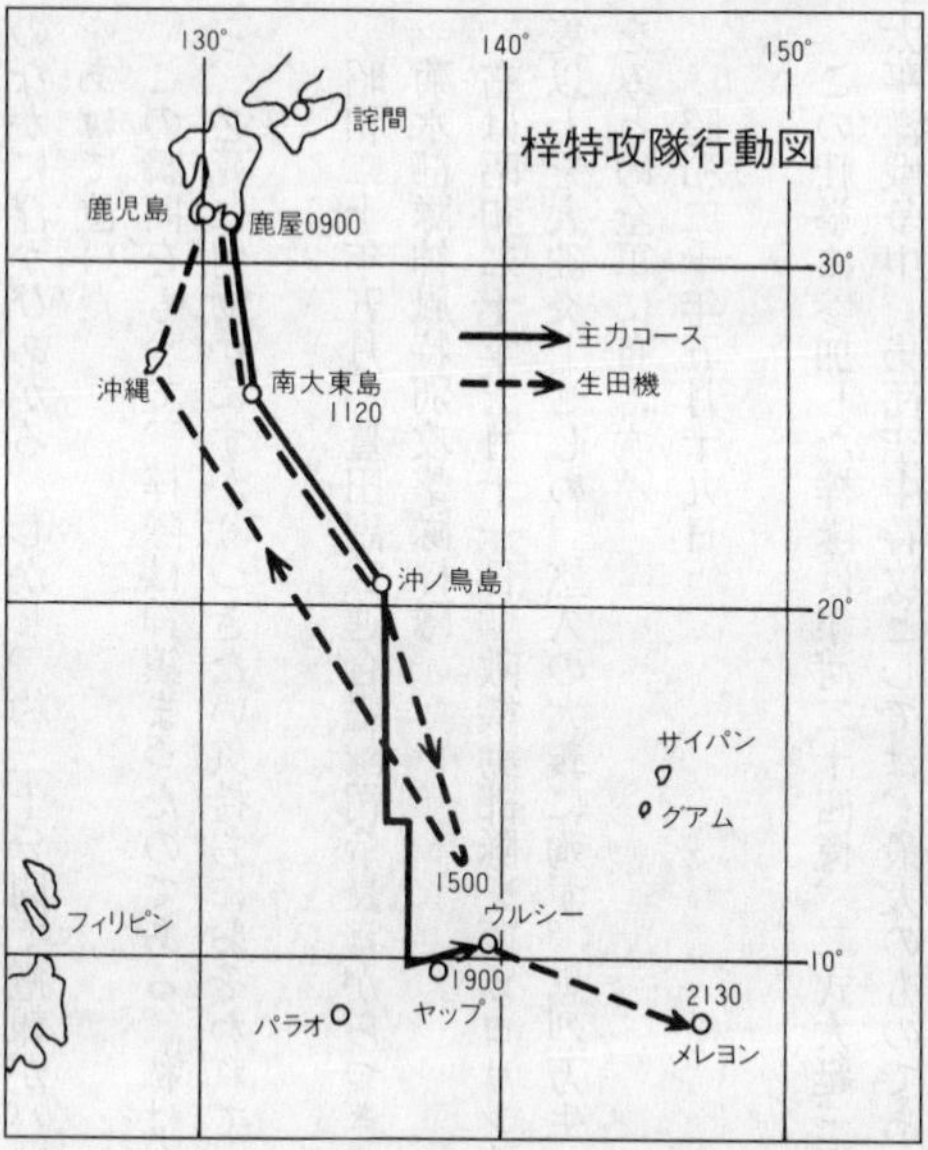

「まだ、なにもいってこないか?」
「いってきません!」
どなるような言葉がとび交わされる。失敗かな——ふと不吉な予感が去来する。もちろん、私は信じている。しかし、このあせりはどうしようもない。

午後七時、作戦室の電話がけたたましく鳴った。要務士がタックルするように電話にとびついた。

「奇襲成功ッ!」

電信室の声が筒ぬけに聞こえた。

「やったぞーッ」

わァーという歓声がおこる。私は大声でどなった。

「整備員に知らせろッ!」

「全軍必中突撃せよ!」

「われ正規空母に突入せんとす!」

つぎつぎと現場の電報がつづく。なぐり込んでゆく梓隊の状況が頭のなかに浮かびあがる。しかし、約三十分間で電報がバッタリとだえてしまうと、みなは声をあげて泣いた。

この瞬間をもって、梓隊は神鎮まったのである。私は全身の力がぬけてゆくのを感じながら、必死に何物かにすがりつきたい気持ちにおそわれていた。

昭和二十年五月、豊田副武連合艦隊司令長官からつぎのような布告が出された。

「菊水部隊神風特別攻撃隊梓隊
右は昭和二十年三月十一日、敵機動部隊を西カロリン諸島ウルシーに奇襲、敵航空母艦二隻以上を大破炎上せしめ、悠久の大義に殉ず。忠烈万生にさんたり、よってここにその殊勲をみとめ全軍に布告す。

昭和二十年五月十九日
連合艦隊司令長官　豊田副武」

この壮挙に参加した梓隊は銀河二十四機、二式大艇三機、総員百八名という大兵力であり、太平洋戦争中、集団空中特攻としては、最大のものであった。

大艇は任務が終了後、帰還すべし、という命令にたいし、当時、特攻とは死ぬことなりと信じていた私は、大きな疑問をいだいていた。銀河隊の成果を報告したのち突入させるとして、大艇は片道燃料と、大型爆弾五発を搭載することを強調したが、許可されなかった。

真珠湾の特殊潜航艇による特別攻撃隊にたいしても、任務終了後は帰還すべき命令が出されていた。すなわち、特攻隊としての大艇の任務は誘導であり、攻撃ではない。帰還能力のあるものが、任務が終了後に帰投するのは当然のことである、というのが司令長官の考えであった。

二式大艇三機の結果をあえて書きそえると、生田機は総航程三千二百カイリを突破して任務を完了し、鹿児島に帰投した（三月十八日の作戦で戦死）。杉田機は当日、悠久の大義に殉じた。小森宮機は任務を終了した後、メレヨン島に不時着して愛機を処分し、三ヵ月間、飢餓にたえて、五月二十四日に潜水艦で帰国した。

18　日本海軍滅びたり

昭和二十年八月十五日——終戦の詔勅がくだる。

第五航空艦隊司令長官・宇垣中将は、この日の正午、天皇の放送を聞いたのち、直率の特攻を決意、いそぎ「彗星」艦上爆撃機五機に出撃準備を命じたが、長官のおともを懇願して、その機数は十一機にふえていた。

司令官、参謀長などの思いとどまるようとの涙のことばに感謝しながら、

「後任の長官も今夕には到着するので、終戦の収拾には支障はない。なおいまだ停戦命令はうけていない。この機を逸しては自分の死所はない。とめてくれるな」

と、かたい覚悟をもって午後四時、長官直率の最後の特攻隊は大分基地を飛び立った。

詫間基地においても、終戦の詔勅はくだったが、停戦命令までは、いぜん待機姿勢は堅持していた。

一部の特攻待機にあった他隊においては、虚勢をかって暴れるような者もあったが、人事をつくして果てた飛行艇隊は、すこしの悔いも残していなかった。たんたんとして命令にしたがって行動したことは、いまだにほこりに思っているくらいだ。

八月二十二日、大艇隊は各基地を撤収し、詫間に集結するよう指示をうけた。全機といっても、このときには各基地とも敵襲により大破、または炎上しており、わずかに隠岐島に二機が残っていたにすぎなかった。

うち一機は宍道湖《しんじ》までたどりついたが、すでに燃料補給の方法は絶たれていた。私は血涙をのんで、この機を銃撃処分することを命じた。

搭乗員は泣きながら愛機と別れ、松江大橋上に整列して、最後の敬礼をおくったのち、機長の命令で機銃を装塡した。

近くの市民はすべてを察知し、黙々として搭乗員の後方に集まり、おえつにむせびながら大艇に合掌したと聞いている。機銃が断腸の声をあげるように火を吐いた。

しかし、巨大な二式大艇はビクともしなかった。全弾を撃ちつくすころ、ようやくにして黒煙を発しながら、静かに宍道湖の湖底にその姿を没していったのである。

八月二十三日、集結を終わった三百名の隊員が、残された二式大艇の前にひれ伏した。

昭和二十年二月十日に菊水部隊が編成されてから、わずか六ヵ月、うしなった大艇は十八機、雲むす屍と還らぬ戦友二百四名、私個人にしてみれば、開戦いらい三百九十六名の部下、戦友を失っている。

眼前に浮かぶあの日、あの友、この大艇にしても、ともに戦い、ともにかけめぐった数千カイリの戦場の苦しい思い出を秘めているのだ。だれもが泣いた。解散を命じても、なかなか立ち去ろうとしなかった。

出撃の前後、かならず灯明をそなえて拝した大艇隊戦死者の銘牌は、私があずかることにした。

解散した隊員を乗せた大型漁船が三隻、詫間基地をはなれてしだいに遠ざかってゆく。

私はただひとり、大艇のいないスベリの上に立って、消えゆく隊員に手をふっていた。

詫間海軍航空隊飛行艇隊——それは日本海軍最後の飛行艇部隊である——は、かくして永久に幕をとじたのである。

19　海を渡った電報一通

飛行艇隊解散後の基地は、まことに空虚なものだった。階級と組織でかためられていた垣根が、一夜のあらしでバラバラにくずれてしまったのである。

きのうまで菊水の旗じるしのもと、全力特攻をちかい合った部隊のおもかげは、まったくなくなってしまった。

私は最後まで、残務処理にのこる覚悟でいたが、

「飛行隊長は、なるべくすみやかに基地を離れて特命を待て。ただし帰郷するな」

という指示がきていた。なにごとをやらかすのかな——と、それでも一縷《いちる》の望みをのこしていた。そこで海を渡り、部下の好意によって岡山県の某宅に寄居し、あれはてた心身の回復につとめていた。

各地の基地には早くも米軍の進駐や、残った特攻隊員の武勇伝、復員の混乱など、乱れとぶ情報や流言飛語に心をいためながらも、すこしずつ戦時日誌などの整理をしていたが、九月下旬になって、基地の残務処理班長をやっていた整備隊長から連絡の電報が届いた。

『十月下旬までに二式大艇一機を米軍に引き渡すため、飛行可能状態に整備するよう占領軍命令がきたので、詫間基地に出てこい』

というのである。さっそく寄居先の小舟に乗せてもらい、はるばると詫間のスベリまで送ってもらった。一ヵ月ぶりにもどった基地は、すっかり変わりはてていた。

もちろん、本物の台風が襲ったこともあるが、まさに、つわものどもの夢の跡となっていた。それでも、残っていた七十名余りの隊員がよろこんでむかえてくれた。

飛行場地区に行くと、三機の損傷した二式大艇が待っていた。なにより、旧友に再会できたことが無上にうれしかった。

さっそく整備隊長と今後の計画をねったが、基地には、一機の整備能力すら残ってはいなかった。やむなく搭乗員を指名して、原隊復帰の手配をしたが、いったん解散した部隊であ

り、すでに軍隊の上官としての権限もない。

そこで、おなじく残務整理中の呉十一空廠に交渉し、やっとのことで七名の飛行艇整備職員の応援をうることができた。

この人たちの手によって、二式大艇が米軍にとつぐなら、戦いには敗れたが、せめてこの飛行艇によって、日本の技術の真価を見せてやりたい、りっぱなものに整備しよう、という決意のもと、真剣な作業が開始された。

まず三機のなかから、もっとも損傷のすくない一機をえらび、修理に取り組む一方、数名の整備員を基幹としてライン作業班を編成し、毎日、訓練をつづけながら、空輸準備をすめていき、十月中旬までに、やっと一組のクルーをそろえることができた。

十月末になって、一機の二式大艇の整備が完了したときは、作業員一同、抱き合ってよろこんだものである。試運転も快調にすすんだが、それ以上はすべて、米軍の指示待ちということで、なにを要求されるのかさっぱりわからない。

飛行艇とともに米軍に連行されることも予想し、いろいろと不安は消えなかった。これよりさき十月に入ってまもなく、米陸軍の一個小隊が進駐してきたが、彼らはわれわれの旧階級を尊重し、きわめて好意的に便宜をはかってくれた。

やがて十一月にはいると、不安と待望をおりまぜたような気持で待ちわびているところへ、ようやく米軍の指令がとどいた。

一、飛行に必要な機器とＨＦ（無線機）一台を残し、他の一切の兵器を除去せよ。

二、日の丸マークを消し、米軍のマークに書きかえよ。
三、燃料は詫間〜横浜間の片道分、および試飛行をふくみ四時間分を搭載せよ。
四、空輸員は日辻少佐以下、七名を定めて報告せよ。
五、空輸当日は米海軍戦闘機六機が護衛する。
六、調査団は十一月十日午前九月三十分、詫間着の予定、その他の事項は調査団から指示する。

以上の内容であったが、日の丸を消せという指示に、私たちははじめて敗戦の実感をしみじみとかみしめたものであった。

20　大艇よ、胸をはれ

十一月十日、予定どおり調査団がPBY飛行艇でやってきた。

『米国極東空軍戦略爆撃調査団』といういかめしい名称のグループで、シルバー海軍中尉を長とする海空軍入りまじった七名から編成され、日本海軍の航空本部部員が一名くわわっていた。

日本語の上手なシルバー中尉（パイロット）は、長年の知己のような態度で、

「日辻少佐はどなたですか？」

と、第一声、つづいて、

「あなたのことはぜんぶ知っています」

という。よくも調べたものだ。調査団がきてわかったことは、米海軍が日本海軍をひじょうに尊敬していたこと、二式大艇をきわめて高く評価していたこと、などであった。

空輸日の戦闘機の護衛をやめて、PBYが誘導することに変更されたが、これは米海軍が、この時点でしめした最大の好意であった。

戦闘機六機の護衛といっても、実際には二式大艇のかってな行動を警戒するためのものであることは、わかりきったことであったから……。

また彼らは、横浜までの飛行にさいし、PBYはだいぶ古くなっているので、不時着したときは救助してほしい、と逆にたのまれたくらいである。

彼らが到着したその日、ただちに試飛行が許可された。まさに三ヵ月ぶりの飛行である。さいわいにもなんの規制もうけなかった。

敗戦の非運にうちのめされていた隊員はもちろん、詫間市民までがこの日、ひさしぶりに姿を現わした二式大艇に、晴ばれとした元気をとりもどしたと聞いている。戦後、私がうけ取った市民の一通の手紙に、こんなことが書かれていた。

「日の丸こそ消されていたが、ひさしぶりに、詫間の空にはばたく二式大艇の姿を拝し、市民は地にひれ伏して手を合わせていた。戦いには敗れたが、あの大艇の爆音が、日本再興への闘志をかき立ててくれた……」と。

快調な試飛行を終わって基地に揚収されると、私はたちまち写真のモデルにされた。二式

とともにいろいろのポーズを要求され、アメリカ人らしい人のよさを、つくづくと感じさせられた。シルバー中尉は、

「あんたはこの空輸を最後に海軍パイロットとしての幕をとじることになるのだから、思い出にPBYを操縦してみなさい」

という。私はよろこんで飛んでみることにした。

かつてのソロモンの敵PBYを操縦してみると、二式の足もとにもおよばないオンボロ機である。安定はよかったが、速力が出ない。二式大艇の優秀性をいまさらながら確認させられた。所見をもとめられたが、お世辞にもほめることはできなかった。

「日本海軍は、こんな優秀機をもっていながら、なぜ敗れたんだ」

というので、

「戦いには敗れたが、二式大艇だけは、世界のどこにも負けなかった」

と答えて大笑いになった。

明くる十一日の午後一時、いよいよ横浜への空輸に飛び立った。このときは、特攻出撃の再現のような見送りをうけた。シルバー中尉の懇願で彼だけを同乗させたが、先頭のPBYを追いぬくことだけは禁じられた。

事実、途中の基地では、米軍戦闘機が警戒のため待機していたのである。

二式はなにもかもおろし、燃料も三時間ぶんかるくした。フラップを十度おろし、速力を百三十ノットにおとして、なおジグザグ運動をしなければ、百五ノットとおそいPBYには

優速すぎた。

日本人のパイロットが、日本軍の飛行機で日本の空を飛ぶという最後の劇的な飛行が、この二式飛行艇によって行なわれたのである。

神戸の川西航空機の上空を通過するとき、シルバー中尉はこんなことをいった。

「これが産みの親の川西ですね。焼けおちていますね。しかし何年かさきに、日本にはかならずよりよい飛行艇がうまれるものと信じています」(PS-1の誕生を予言したように思えてならない)

実際、私もまったくおなじ感想が浮かんでいた。私としては、米国にとつぐ〝エミリー嬢〟(二式大艇の米軍ニックネーム)が、いま上空から、生みの親に別れを告げる思いで胸がつまった。

横浜(母基地)がしだいに近づいてきた。私の飛行艇乗りとしての終焉がそこに待っていた。

横浜沖には連合軍の大艦隊が錨泊していた。軍門にくだる誓いをしたあのミズーリ号も見えていた。なつかしい横浜航空隊は、いまや米海軍のPBYの基地になっていた。下降してみると、発着海面はめずらしく荒れていた。PBMがさかんに訓練をしているが、いずれも大きなジャンプをくり返している。

これらの光景を見ているうちに、私は、いつの間にか海軍の飛行艇隊長にもどっていた。シルバー中尉が私の顔色をうかがうように、

「大丈夫ですか？」

と話しかけた。かるくうなずきながら、

「最後のおねがいだ。超低空飛行を許可してほしい」

といいながら、艦隊の頭上に降下した。

シルバー中尉はなにもいわなかった。私は「世界一の二式大艇ただいま見参ッ！」と心のなかでさけびながら、艦隊の列間を超低空でぬい、機首をまわした。さまざまの思い出がいちどに目の前に描き出されてくる。

ワンサと飛んでいたPBYたちは、かつての強敵、空の巨人のために道をゆずってくれた。

私は米海軍全員の注目を意識しながら、全身全霊を最後の着水にうちこんだ。

荒れる海面など眼中になかった。会心の着水ができた。艇底をたたく波のショックがしだいにのびて、最後の音がやむと、しずかに行き脚がとまった。

シルバー中尉が私の目の前に、右指で○じるしをつくって〝ナンバー1〟とさけんだ。私とは逆に、彼はPBYの状況から、どうやら着水をおそれていたらしい。

思わず苦笑しながら握手した。飛行艇隊長としての私の生涯は、こうして横浜海軍基地の海にとじられたのである。

それは、同時に日本機の最後の飛行でもあり、二式大艇の日本における大往生であった。時まさに昭和二十年十一月十一日の午後三時四十分であった。


（昭和四十八年「丸」十二月号収載。筆者は詫間空飛行艇隊長）

わが潜偵 米機動部隊の直上にあり

快報をもたらした零式小型水偵の隠密偵察秘話——山下幸晴

1　忘れざる重巡「衣笠」

昭和十八年十一月はじめのころである。その日は朝からよく晴れて視界もよく、めったに見られない富士山が、二階の窓から遠く山頂を見せていた。

きょうの練習生操縦教育では、私の分隊は午後になっているので、午前中は教員たちものんびりしている。

みなも要務をすませたあと、それぞれに出かけて行き、教員室には私ひとり、ぽつねんと留守番をしていた。私は窓ぎわに立って遠くの富士山をながめ、その雄壮な姿に心をうたれていた。

そのとき、私のうしろから、

「山下教員!」

と声をかけられた。ふりかえると、そこには大塚教一教員が立っていた。彼はいつのまにかもどってきていたらしい。彼はにこにこ笑いながら、

「あんた、六艦隊司令部へ転勤らしいよ」

と、どこで聞いてきたのか話しだした。私は呉海軍航空隊（呉空）から鹿島海軍航空隊（鹿島空）にきてまだ半年しかたっておらず、現在は第三十一期の練習生を受けもって操縦教育中であった。それだけに、私はまさかと思った。

しかし、それは事実であった。

「六艦隊司令部なんてどんな部隊だろう？」

「なにか潜水艦部隊らしいよ」

それ以上のことは、なにもわからなかった。しばらくして中村先任教員がもどってきた。先任教員は分隊士から聞いていたとみえ、そのへんの事情をくわしく話してくれた。

それによると、六艦隊司令部付属偵察機隊（以下、偵察機隊とよぶ）であり、この偵察機隊は潜水艦搭載用の零式小型水上偵察機（潜偵）の搭乗員養成部隊であった。

そのころ、大型の伊号潜水艦には潜偵を搭載することになっていた。そして、その偵察機隊は当時、トラック島において要員の訓練を行なっているということであった。

――ふたたび戦地にゆく日がついにきたのだ。思えば昭和十七年七月、私は重巡「衣笠」に乗艦し、ソロモン海域をかけめぐっていた。

第六戦隊は「青葉」「加古」「古鷹」「衣笠」の重巡を主力に編成されていたが、八月八日の第一次ソロモン海戦後、ビスマルク諸島ニューアイルランド島の北端カビエン港へ入港のさい、敵潜水艦によって、「加古」は魚雷攻撃を受けて沈没し、さらに十月十一日にはツラギの夜戦において、旗艦「青葉」が敵の艦砲射撃を受けて前部砲塔が破壊され、そして悲運にも「古鷹」までが敵の魚雷、砲撃をあびて炎上、沈没してしまった。

あとに残った「衣笠」はその後、第七戦隊とともに行動し、十一月二日の午後三時、ガダルカナル島の敵航空基地への艦砲射撃のため、水雷戦隊と合同して出撃した。

このとき「衣笠」は、その夜の砲撃にそなえ、九四式水上偵察機（九四水偵）をショートランドの水上機基地に先行させ、零式三座水上偵察機のみは夜戦において、敵艦上空に照明弾を投下する任務をおびていたので本艦に、残すことになった。

水偵搭乗員のメンバーは、私と山本一飛曹（偵察員）、藤原二飛曹（電信員）であった。私は夜戦における空からの協力は初めてだったため、正直のところなにがなんだかわからなかったが、じつにうれしく、そして心をはずませて発艦時刻を待った。

ところが、飛行機発艦の直前になって、突然、飛行長が自分が行くといいだして、操縦を私と交代した。私は今夜こそ戦果をあげたいと思っていたので、これにはいささかがっかりしたが、地理的にもくらい私であったので、なにもあわてることはないとあっさりとあきらめた。

こうして、いよいよ飛行機発艦のときがきた。

飛行長は元気いっぱいで射出機上の水偵に乗りうつった。山本、藤原二飛曹もいつものようににっこりと顔をほころばせながら、自信の色を見せていた。そして乗員に見送られながら発艦し、目的地に向かった。

わが戦隊は暗夜のなかをガダルカナル島に向かって航走しつづけた。私はときどき上甲板上に出て、飛行長機に思いをめぐらせた。もちろん、わが艦艇は戦闘体勢にはいっているので、暗い闇のなかにほのかに隣接艦が目にうつるだけであった。ただ白い航跡が尾をひき、水上にはっきり見えているのみだ。

マライタ島の南端近くに接近したころであろうか、突然、敵の情勢が変わったというので、攻撃を中止して、引き返すことになった。そして、ブイン基地に向かって進路を変針し、北上を開始した。

それからしばらくたったころ、飛行長機から、

『われ敵艦爆二機と交戦中、イサベル島の東端にて揚収されたい』

という通信連絡がはいった。

しかし、「衣笠」だけが戦列をはなれて行動するわけにはいかなかったので、戦隊司令官は本艦にかわって駆逐艦一隻を現場に急行させた。

だが、このあたりから天候はしだいに悪化し、ヤミのなかに白い糸のような雨が降っているのが見え、私たち飛行科員はなにかしら不吉な予感につつまれていった。

まもなく駆逐艦は現場におもむいたものの、けっきょく飛行長機を発見することができなかった。そしてブインの基地に帰港した「衣笠」は、翌十一月三日、明治節（明治天皇の生誕祭）の祝いに赤飯を準備し、飛行長機の帰るのを待っていたが、なんの音沙汰もなかった。

しかし、飛行科員はみな、そのあともずっと待ちつづけていた。だが、とうとう帰ってこ

ず、消息を絶ってしまった。

やがて十一月十三日、ふたたびガダルカナル島の敵基地を攻撃するため出動した。「衣笠」は、飛行場を砲撃したその帰り、敵の至近弾を受けて傾斜し、ついに沈んで海底のもくずとなってしまった。

このあと、私たち残った飛行科員は、一時、ショートランド島水上機基地の九〇二空部隊にあずけられ、内地からの命令を待つことになったが、それから一週間後、私は山本、藤原二飛曹が元気で帰ってきた夢をみた。その翌日、ショートランド水上基地一帯は、早朝から敵の艦上機によって銃爆撃を受けたが、さいわいに基地は、ヤシ林にかこまれた入江にあったので、被害は少なくてすんだ。

十一月の中旬に、私たち飛行科員は内地に帰国を命じられた。

そして、山陽丸に便乗して、ブインの基地をでようとしたそのとき、敵潜水艦の魚雷攻撃を受けて、山陽丸は後部船倉に一発をくらった。朝食後のできごとであったので、私たちはまだ居住区の食卓にすわっていたところだった。私たちは一瞬、ショックで三十センチも身体を持ちあげられていた。

そこでやむなく山陽丸から哨戒艇へ、またラバウルで掃海艇へと乗りかえて、ようやくのことで帰還できたのであった。

帰国後、私と平田兵長は、呉空、田中先任搭乗員は小松島、浦田一飛曹は詫間へと配属され、整備員もそれぞれ各部隊に配員され別れていった。

あれから、はや一年が夢のようにすぎ去っていたのだ。早いものだなあ——私はひとりつぶやいていた。

2　なつかしき顔と顔

十一月十二日、私は住みなれた鹿島をあとに、横須賀へ向かった。横須賀の軍港についてみると、「冲鷹」(改造空母）はちょうど岸壁に接岸され、まさに航空機用爆弾を搭載しているさいちゅうであった。

私は便乗者の乗艦手続きをすませたのち、おなじ便乗者の下士官と親しくなり、この日は二人で横須賀の町を散歩して、一日を楽しくすごした。

そして翌朝、空母「冲鷹」は横須賀を出港し、トラック島に向かった。

南下の途中、敵潜水艦からの攻撃をさけるため、「冲鷹」はたえずジグザグ運動を行ないつつ航走をつづけた。艦内にはトラック、ビスマルク諸島、ソロモン群島、その他の南方各基地に転勤していく便乗者多数が乗っていた。

これら便乗者も航海中はなにもすることがないので、食事をしては、あとは寝ころんだり、本を読んだり雑談したりして時を過ごし、退屈をまぎらわしていた。

私も、故国をはなれるとなると、なつかしさが胸にこみあげてきて、こまってしまった。私はときどき中甲板に出ては、とおく故国の空をあおぎ、すぎし思い出をたどりつつ、みずからをなぐさめた。

「沖鷹」は夜間灯火管制を行ない、暗夜のなかを航走しつづけた。途中、敵の潜水艦が出没したというので対潜警戒配備についたが、このときは私たちも見張りをして協力にあたった。しかし、さいわいにも敵潜の攻撃を受けることもなく、危険海面をぶじ通過することができ、艦内は緊張から解放されて、便乗者はひとまず安心した。

十二月二十三日、艦はいよいよトラック島にたどりついた。横須賀を出発してから十一日目であった。「沖鷹」は北水道を通り、トラック島の礁湖内にはいった。そして大小の島々の間をぬって、艦隊泊地へとせまった。遠く、近くに見える島々には木々が青々としげり、南国の陽光がこれにあたって、きらきら輝く美しさは絵にかいたようだった。

「あれは夏島だ!」

だれかが指さしてさけぶ。目的の偵察機隊が夏島にあると聞いていた私は、その夏島を遠くからじっと見守った。

やがて「沖鷹」は、艦隊泊地に入港し、私たちトラック島組と、ここでさらに乗りかえて前線に行く便乗者とが退艦したが、みなはたがいにはげまし合いながら、それぞれの所属部隊へ向かっていった。

第六艦隊司令部偵察機隊の本部当直室についたのは、それからまもなくのことであった。当直室には当番兵(伝令)がいて、私が着任したことを奥の部屋にいる当直士官につたえにいった。当直室は海岸ちかくにあって、平屋ながら見はらしがすばらしかった。

しばらくすると、真っ黒に日焼けした顔に大きな目玉をギョロつかせながら、当直士官が出てきた。それが二村大尉であった。さっそく私が着任の挨拶をすると、

「ごくろうさんです。きょうトラックに着いたのですか?」

と話しかけてきた。

「ハイッ、『沖鷹』に便乗してきました」

「そうでしたか、いま飛行長は飛行場のほうに行かれて不在ですので、あとでまた挨拶することにして、ひとまず宿舎に帰ってゆっくりくつろいでください」

と、やさしい口調で応待してくれる。おそらく飛行訓練中でもあったのだろう、ほかの士官の姿も見えなかった。そして大尉はさっそく当番兵に、私を宿舎のほうに案内させた。

宿舎は、海岸から約五十メートルくらいはなれた内陸にあって、ふるい材料を使い、ヤシの葉で屋根をふいた平屋建てだった。付近には南国特有のヤシの樹が点在し、後方はそれが林のようになっていて、数十メートルにもたっする樹上には、大きな実がすずなりになっている。

内部には大きな部屋が三つあって、六十人くらいはらくに寝とまりできそうだった。各部屋は開放されて風とおしがよくしてあるので、いかにもすずしげであった。

だが宿舎の内部は、みな飛行作業に出ているらしく、事務をとっている整備兵や主計兵が数人のこっているだけだった。

私はその一室にまねきいれられて一息いれたとき、となりの分隊だったが、かつて鹿島空

でともに九三中練の教員をしていたこともある上野栄一郎飛曹長がかけつけてきた。聞けば、この第六艦隊偵察機隊には呉空時代の搭乗員、整備員が大勢いるとのことであった。そのうちに同期の小野君も私のそばに立っていた。

私はこんどこそ特殊な部隊であるだけに、見知らぬ人ばかりではないかと不安をいだいていたが、ひろいようでせまいのが世の中、顔見知りの者がたくさんいたので、ほっと一安心したしだいであった。

やがて、飛行作業も終わったのか、みながどやどや飛行場から帰ってきた。さっそく、私は飛行長のところへ挨拶にいった。飛行長は呉空当時の飛行長・伊藤敦夫大尉であった。この人も温厚そのもので、私をよろこんでむかえ、いろいろとはげましの言葉をかけてくれた。

そのあとで、みなに挨拶をすませた私は、その日の夜間飛行訓練を見学したのだが、そのとき飛行場で飛行長から声をかけられた。

「君は呉空にいたとき、潜偵をやったことがあるかね？」

「いいえ、やったことがありません」

「そうかね、まあ、すぐなれるから元気でやってくれたまえ」

当時、呉空には観測機や水偵、そのほか潜偵も数機あったが、私は潜偵だけには乗ったことがなかった。それでいちど乗ってみたいと思っていたやさき、鹿島空に転勤してしまったわけで、飛行長のこの言葉にはいささか恐縮してしまった。

夜間飛行訓練は、八時三十分ごろには終わったが、整備員だけは黙々と翌朝の訓練にそなえて機体の整備に余念がなかった。その夜の宿舎は私の歓迎もあって、大いににぎわった。

3　一大要塞島トラック

トラック島は北緯八度、東経百五十二度に位置しており、南北三十カイリ、東西二十五カイリのやや右にかたむいた三角型の礁壁でかこまれ、礁湖内には四季諸島（春、夏、秋、冬島）、七曜諸島（月、火、水、木、金、土、日曜島）や多数の小島が点々として散在している。

わが偵察機隊の基地は、四季諸島のうちの一つ、夏島にあった。その左どなりには九〇二空の飛行艇隊、および第十空廠（横須賀所属）がいて、九〇二空はトラック島周辺の哨戒ならびに輸送などにあたっており、十空廠は内地から輸送される彗星（艦上爆撃機）を組み立てて最前線に送りとどけていた。

夏島と竹島にはさまれた細長い海面は、偵察機隊の離着水訓練海域であった。目の前には竹島があり、そこには零戦隊の基地があった。

この零戦部隊はトラック島周辺の上空直衛、船団の護衛ならびに未熟搭乗員の訓練にあたっていた。

夏島および竹島の西側には秋島があり、その南側には冬島があって、トラック港はこの四つの島にかこまれた海域で、東洋の真珠湾といわれていた。もとよりトラック島は、最前線への補給に重要な寄港地で、わが艦艇はたえず出入りしていた。

一方、わが六艦隊偵察機隊の司令部は軽巡「香取」におき、「香取」はつねにここに停泊していた。首脳陣はつぎのようなものであった。

長官　中将　高木　武雄
参謀長　少将　仁科　宏造
参　謀　中佐　堀之内美義
参　謀　中佐　渋谷　龍穉
参　謀　少佐　鳥巣建之助

またトラック島には、飛行場が竹島、青島、楓島、春島水上機基地（不時着可能）があった。そのほか桜島にもあったが、これは使用中止となっていた。

わが偵察機隊のいる夏島は、トラック島の中枢になっていて、ここには日本人の経営する商店があり、艦隊入港のときはいこいの場所としてにぎわっていた。

夏島は大部分が玄武岩からなっていて、巨大な熱帯樹が繁茂し、最高の四百三十メートル高地（水曜島）についで春島の三百七十六メートル、そのほかは二百～三百メートルの丘がつらなり、海岸ふきんの低地はヤシ林で、島岸はマングローブの密林にとざされた温地が多かった。

また、三十あまりの島嶼は、高さ一～一・五メートルの平坦な礁湖砂島からなり、いずれもヤシが繁っている。

開戦後、一週間から十日くらいの間に、北水道および南水道以外はすべて閉鎖されて、機雷が敷設された。そして、昭和十七年四月十日を期して、トラック島の第四根拠地隊第四防備隊は、第四十一警備隊と改称された。

また、この方面の防備を担当する第四艦隊の編成はつぎのとおり。

司令長官中将　小林　仁（乗艦は軽巡「長良」）

第十四戦隊「那珂」「五十鈴」

第二十二航空戦隊、第七五五、八〇二、二五二、五五二海軍航空隊

第三特別根拠地隊、第六十七警備隊、生田丸

第四根拠地隊（トラック島）

第四十一、四十二、四十三警備隊、第九〇二航空隊、第三十二、五十七駆潜隊、第三十一、三十二、三十三号駆潜艇、高栄丸、第八十五潜水艇基地隊、第四通信隊、第四港務部

第五特別根拠地隊（サイパン島）

第五十四警備隊、第六十駆潜隊

第六特別根拠地隊（クエゼリン）

第六十一、六十二、六十三、六十四、六十五、六十六警備隊、第九五二海軍航空隊、大同丸、第十六掃海隊、第六十三、六十五駆潜隊、第六潜水艦基地隊、第六通信隊

なお、昭和十九年一月現在における東カロリン方面防備部隊（第四根拠地隊）、航空部隊の兵力部署は、つぎのとおりであった。

第九〇二海軍航空隊（水偵三個隊）

陸軍は第五十二師団第一梯団がトラック島にあって、師団長は麦倉俊三郎中将、参謀長は田島和市大佐、第六十九、百七、百五十連隊、師団戦車隊、師団通信隊、海上輸送隊などからなっていた。

昭和十八年十一月下旬にギルバート方面に来攻した米軍は、十九年一月末になるとマーシャル方面に来攻し、二月五日ごろにはわがクエゼリン、ルオット守備部隊が玉砕するといった事態に直面した。

この局面にたいして在トラックの連合艦隊司令部は、一月中旬ごろから主として燃料の補給訓練および米機動部隊によるトラック島奇襲などを考慮し、艦隊基地を南西方面、またはパラオ方面に後退するよう指示していたが、米軍のマーシャル来攻により、一時的にその転進を中止して、情勢を見守ることになった。

しかし、マーシャル来攻にたいする、決定的な反撃ものぞみえず、二月六日にはクエゼリンの失陥を確認するにいたり、そのうえ二月四日には米大型機のトラック偵察もあったことから、古賀連合艦隊司令長官は今後、トラックにたいする空襲の危険が増大するものと判断し、在トラック部隊に対し迎撃、および被害極限の処置に万全を期すよう指示し、二月十日、戦艦「武蔵」をひきいてトラックを出港し、内地に向かった。

この直後、米機動部隊は二月十七日の早朝から夕刻にかけ、九回にわたるのべ約四百五十機でトラック島を空襲、さらに十八日も四回にわたって約百機の空襲を続行した。二月十六日に私がサイパンへたった翌日のことであった。

これにともなって連合艦隊司令長官は、南東方面部隊である第十一航空艦隊の第七〇五航空隊、第三三一航空隊を内南洋方面に進出させるとともに、第五基地航空隊のうち内南洋にある全陸上機の統一指揮、ならびに第六十一航空戦隊のマリアナ進出を下令した。

また、先遣部隊はトラックにある可動潜水艦を出撃させ、帰投または進出中の潜水艦、および第五十一潜水隊とともにトラック周辺に配備したのである。

4　わが乗艦は伊三六潜

さて、話は前後するが、わが偵察機隊の猛訓練は、毎日、昼夜の二回にわたり実施していた。偵察機隊の飛行場は、竹島の東端の対岸にあり、約十三〜十五機の潜偵を保有し、つねにエプロンの両側（滑り台に向かって）にならべられ、整備されていた。

搭乗員たちは朝食が終わるとただちに飛行場にかけつけ、午前の飛行作業を午前八時から開始する。

これは約二百二十〜二百五十カイリの三角コースの航法訓練で、飛行場を離水するとそのまま北水道の入口に向かい、そこを基点として、三角コースによる超低空の航法訓練をした。

この訓練は敵情偵察に向かうとき、敵の電波をくぐりぬけ、敵に探知されないよう隠密に接敵するためのものであった。

また前方の竹島では、戦闘機がトラック島周辺の上空直衛、および搭乗員の技量訓練のため、たえず離着陸していた。

私たちの超低空飛行は海面すれすれの飛行で、ちょっと気をそらすと海中に突っ込んでしまう。したがって、つねに全神経を集中していなければならず、危機一髪という瞬間も一度ならず体験したものだ。

昼間の航法訓練で、到着地点に帰投したさいなどは、礁壁がよく見えるので、すこしぐらい航法誤差があっても心配なく、また月夜の晩も周囲がわりに明るいので、これまた礁壁が見やすく心配はなかったが、これが暗夜の場合になるとそうはいかない。

帰投点の北水道（潜水艦の洋上での位置と仮定された地点）の直上にきて白波が礁壁にあたる状況を見て、ここがトラック島の礁壁だなとわかるていどで、波の低いときなどは非常にわかりにくかった。

また、ときどき南洋特有のスコールにあい、帰着コースをそらされることもあった。南に流された場合はわりと容易であったが、北に流されるとちょっと心配だった。

一月中旬のある暗夜の訓練飛行のさいだった。下瀬飛曹長（操縦）、梅村上飛曹（偵察）の搭乗機が帰投時刻になっても帰ってこないので、飛行長はじめみなが心配し、首を長くして待ったが、ついに帰ってこなかった。

おそらくコースから流され、北水道を発見できなかったものだろう。みなはいろいろ想像しながら、いつまでも待ったが、その夜はついに帰ってこなかった。

その翌日、さっそく捜索飛行を行ない、通過した方向をあたってみたが、機影すら発見できず、そのつぎの日もふたたび捜索担当区域をそれぞれにさだめて、発見につとめたが、ついに見つけることができなかった。

私たちはこの事故の直後、いろいろとこの問題の対策について研究した。それから約二週間ぐらいたってであろうか、私と倉原上飛曹が夜間航法訓練中、やはりコースから流され、到着時刻になっても北水道の入口を発見することができなかった。

私は下瀬飛曹長や、上村上飛曹のこともあるので、おそらく北に流されたのだろうと判断した。そして到着時刻をすぎて約五分ぐらい飛行したころ、左九十度に変針した。このままいくと、トラック島のどこかにたどりつくだろうと考えたからである。

しかし、いつになっても見えないので、私たちもいよいよ不時着しなければ……と心配になってきた。

潜偵はボルト組み立てなので、波の荒い洋上では着水時に脚が折れ、たちまち転覆するにちがいない。そうすれば、もちろん命はあるまい。未帰還となった下瀬飛曹長もおそらく、どこか洋上で着水時に転覆し、飛行機もろとも沈没してしまったものと考えられる。

このようなことを考えて飛行しているときに、ついに礁壁がみつかった。幸運にも救いの神が現われたのである。見つけた礁壁はよく見ると西水道の入口であった。もう少しで私たちもお陀仏になるところで、まさに貴重な戦訓であった。

昭和十八年十二月下旬、いよいよ上野飛曹長（操縦）と片岡一飛曹が伊号第三八潜水艦へ、小野三飛曹（操縦）、安倍上飛曹（偵察）が第三二潜水艦へと乗艦を命じられ、それぞれ内地に向かった（出撃をひかえ潜水艦は内地で修理中だった）。

そして昭和十九年一月上旬、私と倉原上飛曹は、伊号第三六潜水艦（以下、三六潜）に乗り組みを命じられた。

整備員には、前乗り組みの川辺上整曹のほか、高宮一整曹（新）、山口兵長（新）が乗艦を命じられ、内地に向かってひとまず先に出発した。

私と倉原上飛曹だけは、伊三六潜がまだ佐世保のドックで修理中なので、トラック島でしばらく訓練をつづけることになってあとに残り、その後はペアで毎日のように訓練を行なった。

そして、トラック島で訓練をつづけること約二ヵ月半にして、いよいよ三六潜へ向かうことになった。

飛行長（伊藤大尉）は、「香取」が十五日ごろ内地に向けて出港するというので、私たちに「香取」に便乗して帰るようにいわれた。それは飛行便の便乗者が多くて、つごうが悪いこともあったのであろう。

しかし、かつて整備員が一月に帰ったとき、私たちもいっしょに帰る予定だったが、あとで飛行便で送るからしばらくトラック島に残って訓練していくことをすすめられたため、私たちは残って訓練をつづけてきたもので、なるほど現在の状況もわからないこともなかったが、船便とはどうしても納得できなかった。

そこで、となりの九〇二空の飛行艇隊の隊長に、便乗の件を話してみたところ、二名くらいならなんとかなるだろうとのことだったので、ようやくのこと便乗させてもらうことになった。

そうこうするうち「香取」は出港し、私たちも偵察機隊のみなと別れをつげて、二月十六日、九〇二空所属の飛行艇でトラック島をあとにし、ひとまずサイパン島に向かったのであった。

5　あゝ三番機悲し

トラック島を出てサイパン島に着いたのは、その日の昼すぎであった。サイパンおよびテニアン島を上空から見たが、これらは島の大きさのわりあいに飛行場が少ないので、防備はなんとなく貧弱に感じられた。私たちはこの日、サイパンで一泊することになり、さっそく外出して、サイパンの町を散歩した。

ここの商店街は、トラック島のそれより大きく、店がまえも内地によくにて、めずらしいみやげ物が売られていた。常夏の夜はすずしく、夜の散歩には適していた。

サイパン島は、ひろびろとして、ずいぶんとあかぬけているようだった。その外出中、これまた便乗者でラバウルやソロモン方面から帰国する同期の者や、知人などに出合い、ひさしぶりにその夜は楽しくすごすことができた。

そして、二月十七日の朝がきた。この日、飛行艇は、三機編隊をもって横浜に向け出発することになった。われわれ便乗者はこれら三機に分乗、各機ともそれぞれ四十二から四十五名くらいの便乗者をつめこんだ。

まもなく飛行艇は離水の位置についた。私は舷窓からサイパン島の光景をながめ楽しんだ。見れば右手のほうから飛行艇が、いままさに離水しようとしていた。これは一番機でなくて、三番機であった。通常だと一番機、二番機、三番機の順に離水するのであるが、三番機がさきに離水にうつったのである。

この間、私は三番機の離水を見守っていたが、すぐ舷窓の死角に入ってしまったので、あきらめて艇内に目を向けた。

と、このとき倉原上飛曹が私の肩をたたいて、舷窓から外の方を指さした。私がその方向を見ると、前方約二百メートルのところに、一機の水上機が海中に突っ込み、尾部だけが水面からつき出ているのが見えた。これがちょうど零式水上偵察機に似ていたので、たぶん水偵が着水時に突っ込んだものだろうと思われた。が、突然、その機体は燃えあがり、数十メートルの火柱となって、高くひろがった。

意外にも、この事故機はさきほどの三番機の飛行艇であった。その瞬間、全員とも助からないな——と私は思った。

この事故で、出発は一日延期になった。三番機に乗らなくてよかった——私たちはとっさに運がよかったことを喜んだものの、三番機には同期の者や、知人たち多数が乗っていた。

みなは戦地で悪戦苦闘をつづけ、ようやくそれから解放され、内地に帰れることを喜びあい、さきほどまで元気な姿だったのに、いまはこんな姿になろうとは――私は心底から人の命のはかなさを思い知らされた。

またも地上におり立ったとき、水上機の滑り台のところに遭難者の遺体がつぎつぎと引き揚げられ、そこから基地へ運ばれていくところで、陸上基地は文字どおりごったがえしていた。

この三番機には四十四名が乗っていたが、そのうち三十八名が死亡し、残りの六名は、飛行艇が海中に落下したさい、機体の前部がさけ、前方に乗っていた彼らのみが海中にほうり出され、奇蹟的に助かったとのことであった。

この事故の原因は、やはり重量の超過によるものであったらしい。飛行艇には通常、三十五から三十八名ぐらいが限度ではなかったかと考えられる。

ところが、このときは四十四名も乗せていたので重量が超過した。そのために離水時、飛行艇はポーポイズ（前部フロートに生ずる造波抵抗）をおこし、離水直前にして、海中に突っこんでしまったものと思われた。

私たち便乗者は滑り台のところでこの遺体収容の作業の状況を暗い気持で見守っていたが、そのなかに偵察機隊の二村大尉がいるのに気がついた。二村大尉もまた転勤となって内地に帰る予定で、たったいまついたばかりということだった。

その二村大尉の話によると、この日の未明、トラック島が敵の空襲にあい、各基地はめちゃくちゃにたたかれてしまい、なすすべもなかったとのこと。しかし、どうやら偵察機隊の人員には、異状はなかったらしい。

私はその夜、この日に目にしたこと、耳にしたことなどがつぎつぎと思い出され、いっこうに眠れなかった。

それでも、十八日、私たちはサイパンをあとにして一路、横浜に向かった。

サイパンを出るときは、暑さをがまんして、冬じたくをしてきたのであったが、横浜につくとやはり気温は急変して寒く、たちまち全身がぶるぶるとふるえ、婦人会のお茶の接待を受けたり、感謝の言葉をかけられても、それに対する言葉もくちびるがふるえて、まともに答えられないといったありさまだった。

6 これぞわが愛機

横浜についた私たちは、その足で汽車に乗り、佐世保に向かったが、佐世保軍港のドックにきてみると、伊三六潜はまだ修理中だった。整備兵も真っ黒になって、射出機などの整備にあたっていた。

私たちは乗艦するとさっそく四、五日の温泉休養があたえられた。本艦の乗員はすでに休養も終わったらしく、整備員も到着後にあたえられた休養をすましてきたらしい。そして、私たちが佐賀県嬉野温泉に行き、充分に休養をとって帰ってきたころには、伊三六潜はおおむね修理を完了して試運転を行ない、不良個所を修理する段階になっていた。

みな呉所轄なので、呉軍港であれば、そこは乗員の家族がそれぞれ待っていることだし、独身者は下宿があるので、みなばらばらの行動になってしまうが、佐世保ではみなが独り身となるので、ともに行動しやすく、そのため宿泊所となっている亀屋旅館での男世帯は、にぎやかそのものであった。

一本艦の整備が完了するにつれ、いよいよ待望の愛機である潜偵の領収を行なうことになった。そして、私たちは整備員二名とともに大村に向かった。

途中、博多で一泊して、翌日、大村航空廠につくやただちに、整備員は潜偵の領収手続きを行なう一方、私たち搭乗員はテストを行なった。

潜偵の領収を終わると、私たちはすぐさま、潜偵の燃料を搭載するため、佐世保海軍航空隊に飛んだ。そして、整備員だけは陸行で、佐世保軍港に帰っていった。

ところが、佐世保海軍航空隊に着いた私たちは、滑り台のところで意外にも、サイパン島で事故にあったはずの早川君が真っ白い顔で立っているのを目撃した。

私は、てっきりあのとき死亡したものと思っていたので、自分の目をうたがった。しかし、早川君にはまちがいなかった。

潜偵の燃料を積むため飛行機から降りた私は、だきつくように早川君にかけよると、話に熱中した。

そのとき彼は、さいわいに飛行艇の前部に乗っていて、飛行艇が海中に突っ込んで前部がさけ、海中にほうり出されて助かったとのことで、まったく運のよい男といえよう。

燃料補給が終わると、そうそうに私たちは佐世保軍港に向かった。伊三六潜は飛行機を領収してくるというので、すでに港外に出て、揚収準備をととのえて待機しているはずである。この日にそなえて川辺上整曹が本艦に残っているので、飛行機作業員とともにこれらの作業にあたっていることだろう。

まもなく私たちは伊三六潜を発見し、その艦側に着水した。そして、潜偵の揚収作業が手早く行なわれた。潜偵を揚収し終わると、ただちに分解作業にかかり、格納筒におさめられた。

そして本艦は、ふたたび佐世保の桟橋にもどった。その日の夕方、派遣されていた整備員も大村から帰ってきた。

伊三六潜はそれから二～三回にわたる試運転を港外で行ない、修理個所の調査にあたったのち、いよいよ修理も完了して、呉に回航することになった。もちろん、みなのよろこびは一方ならぬものがあった。

出港前日の夜、亀屋旅館において乗員の祝宴がもよおされた。まず先任将校の司会で、艦長のあいさつがあった。艦長は寺本少佐、先任将校は今西大尉で、ハワイ偵察当時の艦長と先任将校が交代し、ともに新着任であった。

私たち搭乗員も新着任で、みなで乾杯したあと、本艦の成功を祈るにぎやかな祝宴がくりひろげられた。

7　すぎしハワイでの悲運

ある日のこと私は、大森中尉らの偵察当時のもようを、川辺上整曹やそのときの関係者からいろいろと聞くことができた。それによると伊三六潜に対する偵察命令の要旨は、およそ次のとおりであった。

三六潜は連合艦隊司令長官の直属となり、昭和十六年九月の上旬に横須賀を出撃し、九月二十日ころの月明を利用して、その搭載機により、「真珠湾内在泊敵艦船の状況を偵察せよ」というのであった。

三六潜はこの命を受けてハワイ島に接近したが、敵のレーダーの水ももらさぬ厳重さに対し、三六潜の搭載機は重量を軽減するため、ごく軽装備で島づたいに夜間の飛行をつづけ、帰途はその島の一つを目当てに帰らなければならない状態であった。

したがって、目標のない洋上から発進させることは、飛行機の性能からいってほとんど不可能と考えられた。とくにハワイ諸島における敵の警戒は非常に厳重で、島かげを利用して隠密偵察をするなどという可能性は皆無といってよいくらいで、島には接近できない状態であった。

しかし、偵察命令の変更はみとめられず、どうしても強行しなければならなかった。そこで稲葉艦長は、三六潜をべつな地点に位置を変更し、そこでもう一度、先任将校をはじめ富永、大森飛曹長および掌整備長らとともに計画をねりなおした。

そして十七日の夜、いよいよハワイ偵察を決行することになり、ハワイから百二十カイリの地点において飛行機を発艦した。富永、大森飛曹長は艦長はじめ全乗員に見送られながら、ハワイの上空へと向かった。

それから一時間二十分ぐらいして、『G』一字の電報が飛行機から電信室にはいった。これは飛行機がハワイ偵察に成功したという報らせであった。このことが艦内に放送されると、乗員は小おどりしてよろこび、あと一時間ののち帰投を待つばかりとなって、乗員は首をながくして待ちにまった。

やがて帰投時刻がせまり、本艦は浮上した。ところが、あいにく北西から北東にかけてスコール雲が黒く上空をおおっていた。見張員や作業員は、さらに見張りを厳重にして飛行機の発見につとめた。

そのとき突然、飛行機の灯火らしきものをスコールの間をぬって発見した。

「飛行機が帰ってきた！」

という見張員の報告に、艦長はほっとしたように、はじめて微笑をうかべた。この発見は、上甲板上にいる作業員もみとめていた。しかし、その飛行機がこちらに向かってくると思っていたのもつかのま、たちまち見失ってしまった。その後、飛行機らしいものはついに発見することはできなかった。

「まちがったかな、いや、さきほどの灯火はたしかに飛行機だったと思うが……」

「ふしぎなことがあればあるものだなあ」

と、みなは小首をかしげるばかりであった。

飛行機は接近しながらも、伊三六潜を発見できなかったのかも知れない、月光の角度によって飛行機からは、潜水艦が見えないことがあるからだ。さきほどの明かりが本当に飛行機ならば、富永、大森飛曹長は大きく迂回していたか、スコールに巻きこまれて墜落したかである。おそらく前者のほうと考えられる。

艦長のさきほどの微笑はたちまち深刻な表情に一変した。そして、あらゆる手をつくして飛行機を発見し、搭乗員を助けようとけんめいに努力したが、その努力のかいもなく、待てども待てどもついに帰ってこなかった。

せっかく、ここまでうまくいっておきながら、太平洋上に絶望的な飛行機を残して去る艦長の心は苦痛にたえなかったと思う。

しかし、この偵察によって、ハワイ在泊敵艦艇数、

戦　艦　四隻
空　母　四隻
駆逐艦　十七隻

の成果をうることができた。そして偵察は、そうとう綿密に行なわれたことがわかった。

またこの功績は、ハワイ緒戦における特殊潜航艇の特攻隊にもひとしいものがあったといえよう。そのためにこそ富永、大森飛曹長は二階級特進し、海軍中尉となったのであった。

8 やめられぬ超低空飛行

呉軍港に入港した伊三六潜は、しばらくのあいだドックにおいて、佐世保での残存整備および食糧・弾薬の搭載を行なうことになった。

この間、私たちは呉空で基地訓練を行なうことになって、本艦の入港直前に発艦して呉空へ向かった。基地では私たちが飛来する予報を受けて、滑り台ふきんに真っ黒に日やけした整備員たちが待機していた。偵察機隊の整備員である彼らの顔を見るのも、トラック以来一ヵ月ぶりである。

潜偵が滑り台までついたと思うと、整備員たちは水ぎわから私たちを背に乗せて地上まではこんでくれる。そして口ぐせに、「お元気でなによりです」といって歓迎してくれた。これには私も、トラック島被災時のねぎらいと、ぶじをよろこび、「みなさんもぶじで……」と、自然と口もとがほころびた。

偵察機隊の飛行長は伊藤大尉から、福田少佐にかわっていた。私たちはまずその福田少佐に挨拶をすませ、とうぶんのあいだ偵察機隊で居候をきめこむことになった。もちろん、訓練などともに行なうことになる。

見れば、隊員には新人の若い搭乗員がふえており、いちだんとにぎやかになっていた。その日はトラック空襲時のことやら、サイパンでの事故、佐世保での思い出話など、話題がつきなかった。私にとっても広の町は一年ぶりで、夜は下宿や知人宅をたずねたりして、楽しくすごしたのであった。

基地での訓練は、トラック島における内容とかわりなく、超低空の航法訓練であった。しかし、この瀬戸内海での航法は、一地点を発進しての洋上での推測航法ばかりでなく、島々を目じるしとする地文航法もいれるので、機位を失することもなく、その点は安心できたが、その反面、内海特有の小島がたくさんありすぎて、潜偵訓練には向かないという難があった。

あるとき、超低空訓練を終了して帰投する途中、にわかに天候がかわって雲がひくくたちこめ、島かげをおおってしまったことがあった。やむをえず盲目飛行をつづけているうち、突然、前方に島のふもと付近が海面からニョッキリと出現した。アッ——と思った一瞬、私は機をできるだけ急反転させ、あやうく激突だけはまぬがれたが、まったく冷汗三斗の出来事だった。

これも超低空訓練時の思い出だが、広島の大田川の下流から上流にむけて飛行中、川を横切ってわたされていた電線に、もうすこしのところで引っかかり、墜落しそうになったこともあった。

このような危険をともなったが、しかし、超低空飛行だけは興味しんしんで、大目玉をくらうのを承知でなかなかやめられなかった。

あるときなどは、呉竹の海軍病院を訪問がてら病棟と病棟のあいだをぬって低く飛んだことがあったが、このときは階上からわが潜偵を見おろし、さかんにハンカチや手をふる大歓迎を受け、患者たちに大いによろこばれたこともあった。

これらも潜偵が〝金魚〟の異名でよばれたほど超小型であり、巡航速度が九十ノットくらいの低速であったからこそできた曲芸といえよう。

そうこうするうちに、伊三六潜もようやく整備がととのい、内海で協同訓練を行なうことになった。本艦との協同訓練はまず潜偵を格納して、本艦が潜航状態から海面に浮上したところで、作業員が前後部のハッチを開いて上甲板に出る。

ついで格納庫を開いて射出滑走車に乗せた潜偵の本体をひき出し、両翼、浮舟、脚、プロペラなどの組み立てを行なう。

ここで私たち搭乗員が乗りこんで、いよいよ射出準備にかかる。そして射出発艦――敵情偵察に向かうというしだいであって、もちろん飛び立ったあと、本艦は急速に潜航を開始する。

また、偵察が終わって帰投する十分前ごろになると、本艦はふたたび浮上して待機する。そこへ本艦を発見した私たち潜偵が着水するや、大いそぎで揚収し、分解して格納庫に収納する。

これらを反覆して何回も何回も行なうのである。機体の組み立てもはじめは二十分くらい要したが、訓練をつづけているあいだに六~七分の短時間で行なえるようになった。これらの訓練は山口県大島郡安下ノ庄を基地として、その沖合、および柱島ふきんで実施された。

いよいよ出撃のときがきた。昨夜は出撃祝いということで、下宿の家族のみなさんと同宿の呉空の友人、その他、知人などで夜おそくまでにぎやかにすごしたが、私は出撃のことが気になっているせいか、その朝は、はやくから目がさめていた。

窓の外はまだ暗かったが、階下ではもうおかみさんが朝食の準備をしてくれているのだろうか、コツコツと音がしている。やがて食事の時間がくるころ、他の人たちもみな起きだし、テーブルにならべられた心づくしの朝食がはじまった。

食事の終わったあと、私は下宿の主人たちに心からお礼をのべた。

「山下さん、しっかりがんばってきてください。御健闘を祈っています」

主人の言葉につづいて、みなが激励してくれる。おかみさんや娘さんたちの目には細く涙が光っていた。しばらくの間でも寝食をともにするうちに家族の情がわいて、思わず涙をながされたのであろう。

「きっと偵察に成功して、よいおみやげをもってきます！」

ふと故郷の家族のことが脳裏によみがえったが、それをふりはらうように、いさましく別れの言葉をのこし、私は呉空基地へ向かった。

基地についてみると、すでにわが潜偵は滑り台の中央にならべられ、はやくも整備員が暖機運転を行なっていた。まもなくペアの倉原上飛曹がやってきた。

暖機運転のあと、私はきのう潜偵のために門出の祈願をしておいた操縦席のお供えをはずし、発進の準備をととのえた。

このころ、偵察機隊は飛行長をはじめ、他の搭乗員や整備員がぞくぞくとつめかけてきた。

私たちは飛行長に出発の挨拶をする。

「しっかりたのみます」

飛行長は落ちついた、いたわるような声ではげましてくれる。

やがて私たちは、偵察機隊あげての見送りと激励のなかを離水すると、みなの頭上を低空で一周し、バンクを数回くりかえしたのち呉軍港の上空をめざした。

おそらく軍港の伊三六潜では、わが潜偵の飛来を首を長くして待っていたのであろう。私は艦を発見するとただちに上空をひくく通過し、着水地点への誘導コースをとった。

なにぶんにもせまい軍港内での着水なので、危険なためやりなおしはきかない。

さいわいにも、港内の海面はわりあいにおだやかだった。私は停泊艦船のあいだをぬって、本艦のちかくに着水した。

すでに本艦の甲板上では、掌整備長の指揮のもとに揚収準備をととのえ、作業員が本艦に潜偵が接触するのを防止するための竹ざおをさしのべ、あるいはデリック作業にあたるものなど、それぞれの配置について待機していた。

私はこのせまい潜水艦係留海面において、右旋回の水上滑走をすると、艦尾の方向からしずかに直進していった。付近には岸壁があるので風がまわりやすく、ちょっとでも風向きがちがうと微速での舵がきかないので、本艦にぶつかってしまう。

それかといって増速すれば、機上の偵察員がデリックへ揚収ワイヤーをかけにくくなる。そのため、このときだけはけんめいである。伊三六潜はもとより、僚艦や対岸からじっとかたずをのんで見送りの人が見守っている。

ようやくのこと、私は本艦にそってしずかにデリックの下に愛機を誘導した。と、待ちかねていた後席の偵察員がただちに、フックをデリックにかけた。そして掌整備長の、

「揚げ！」

の命令により、潜偵はデリックでしだいに吊り揚げられ、回転台の射出機の上に乗せられた。

まもなく出港ラッパがなりひびく艦橋には、「南無八幡大菩薩」のノボリが立てられている。艦ははやくも、もやい綱をはずして前進しはじめている。

あちらこちらの艦艇から、あるいは岸壁から大勢の見送りの人たちが、

「しっかりたのみます！」

「ご健闘を……」と、しきりに帽子やハンカチを、また素手をうちふっている。

「前進半速！」

艦長の号令に、艦ははやくも行き脚がついてきた。翩翻《へんぽん》とひるがえるノボリ、見送りの喚声もしだいに高まり、私は万感胸にせまり、いつか武者ぶるいをしていた。そして人々の姿がみえなくなるまで甲板上に立ちつくしていた。

伊三六潜はやがて、港内の停泊艦船のあいだをぬい、広い海面へとすべっていく。途中の艦船からもしきりに健闘を祈る声援がおくられている。まさに感激、忘れられない一瞬であった。

伊三六潜は呉軍港を出たあと、一時的に安下ノ庄を基地として、出撃までの二、三日、訓練の総仕上げを行なった。

そして、いよいよ明日は第一線に向かうという前夜、安下ノ庄の沖合において、武運を祈って艦内祝宴が行なわれた。ふたたび帰投することはできないかもしれないが、みなは元気いっぱい、士気も旺盛でほがらかだった。

やがて酔いがまわるにつれて歌がはじまる。

〽可愛い魚雷と一緒に積んだ
　青いバナナも黄色くうれて
　男世帯は気ままなものよ……

これこそ潜水艦乗りとして気迫のみなぎる愛唱歌であり、この歌が艦内のすみずみまでひびきわたると、つぎつぎと、歌は歌をよび大にぎわいとなった。

やがて、金ちゃん（整備の山口兵長）の落語がはじまった。彼の十八番〝がまの油売り〟をぶちまくと、みなはしばらくシーンとなって聞き入る。とくに金ちゃんの身ぶりが傑作なので、みなは腹をかかえて大笑いである。

そのあと、ぞくぞくと珍芸がとび出し、せまい居住区は歌と名人芸（?）で夜おそくまで、わきにわいたのであった。

翌朝、伊三六潜は安下ノ庄を出港して、針路をハワイ〜マーシャル間の配備地点にとり、一路南下していった。
二、三日は昼夜間ともに浮上航走ではしりつづけたが、その後は敵との接触が多くなるので、昼間は潜航し、夜間のみ浮上航走を行なった。
艦内の顔は、いずれも底ぬけに明るかった。このたびの出撃でなにか一つ戦果をあげたいと、大きな夢を持っているからであろう。私も偵察における大戦果を期待して、心のなかでひそかに祈りつつ太平洋へと乗り出していった。

9　敵空母の怒りと危機

伊三六潜がだんだん南下するにつれ、艦内の温度は急速に高まり、暑くなってきた。そのため、いつのまにか防暑服の上衣やシャツをぬぐようになっていた。

整備兵は、本艦が夜間に浮上して航走するときは、航海当番の当直員にくわわって交互に立直し、艦橋での見張りにあたった。

私たちは、偵察の重大な任務があるので、大切にあつかわれていて、航海中はべつに配置はあたえられなかった。そのため、毎日を自由に楽しむことができた。

こんどの偵察行では帰艦できるかどうかはまったくわからない。それを思うと配置のことなど、とうていおよびもつかなかった。

艦内の通路には食糧がいっぱい積まれ、そのうえに敷板をしいて歩くという状態で、ただでさえせまい艦内はさらにせまくなっていた。

また、居住区には蛍光灯が白くかがやき、昼のような明るさだった。これを昼夜のべつなく毎日ながめているので、航海の日々がかさなってくると、時計の指針も昼か夜かわからなくなってしまう、ということがあった。

そして、艦橋当直員以外はつねに艦内にとじこもって陽にあたらないので、顔がしだいに青ざめ病人のように見えてきた。

私は新鮮な空気をすいにときどき艦橋にのぼった。そして見張員を手伝ったりした。真っ暗な海上に白い航跡をのこして、伊三六潜は走りつづけている。水平線上にはなにひとつ見あたらない。星ばかりが光っている。静かな洋上には本艦にぶつかる波の音だけがすべてであった。

そして艦内は、いつのまにか蒸風呂のように暑くなり、上衣をぬいでも汗が全身から吹き出してきた。はじめは暑さをじっとがまんしていたものの、日がたつにつれて無性にのどがかわいて、冷たいものがたまらなく飲みたくなる。そうなるとチェストに貯蔵しているサイダーをとり出し、ラッパ飲みするが、それもいっこうに効果はない。

また昼食のときなどは、扇風機をそばでかけっぱなしで食事をするのだが、ちょっとあたたかいものを食べたりすると、汗が身体からあふれ、顔をつたった汗が飯のなかに落ちこみ、食べると塩からいということもしばしばであった。

それに洗面もできない日があり、ましてや航海中は入浴がないので、身体が真っ黒くなり、手でこするとあかが黒くかたまって落ちてくる。

また、食事のあとベッドの上で横になっていても、背中から汗がにじみ出て、すぐべとべとになる。タオルもいつも水洗いすることができないので、真っ黒くなって気持がわるいくらいだ。こんなときは、内地における夏を思い出してならなかった。それは入浴してきれいさっぱりしたところで、ユカタ姿で冷たい飲み物をのむ、これがなんともいえない懐かしい思いであった。

それでも昼間は潜航し、姿をくらましているので、昼食はだいたいみながそろってでき、にぎやかであった。食事が終わるとそれぞれに将棋や囲碁、またはトランプなどをして毎日をすごす。こんなときは日ごろの苦労もわすれて心から楽しんだ。

囲碁については水雷科の那須兵長が、田舎初段と自称していちばん強かった。そこで本艦の天狗たちは、この那須兵長と三〜四目おいて打っていた。

私はトラック島で習いおぼえた新入りであるが、好きこそものの上手なれというわけで、熱心さもあったのか一足飛びに上達していき、ときどき那須兵長に六目ほどおいて打った。おそらく七級ぐらいにはなっていたのではなかろうか。軍医長も好きだったようで、私ともよく打った。

とにかく偵察時機が近づくと、特攻隊のように死がせまるようで、私にはちょうど死の十三階段を一歩一歩昇っていくように感じられた。この思いを忘却するためにも、将棋や囲碁はなによりであった。

ある日のこと、夜、みなが寝静まって、私がひとり物思いにふけっていると、通路に一匹のネズミが現われた。

愛嬌のよいネズミで、私が座っているそばへ、ちょこちょことやってきた。通路に糧食が積んであるので出てきたのだろう。そして可愛い小首をかしげ、私を見上げている。

私がなにもせずにじっとしていると、ネズミは危険がないと安心したのか、さらに近くに寄ってきて手のとどくところまで接近した。平時ならば〝ネズミとり上陸〟といって艦内のネズミを一匹残らず退治することに努力したものだが、戦時にあってはネズミも貴重がられた。

ネズミは艦の運命をよく知っていて、この艦が沈むと予知すると、いつのまにか姿をくらましているとのことで、危険を探知しやすい動物だといわれているからである。

このことから考えると、伊三六潜はまだまだ沈まない、という安心感が私には強まった。そしてネズミこそ本艦の守り神のように思えた。

しばらくネズミと見つめ合っていたが、私がちょっとよそ見をした瞬間、見えなくなっていた。

昭和十九年四月十五日の午前九時ごろ、潜航中の伊三六潜の水中聴音器にタービンらしき音感がはいってきた。聴音器係の市村兵曹がただちに艦長に、

「ただいまタービンらしき音がはいっています！」

と報告する。そのとたん、爆弾か爆雷らしいものを四、五発投下された。敵の飛行機に発見されたか、あるいは敵艦の探知器にとらえられていたのか、とにかく姿の見えない本艦に、突如として威圧をくわえてきたのだ。そばで機関兵曹がつぶやいた。

「これで、出てゆく潜水艦がよくやられるのだねえ」

しかし、艦長をはじめ乗員たちは待ちに待った初の獲物をまえにして嬉々として行動した。

伊三六潜は、ただちに深度を十メートルくらいまで浮上すると、艦長が潜望鏡を水面上に出し、音感のある方向を見わたした。

すると、本艦の右前方に敵の大型空母が、こちらに向かって直進してくるのを発見した。潜望鏡を二、三分以上も上げていると、すぐに敵に発見されるので、上げては下げの動作をくりかえしつつ、敵の動きを見守りながら、魚雷の発射角度や距離をはかり時機を待つ。

また、発射管室ではすでに、直径六十センチもある四本の魚雷が発射管に装塡され、発射の命令をいまかいまかと待っている。

ところが、しばらくすると水中聴音器にはいる音感がとだえてしまった。艦長がただちに潜望鏡を上げてみると、どうしたことか、さきほど潜望鏡にとらえた空母はどこへいったのか、艦影はまぼろしのように消えうせていた。

そして翌十六日――ふたたびタービン音が、水中聴音器にはいってきた。そのつよさも「感三」である。タービン音の付近には、ディーゼル音までがとらえられた。

見れば市村兵曹は、しっかり聴音器にとりついて、じっと敵の〝音〟にいどんでいる。艦長は潜望鏡を上げて音感のともなう方向に目をこらす。そこには、まさしくきのう見失った敵大型空母がいるではないか。艦内の緊張はにわかに高まった。

どうやら敵の飛行機が、本艦の上空ちかくを通過しつつ、空母に着艦しようとしているらしい。空母の針路はわが伊三六潜と同航であり、かなり距離があいているらしい。

なにせ、きのうのこともあるので、きょうこそは獲物を逃がさないように――と空母の動静に注意しつつ、時機の到来するのをまった。

やがて敵空母は飛行機を収容し終わったとみえ、突如として針路を反転し、伊三六潜と反航状態になった。方位角三十度――だんだん魚雷発射角度がよくなってくる。

距離五千メートル――発射管室は息をころして発射の号令を待っている。まもなく艦長は、「発射用意！」を令した。

伊三六潜と空母の角度は六十度、距離は約千五百メートル、絶好のチャンスである。ひときわひびく艦長の「発射！」の号令に、魚雷は発射管をとび出していった。

魚雷の発するシューシューという駛走《しそう》音が聴音器にとらえられ、一同はじっと耳をかたむけて聴音器のそばで聞きいっている。しかし、いくらたっても音沙汰がないので、はずれたかな――と思っていたやさき、「ゴーン」というひびきが聴音器にはいってきた。どうやら一～二本が命中したらしい。

伊三六潜は魚雷を発射した後、ただちに位置をかえていたものの、敵の護衛艦艇は魚雷を命中させられたので、死にものぐるいになって本艦をさがしはじめ、たてつづけに爆雷を投下しはじめた。そのため潜望鏡を上げることもできず、ついに空母の撃沈を確認できなかったが、すくなくとも大破以上の損害をあたえたものと判断された。

とにかく、その後はすさまじいばかりの敵の反撃を受け、いまにも息の根をとめられるのではないかと思ったが、どうやら艦長の冷静沈着な処置によって、この悪夢のような窮地から脱出することができたのである。

それにしても、戦果をあげようとすれば、かならず死の危険がとなり合わせになっていることをつくづく思い知らされた一幕であった。

10　成功への七つの条件

敵空母への攻撃をかけて、護衛艦艇の手きびしい制圧をうけ、九死に一生をえてから二、三日した四月二十二日、いよいよ偵察を実施することにきまった。

目標はマーシャル諸島内のメジュロ島であった。敵は、この基地を手中にしていらい、ここを前線補給基地として使用していたのだ。

偵察決行日の二十二日の夜は、月のない、文字どおりの暗夜であった。偵察は月夜の晩に実施するときめていたのに、なぜか？

なんのために、よりによって暗夜を選んだのか？——私ごときものに、軍令部や大本営の心中を知るよしもなかった。それにしても、暗夜にどうして敵情をさぐれるのか——と私たちは疑問をいだいた。暗夜では偵察は困難だし、帰投しても本艦に帰りつけないだろう。

きけば、ハワイ偵察のときも命令は強固で、ついに変更されなかったという。今回の私たちもまったく同じようである。つまりは勝つためには、小の虫を殺して大の虫を生かす戦法なのだろう。

「おれたちは、その小の虫なんだから、なんといってもどうにもならないよ」

と私たちはたがいに語り合ったものである。それにしても空母攻撃のあと、一息いれるひまもないつぎの任務であった。

いよいよ偵察を行なうとなると、発進は黎明か、薄暮のいずれかをえらばなければ、どうにもならなかった。黎明では、出て行くときはよいが、帰りはしだいに夜があけて明るくなるので、敵の追跡があったりすれば、本艦もろとも敵の攻撃を受け、撃沈されることになる。一方、薄暮は、出ていくときは明るいので、敵に発見されやすいので私たちには危険がともなうが、帰ってきてからは暗いので揚収時には敵の目から逃れやすい。

どちらにしても危険性は大であるが、黎明時の発進よりはましであると私は考え、偵察は二十二日の薄暮に行なうことにきめた。

偵察時刻はメジュロ上空に日没時刻に着き、それから約十〜十五分間であった。そして掌整備長をまじえての発艦から揚収（搭乗員のみ）までの打ち合わせ事項は、つぎのとおりであった。

一、飛行機発艦用意がかかったならば、作業員は上甲板に出てただちに飛行機を組み立てる。搭乗員は組み立てを終わるとすぐエンジンをかけ、発艦準備ができたところで、すみやかに発艦する。
二、潜偵の空中自差測定を行なうため、潜偵の発艦後、本艦は零度に向けて直進する。潜偵は本艦の上空を低空で平行に飛び、空中自差測定を行なう。
三、本艦は潜偵がメジュロに向かったら、ただちに潜航し、帰艦十分前に浮上する。
四、敵情偵察は日没後三十分より約十分間ぐらい行ない、あとはニセの航路をとり、本艦の位置をごまかし敵の追跡をさける。
五、潜偵が本艦ふきんに帰投し、本艦を発見できない場合は、最後の手段として、オルジス信号灯にて味方識別を行なう。本艦はこれに応える。
六、着水はできるだけ本艦まぢかに行ない、転覆したとき、すぐ救命ブイなどをおろして搭乗員を救助できるようにする。
七、着水がうまくできたときは、潜偵の翼端を艦橋にぶつかるように誘導する。作業員はただちに翼をつかみ、搭乗員は翼端をつたわって本艦に飛びおりる。そのあと潜偵は海中に沈め、本艦はこの地点から脱出する。

11　死の渦中にあったミレ

ミレ（ミリ）環礁は、マーシャル諸島ラタック列島（マーシャル諸島の外側の列島）の南端にあって、南洋諸島の最東端に位置している大環礁である。

礁上には百余の小さな珊瑚礁の島があって、島にはヤシや灌木がしげっている。

主島のミレ島は環礁の南西端にあり、その東岸中部に村落があって島民が住んでいた。

このミレ島には昭和十七年ごろからわが海軍が基地の設営に着手し、同年八月、防備部隊として横須賀鎮守府第三特別陸戦隊が進駐し、同年十一月、ヤルートの第六十二警備隊ミレ分遣隊が移駐してきて、〝横三特〟と交代した。

同島の滑走路は昭和十八年一月に完成され、同月二十日に航空隊が進出したが、主滑走路、斜滑走路（戦闘機用）だけがコンクリート舗装で、ほかはまだ未完成であった。

このあと昭和十八年三月に陸戦隊一個中隊が増援され、同年六月十八日には前記の部隊、および内地で編成した本部をもって第六十六警備隊（司令志賀正成大佐）が編成された。

当時は第六根拠地隊第一次築城計画を実施中であったが、資材不足のため、計画どおりに作業がすすまず、航空基地施設も約六割が竣工していたにすぎなかった。当時のミレ島の海軍兵力は第六十六警備隊千二百名、第四施設部隊派遣員約千二百名、ほかに第五五二航空隊の基地要員などであった。

一方、米軍は昭和十九年の二月初旬にクエゼリンを占領、同二月二十三日にはブラウン環礁を攻略し、ひきつづき、日本軍が強力に守備しているヤルート、ミレ、マロエラップ、ウォッゼの四島をのぞき、だいたい四月上旬までにマーシャル諸島の小さな島々を掃討、または占領していった。

このマーシャルの失陥にともない、戦線はしだいにカロリン～マリアナの絶対国防圏にうつり、マーシャル諸島に残された守備部隊はその後方補給を遮断され、終戦まで米軍の空襲と飢餓により、ほとんど戦闘力を失うにいたっていた。

また、昭和十八年九月二十日、陸軍歩兵第百二十二連隊第一大隊がミレ島に上陸し、第六十六警備隊司令の指揮下にはいった。その兵力は大隊長石井義三郎大尉以下約七百十名であった。

そして十一月五日、ミレ島は進出していらいはじめてB24爆撃機六機による空襲を受け、十一月十五日からは米軍大型機（B24、PB2Y）による本格的な空襲がはじまり、守備隊もわずかながら、人員、資材に被害を生じた。

米機の目標は主として滑走路、および周辺の施設であった。

ついで十一月十九日、ナウルおよびタラワ島南方に敵機動部隊出現の報に接し、ミレ守備隊は警戒態勢を強化していたところ、翌二十日には戦爆連合のべ約二百三十機の攻撃を受け、これに呼応するかのように敵の巡洋艦らしいもの、および潜水艦がミレ島沖を通過した。

この爆撃により三本の滑走路が破壊されたため、海軍施設と各守備隊増援人員とをもって、日没から徹夜で復旧作業がつづけられた。

十一月二十一日、米軍攻略部隊はいよいよマキン、タラワに上陸を開始してきた。米軍航空部隊もその援護のため、ミレ島基地の徹底的破壊をくわだて、約七十機をもって来襲、銃爆撃を反覆し、とくに飛行場に対しては多数の時限爆弾を投下した。その後、来襲米機は二十四日までにのべ六百機にたっしたという。

十一月二十四日には、わが海軍戦闘機十六機（第二五二海軍航空隊）がミレ島に進出し、同島周辺の警戒にあたり、おりしもミレ南方に来襲中の米機十を撃退した。

その後、昭和十九年も一月中旬ごろになると、米機来襲はにわかに活況を呈し、わずか十日間で二百機をもって滑走路のほか北地区、北砲台など全地域にわたる爆撃を敢行してきた。

これにたいして守備部隊も果敢な対空射撃で応戦し、すくなからず戦果をあげた。

しかし、一月下旬になると、米機の来襲はさらにはげしさをまし、一月二十九日には降伏勧告書までバラまき、わが守備隊の心理的攪乱を企図するなど、状況はますます悪化しつつあった。

そうこうするうち一月三十日、米機動部隊のクエゼリン方面来襲の報に接したミレ守備隊は、ただちに第一警戒配備をとり、対空海の厳重な警戒のうちに、敵の上陸にたいする諸準備をととのえたが、二月一日、はやくも米軍のクエゼリン、ルオットへの上陸の報を受けた。

この間、米機はわが航空部隊の活動を封止するため、ミレ島の滑走路を爆撃し、あるいは上空をつねに哨戒していた。とくに二月三日、五日、七日には各種の航空機九十四機が、一日六回にわたって滑走路に時限爆弾を投下した。

その後まもなくクエゼリン、ルオットからの連絡は途絶し、また、ミレ島の北方に隣接するメジュロ島も敵手に帰し、たちまち同島は米軍の一大後方補給基地となった。

クエゼリン、ルオット玉砕の状況は二月七日になって、ようやくその状況を知りえたが、クエゼリン島におけるわが軍の南洋第一支隊関係の戦死者は、田中中尉以下百三名であった。

ミレ島守備隊はクエゼリン、ルオットの戦訓から米軍が上陸進攻する場合は、まず近接する小さな離れ小島に上陸するだろうと判断し、これに対する挺身攻撃を準備した。

こうして米軍のまっただなかに孤立した守備部隊は、これからさきの補給途絶を覚悟して、自給自足に徹する決意のもとに、その準備に着手した。

ミレ島ははじめのころこそ、糧食六ヵ月分を保有していたが、陸軍増強部隊の移駐により約四ヵ月分となっていた。

十八年十二月二十三日に、最後の輸送船第二南海丸が入港したが、水陸両用戦車十三両を揚陸しただけで被爆沈没し、糧食の揚陸はまったく不可能となった。

さいわいにも連日の空襲にかかわらず、糧食の被害は分散格納が適切だったので、比較的にわずかですんだ。

昭和十九年三月三十一日、呂号第四四潜水艦が、なけなしの糧食四十トンを補給してくれたが、しかし、一月から五月上旬までのあいだ、守備部隊はその糧秣保有量と戦況などを考慮して、隊員たちへの給養定量をだんだんとへらし、同時に現地自活の実行につとめた。

しかし、連日の空襲と、さらに一人あたりの耕作面積のせまさ、天候不良、蔬菜《そさい》の種子不足、土質不良などにより、充分な成果をおさめることができなかった。

そのうえ陣地構築による体力の消耗、薬品の不足、現地特有の天候、風土の悪影響によって、しだいに死亡者も多くなっていった。

12　飛行機発艦用意！

発艦がせまった前日、軍医長と囲碁の手合わせをしたが、そのとき軍医長は私に向かって、

「いよいよ出ていくのだから、負けておいてあげるよ」

といった。

私はこの勝負の帰趨こそは、メジュロの偵察にかかわると思い、黒石をにぎって、

「負けてもらわなくてもきっと勝ってみせます。しっかりしてください」

と碁盤の音たからかに打った。戦局は三十分ぐらいで私の勝ちときまった。これでよいのだ。きっと偵察は成功してみせる、私はちかっていた。

そして発艦の当日、おりしも伊三六潜の艦内では、飛行機発艦の時機をまって、潜航のまま待機の状態にあり、乗員一同は文字どおり緊張のまっただなかにあった。

しかし、ふしぎなことに私は、刻一刻とせまる出撃を前にして、死というものを超越したかのように、だんだんと度胸がすわっていった。出発前のさかずきは酒や水さかずきでなく、先任将校がサイダーを持ってきて、私たちペアのコップへついでくれる。これは縁起をかつぐ意味もあったのだろう。先任将校はにっこり笑いながら、

「成功を祈っています」

と、つねにかわりなくやさしくいってくれる。私は伊三六潜の使命をすべて肩にせおって

いるのだと思うと、いかなることがあっても、この偵察には成功したい、と心から思った。

出発時刻がせまると、本艦の乗員たちから、口ぐちに願いをこめた言葉がかけられた。そのたびに、私はファイトを燃やした。

私たちふたりはそれぞれに、拳銃を身につけていた。これは万一の場合にそなえて、自殺のためのものであった。

倉原上飛曹は航法用具を再整備したのち、航空図をひらいた。そして私たちはもう一度、目標の位置をよく確認した。私はこのときふと、メジュロに行く途中にあるアルノ島が、なぜか気になってしかたがなかった。

艦内では整備員が、射出に万全を期するための再チェックをしている。

それからしばらくして艦内に、

「飛行機発艦用意！」

がひびきわたった。と、本艦はただちに浮上した。

居住区で待機していた飛行機作業員は、それっとばかり前後部のハッチを開き、甲板上におどり出た。そして格納筒を開き、潜偵の本体を回転台の上にひき出す。

みるみるうちに手早く組み立てはじめ、つぎに射出機に本体をうつし、翼、脚、フロートなどをとりつけていく。

これらはいずれも、敵中における強行作業なので、もし不幸にして敵の航空機や艦艇に発見されたとなると、たちまち本艦まで撃沈されてしまう。

したがって、一刻をあらそうことだけに作業員は必死である。艦長も艦橋からこのようすを、深刻な面持ちで見守っている。まして作業を指揮する掌整備長は、ひとつもぬかりがあってはならないと、真剣そのものである。艦橋当直員は周囲にたいし、警戒を厳重にする危難のときである。

やがて私たちは、艦長に出発報告をしたのち、潜偵に乗りうつった。組み立て作業が完了するまでに要した時間は、わずか四分であった。

当時ではもちろん、敵は破竹の勢いをもって進撃し、マーシャル方面の制空、制海権を手中におさめていたので、わが軍の航空機や艦艇がこの付近に接近することは容易ではないのをよく知っていたのか、あるいはまた、当日は小雨もようであったので、哨戒が手うすになっていたものか、敵に発見されることなく、わが潜偵の組み立て作業は順調にはこんだ。

私は発艦用意完了をまって、ただちにエンジンをスタートした。〝天風〟とよばれる三百四十馬力エンジンの快音が、周囲にとけるように四散して消えていく。

圧搾空気の装塡が終わったあと、私はエンジンを全速でふかした。そして射出準備をととのえ、掌整備長に合図した。作業員が後方にさがって、かたずをのんでこの状況を見つめている。

このとき掌整備長が、射出信号の赤旗を頭上にあげたかと思うと、大きく上方で輪を三回えがき降下させた。と、潜偵はシューという音とともに空中に射ち出された。

一四五五（午後二時五十五分）――発艦――記録員の報告に艦長がうなずき、視線が潜偵のあとを追っている。私は低空で伊三六潜のうしろにまわった。本艦は打ち合わせどおり、潜偵の空中自差測定にしたがい、針路零度に変針し航走をつづけていた。

　私は本艦の後方から、上空を超低空で平行に通過しながら、航空羅針儀の空中自差測定を行なった。自差はほとんどなく、航法にはまったく、さしつかえないようだった。

　伊三六潜の甲板上では乗員がさかんに帽子をふり、私たちを見送っていた。私は大きくバンクをとってこれにこたえると、針路を目的地メジュロに向けた。

　しばらくしてあとをふり返ると、すでに伊三六潜は潜航状態にあった。これで私たちが帰艦する十分前にならなければ、途中いかなることがあっても、浮上してくれないのである。

このことを考えると私たちは、マーシャルの広い洋上にたったひとり、とり残された思いがして、いささかのさびしさを感じた。

　しかし、「これでよいのだ。ただ本艦だけはぶじであってほしい、どうか敵の電探にひっかかりませんように――」と祈りつつ、メジュロに向かって海面すれすれに飛行をつづけた。

13　あれがメジュロだ

　伊三六潜を発進したわが潜偵は、高度計もゼロをさすような超低空を翔破し、ひたすらメジュロに向け直進した。やがて第一の飛行予定地点であるミレ環礁上空にさしかかったらしい。ひろい洋上でたよりになるのは何らかの目印であり、ミレ環礁はその第一番目の補助目標であった。

私たちはその後、一言もかわすことなく、たがいに無言で飛びつづけた。ふたりとも極度に緊張していたようである。なんといってもこれからさきの第一の難関、敵の関所ともいえるアルノ島がまもなく、右前方に見えてくるはずである。ここは、なんとしてでも、ぶじ通過しなければならない。

もし、ここで敵に見つかったならば、万事休すである。おそらく目標のメジュロ上空には、通報を受けた敵が待ちかまえていることになるであろうし、飛んで火にいる夏の虫よろしく、たちまち撃墜されてしまうことうけあいである。

私はこのとき、がらにもなく思わず念仏を口のなかでとなえていた。そして、けんめいに祈った――どうかこの偵察を成功させてくれ……。

そうこうするうち、あたりの天候はしだいに回復して、視界もだんだんとよくなってきた。と、そのとき私は右前方にアルノ島を発見していた。

そこで私は、潜偵の高度をしだいに上げ、アルノ島からできるだけ横距離をとって、島からはなれて飛行しようと潜偵を操作した。

やがて、青々とした野原のようなアルノ島が、だんだんと大きくなって右方にひろがってくる。高度五百メートル、島との横距離約十カイリ。敵の基地らしきものは見えないが、ここにはたしかに敵の警備隊がいることは聞いている。

それから数分、ようやくにして、このアルノ島をぶじ通過することができたのであったが、こうなると、あとはメジュロ上空だけが心配のタネとなった。だが、あとは神だのみしかない。祈るような気持ちで高度を千五百メートルまで上昇させつつ、潜偵はすでに完全にアルノ島の警戒線を突破していた。

このころから、あたりはしだいに青さに白みをおびはじめ、うすくぼやけてきた。はたして目的のメジュロにいきつくことができるだろうか？　もう一つ心配がくわわって、私は急に心細くなってきた。しかし、愛機はいぜん快調に飛びつづけている。

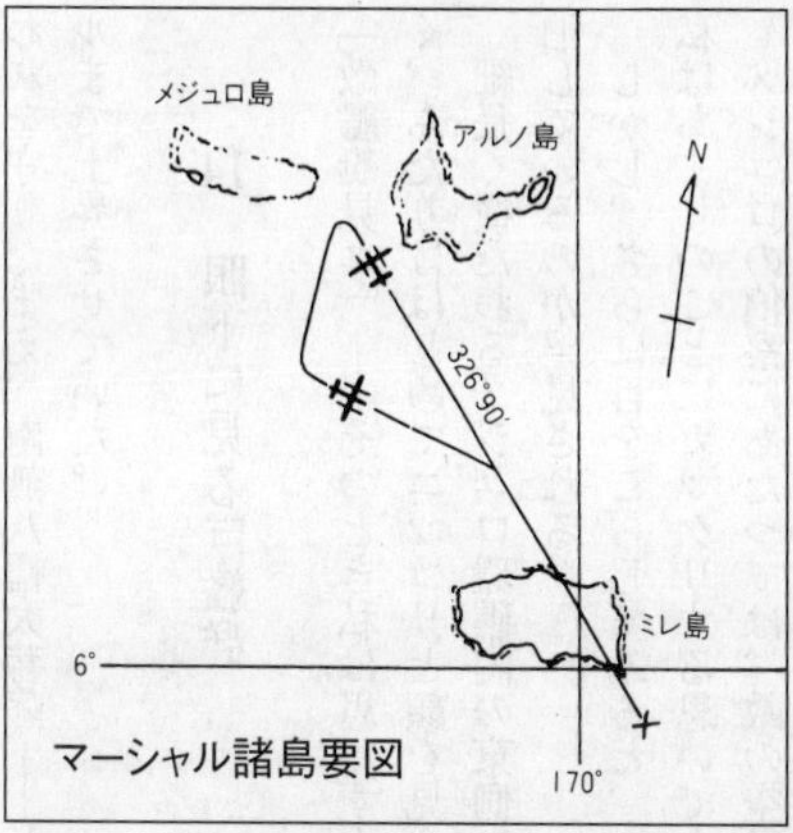

マーシャル諸島要図

それからしばらくしたころ、前方にうす黒くぼんやりと、メジュロの環礁らしきものが見えはじめた。

「メジュロだ、メジュロが見える！」

ふたりは同時に、こおどりしてさけんでいた。幸運にも敵の艦艇や航空機に遭遇することなく、ついに隠密裏にここまでたどりついたのである。私たちのよろこびは何ものにもまさるものがあった。

しかしながら、これからが大変であった。敵機はもとより、敵の高射砲や対空機銃がいつうなり出すかもしれないのだ。どうか目標達成までわれわれを守りたまえ、南無八幡大菩薩——私はけんめいに祈りながら、愛機を高度二千メートルまで上昇させていた。

14　眼下に見る巨艦群

「敵艦艇見ユ」——そのとき私は思わず大声でさけんでいた。倉原上飛曹も気がついたらしく、ふたりははじめてニッコリと顔を見合わせた。

細長く横たわるメジュロ環礁内の東側に、十数隻の艦艇が行儀よくならんで、しずかに停泊しているのが望見される。

しかし、さらに目をこらしてみると、なんとその獲物は、どうやら大型の商船らしいのだ。私はあまりのことにガックリする思いであった。

メジュロの偵察にあたっては、敵の空母、戦艦、巡洋艦など大モノを多数発見して、殊勲甲の大戦果をあげたいものと、そればかり夢みていた。ところがどうしたことか、モヌケのからのように大物など一隻としておらず、上陸用艦船と思われる商船ばかりとは。私は怒りとくやしさに思わず歯がみしていた。

高度は二千メートル——それでもなお私はあきらめきれず、敵の航空機や対空火器などに注意をはらいながら、隠密接敵をつづけていた。

すなわち雲を利用しつつ、雲間から顔を出して敵情をさぐっては、また雲間にかくれるといったことを連続してくり返し、さらに敵のふところふかく侵入をはかった。

さいわいに敵機が上空で哨戒飛行をやっている気配はなく、メジュロ島は眠ったようにしずかであった。

すでに夕陽は水平線下にしずみ、暮れなんとする洋上は真っ赤にそめ上げられ、金波銀波の美しいきらめきが最後の瞬間をおしむかのようにゆれていた。

それらの光が、いまにも目前から消えようとする直前、私には見えたのだ――あの平坦にみえた艦橋構造物をそなえた大型の船が、思いがけなく空母であることが。

私は高鳴る胸をおさえつつ、さらにそれを確認するために俯角を六十から七十度にして、高度を二千から千二百メートルに下げた。さいわいに上空は晴れわたり、小さな積雲がところどころに散在するだけである。

いよいよ高度を下げてみると、やはり商船と思っていた艦船は、まちがいなく空母であった。私は思わず伝声管にさけんだ。

「倉原上飛曹、空母だ！　しかも十一隻いる！」

どうやら倉原上飛曹も息をのんでいるらしい。私たちはよろこびで危険もわすれ、艦艇の確認にけんめいだった。後席では倉原上飛曹がしきりにこのもようを記録している。

二列横隊にならんだ敵空母が、東側の基地に向かって、前列に六隻、後列に五隻、計十一隻がみごとな列線を見せていた。その前方には大型商船らしきものが前後に二隻ずつ、四隻が停泊しており、ほかに小艦艇も岸ちかくに点在していた。しかし、それ以上は深入りすることはできないので、いまは空母陣に全力を集中しなければならない。

敵はまだ気づかないのか、空母には人かげもない。もちろん、高角砲や機銃も沈黙したままである。私はエツにいって堂々と偵察をつづけた。いまは隠密など忘れて悠々《ゆうゆう》と飛びまわった。

おそらく敵にも見張員はいたであろうが、あまりの大胆さゆえに、味方の飛行機でも飛んでいると思っていたのだろう。あるいはまた制空権を手中にしているいま、まさかその警戒網をくぐってここまで日本機が潜入してくるとは、想像もしていなかったのかも知れない。

私たちはなおも、それから五分間あまりも彼らの頭上を飛びまわったのであったが、地上にはなんの変化も見うけられなかった。しかし、いつまでもこの調子でいられるわけはない。

そのとき前列のいちばん手前に位置する旗艦と思われる大型空母が、突然、発光信号を基地に向かってうちはじめた。

発見された——私はそう思った。おそらく日本の小型機が偵察にきたことをさとり、緊急の警報を基地へ発したにちがいない。そこで私は、いまのうちに高度を下げて目標を再確認するため、最後のチャンスとばかり、さきほど発光信号を発した大型空母に向かって約六十度くらいの角度をもって高度を六百メートルに下げ、確認のための降下にうつった。

高度を六百メートルまで下げてみると、空母の艦影がしだいに大うつしになって、目前にせまってくるようである。ところが、敵空母は私の機が突っこんでくるのを見て、攻撃でもされるのかと思ったらしい。対空火器ふきんに、にわかに人かげがはしりはじめた。

こうなっては長居は無用だ。私は全速でただちに反転し、帰途についた。すでにこのときには倉原上飛曹も敵情を記録しおわっていた。

帰路は敵の目をごまかすため、帰りの予定針路から右四十度方向にニセ航路をとり、高度を下げながら遁走をはかった。

これでひとまず、偵察にだけは成功した。しかし、問題は本艦への帰投——という難関が待っている。すでにあたりは真っ暗になっていて、なにひとつとして目にはいらない。ただ星の光のみが点々と雲間から見えるだけで、まことに心細いことこのうえもない。

こうして約十五分ほど飛んだあと、いよいよ帰投コースである伊三六潜の潜伏する海面をめざして変針し、ひくく海面をはって飛行をつづけた。

往路は比較的かんたんに発見できたアルノ島も、いまは暗闇にとざされてしまったし、見当のつけようもない。それに、いささか航法にも心配があったのは事実だが、これまた幸運にも、ミレ環礁の上空にたどりつくことができたのであった。

このとき後席の倉原上飛曹が心配そうに、

「これはミレ環礁の外海なんだろうか？」

彼が疑問に思ったのもとうぜん、水道の入口と思われるところに礁壁がつらなっておらず、ところどころに点々として、礁壁が見えたからである。私は直観的に、これはおそらく内海を通過しているのだろうと思った。

「予定どおり内海を通過していると思う」

私がこう答えると、倉原上飛曹は、「そうかねえ」と、いささか自信がなさそうなようすであった。——これはのちにわかったことであるが、やはりこのとき潜偵は、礁湖内を通過していたのであった。

さて、あとは本艦までいかにたどりつくかである。はたしてこれまでの天佑神助が、いつまでつづいてくれることか、私たちには知るよしもないことだった。

15　本艦はいずこにありや

このミレ島ふきんから機首をじょじょに上げて、高度百五十メートルほどにして、私たちはひたすら、伊三六潜の姿をもとめて飛びつづけた。

「本艦はまだ見えないかね！」

後席から声がする。あたりは真の暗闇で、下方の海面がぼんやりと見えるだけで、前後左右を見回しても、黒点一つとして見えないのだ。

「見えないね……」

「おかしいな、もうそろそろ到着時刻がきているはずだがなあ」

倉原上飛曹がさかんに心配しはじめた。かつてハワイにおもむいて未帰還となった故大森、富永中尉らも、あるいはこのような状況で潜水艦を発見できずに、帰投できなかったのかも知れない。

そんなことを考えていると、どうしても気がめいってくる。それで気をとりなおして後席に声をかける。

「もうすこし飛んでみようかね?」

そしてなお約五分間ほど飛行をつづけたものの、状況はいっこうに好転しそうにもなく、いぜんとして眼下にはなにひとつ見えなかった。このとき私はふと、左前方へオルジス(信号灯)で信号をおくってみようと考えた。そこで倉原上飛曹に、

「左前方に向かってオルジスで味方識別を出してくれませんか?」

とたのんだ。すると彼は、後席のなかから信号灯をとり出すと、左前方へ向けて味方識別信号を発した。すると――その方向に、三カイリくらいの地点から、懐中電灯に白い布をかぶせたような薄暗い明かりで応答があった。

「あそこだ! いた、いた!」

私たちは大よろこびで、思わず目の前に光がさしたようであった。

――そのころ伊三六潜でも、ハワイ偵察のさいの事故もあるので、私たちの帰投については全乗員が心配していたやさき、突然、航空機からの発光信号があったので、

「潜偵だ、潜偵が帰ってきたぞ!」

という歓声で、艦内はわきかえっていたのである。

それも肉眼ならばわかるはずもない潜偵の味方識別が、偶然にも本艦の針路と一致したため奇蹟的に発見されたとのことで、追躡《ついじょう》する敵にも見つからず、なにもかもがうまくいった

一幕だった。

一方、胸を高鳴らせて明かりの方向に接近していった私たちは、そこに、まさしく本艦である伊三六潜を見出したのであった。やれやれ助かった——と安堵の胸をなでおろし一息ついたものの、さて、これからの着水がまた大変であった。

見れば伊三六潜はすでに、風上に向かって艦首をたててくれている。したがって、その方向に向かって誘導コースをとり、着水すればよいわけだが、波浪やうねりの高い洋上において、しかも真っ暗な海面上に着水するには、小型でしかもキャシャな機体の潜偵としては、やはり不安があったのである。

細いボルトでしめられた翼、脚部、フロートがちょっとした衝撃で折れて、転覆するという危険性も充分に考えられる。したがって、着水には最大限の注意をはらい、慎重さが要求される。

もし本艦からはなれたところで転覆などしたら、それこそ、たちまちたがいの姿を見失うことにもなりかねないし、また、これによって時間をくっているうちに、あるいは敵の追躡航空機からの攻撃を受けるという最悪の事態もまねきかねない。

つまりは、私たちが本艦の犠牲になるか、本艦がほうむられてしまうか、二者択一をせまられることになり、いずれにしてもわが潜偵の着水操作に生死がかかっているといえよう。

私は伊三六潜の上空を小まわりに旋回し、できるだけ本艦を見失わないよう注意しながら、誘導コースをとった。ところが、第四コースから着水コースへはいろうとした直前、どうしたことか本艦を見失ってしまった。さあ、大変である。

そこで私はやむなく、カンだけにたよって着水コースにはいらざるをえなくなって、えいとばかり四、五十メートルほどまで降下したとき、にゅっとその着水方向に本艦が姿を現わしてきた。しかも潜偵の機首が艦橋にむかって、激突せんばかりに降下しているではないか！

はっと思った私は、とっさのことに右上昇旋回を行ない、本艦から横っとびにはなれ、ふたたび誘導コースをとりなおした。そしてつぎに高度を百メートルに下げ、本艦にできるだけ接近して、こんどこそ見失わないようにと、第四コースにはいった。ところが、着水コースにはいったところで、またも伊三六潜の姿を見失ってしまった。

そこで、前回は旋回しすぎていたのだろうと思い、こんどはこのくらいでと思いつつ、またもカンでもって調整しながら着水方向に降下していった。そして四、五十メートルも降下したかと思われるとき、ふと伊三六潜のほうを見ると、艦首方向と約三十度ほど角度が外側にひらいていた。またもやりなおしである。

私もこんどこそは、という悲壮な気持で三回目の着水操作にはいる。そして高度を五十メートルに下げ、本艦をぜったい見失わないように細心の注意をはらいながら、誘導コースを最小にちぢめていった。後席では倉原上飛曹がわけもわからず、

「なにをしているんですかッ！」——

「着水コースにはいるまえに本艦が見えなくなってしまうんだッ！」

そう答えたものの、私はいささかあせりを感じていた。おそらくは追躡してきているであろうその敵機が、すぐ間近にせまっていると思われたからである。

こんどは、高度がひくいので、操作にはさらに余裕がなくなっていた。夜間着水をするにはもっとも危険な状態となったが、その反面、誘導コースを小まわりにとったので本艦を見失うことはない。

ともあれ、艦橋の真横に転覆することもなく、ぶじ接水できたのであった。

私はこの成功に思わずホッと胸をなでおろしていた。そして伊三六潜の前方から右へ水上旋回をおこない、その後方に向かって水上滑走をした。

「後方にまわれっ！」

掌整備長が作業員を指揮する大声が、甲板上から聞こえてくる。見れば艦長までが、私たち搭乗員の収容作業を心配そうに見守っている。そのそばには先任将校、航海長、あるいは見張員であろうか三、四人の黒い人かげが動いている。

後部甲板上では大勢の作業員が、わが潜偵の接近を待って待機していた。

私は伊三六潜の後方、約三十メートルくらいのところで反転し、その艦尾から艦首に向かって平行に微速で前進滑走していった。

そして後部甲板をすぎ、艦橋への接近がせまったとき、かねて掌整備長と打ち合わせていたとおりに、潜偵のエンジンを切ってその行き脚でかるく翼端が艦橋に接するよう操作した。

そしてつぎの瞬間、潜偵の翼はきめられた手はずどおり艦橋にかるくふれた。

「それッ、翼端をつかめッ！」

掌整備長の怒号で作業員は、けんめいになって翼端をつかんだ。この機会をのがしては百年目と、私はすぐに伝声管をはずすと機外に出ようと身をのり出す。と、なんとしたことか、波浪とうねりが高いためか、作業員がこらえきれずに、潜偵の翼端をはなしてしまったのだ。

16　奇蹟と奇蹟の合流点

わが潜偵は流され、本艦からとおくはなれてしまった。私は思わずシマッタとさけんだが、いまさら手おくれである。——まごまごしていると敵機が飛来して、やられてしまう。伊三六潜をすくうためには、自分たちが犠牲にならなくてはならない。しかも、場合によっては本艦さえ餌食になるかもしれない。本艦とはすでに百メートルあまりもはなれてしまい、艦影はうすぼんやりしている。あとしばらくすると完全に見失ってしまう。

そのとき私は、倉原上飛曹につたえた。

「エンジンをかけよう！」

もともと潜偵は、座席にいたまま起動できないようになっている。一人が外に出て主翼のうえから、機体の右外側操縦席の前方、つまり飛行機の首にあたるところにあるクランク穴にエナーシャをはめて、クランクを回さなければスタートができない。

倉原上飛曹がまさに後席からエナーシャをとり出して、外に出ようとしたとき、伊三六潜から、「後進微速ッ！」という艦長の力づよい声が、闇をついて聞こえてきた。

艦長はおそらく、だんだん遠ざかってゆく潜偵を見て、いても立ってもいられなくなったのであろう。ただちに救助の手をさしのべたのである。敵機が追躡してきているかもしれぬ状況下にあって、なお私たちの救助にあたるということは、よほど度胸がなければくだせない決断である。

見れば伊三六潜では一同が、どうなることかと心配しつつこの状況を見守っている。その間にも、じょじょに近づいてきた。私は風上に潜偵の機首を立てて接近する一瞬を待っていた。

そして、潜水艦の行き脚がとまろうとするとき、天の助けか、本艦の縦舵がわが潜偵の左主翼の下羽布翼端の、三分の一くらいのところにくいこんだ。チャンスをのがさず整備員が、

「それ、翼端だ！」とばかり、かたくつかまえた。

こんどは縦舵が羽布にくいこんでいるので、ちょっとやそっとでははずれない。しかし考えてみれば、これはまさに奇蹟というしかない。潜偵の翼の高さと、伊三六潜の縦舵の高さが偶然にも一致し、またこの縦舵が暗夜のなかでもよく潜偵の翼下、しかも手ごろなところへ後進してこられたものである。

それにしても、このときほど、私はほっとしたことはない。「助かった！」と思うと、私たちは身もかるがると座席から外に出ると、翼をつたって本艦に飛びうつった。

「ご苦労さんでした！」

乗員たちがいっせいに、私たち二人の労をねぎらってくれる。こうして危機一髪の危難のあと、午後五時すぎ、私たちはようやく伊三六潜に収容されたのであった。

そして私たちは、ただちに艦橋にかけのぼり、艦長の前に立って報告しようとした。すると、艦長は、たったいま展開された収容作業がぶじに終了したことが、よほどうれしかったのか、微笑をうかべながら、

「ご苦労でした。くわしいことはあとで下で聞くから、ひとまず居住区でやすんでいてくれたまえ」

という。

それでは……と私たちも居住区へと向かったが、艦内にはいると急に暑さがくわわり、全身に汗がにじみ出てきた。私はさっそく飛行服やシャツなどをぬぎすてて、素っ裸となって腰をおろし、ほてる体をうちわであおぎながら、安堵の息をはいた。

このころ後部甲板では、作業員が潜偵の処分にひと汗流していた。もちろん、潜偵を揚収するひまがないので、はじめにきめられたように、そのまま海中に沈ませるため機銃をもってきて、その弾丸によって浮舟に穴をあけ、水を入れようとしたが、かんじんの機銃が故障のため、最後の一手、オノをもってきて穴をあけ、ようやくにして海没させたとのことであった。

このようにして、わが愛機の潜偵はマーシャルの海底ふかく私たちの身代わりとなって、果てていったのである。

17　歓喜のあとの恐怖

やがて、潜偵の処分が終わって、つぎつぎと作業員たちが居住区にもどってくる。そして、私たち二人をとりかこむようにして、

「メジュロの状況はどうでした？」

とせきこむようにしてたずねる。だれもがこんどの偵察行には命をかけてきただけに、一刻もはやく知りたいのであろう。私もいくらか興奮状態からさめていたので、しずかに、敵の空母十一隻を発見したむねを話した。これを聞いたみなは、「空母十一隻！」と口をあけ、一瞬、言葉をうしなったようだ。

倉原上飛曹が記録をとり出し、みなにしめした。みなは歓声をあげて大よろこびとなった。いつか軍医長も顔をのぞかせている。見れば先任将校の顔もある。こうして伊三六潜の艦内には、このたびの偵察の成功にわきにわき、ひさしぶりの明るさがいっぱいにみちあふれたのであった。

そうこうするうち伊三六潜は、潜偵の処分も終えたのでこの場を脱出するため、航海当直員のみを艦橋にのこして、針路三百二十度で水上航走にうつった。

ところが、午後六時二十五分ごろ、突如として艦内に「急速潜航」のブザーがなりひびいて、本艦はいそぎ潜航にうつり、配置につくものはすっとぶように各部署についた。その他

の者は、何ごとかと思い、居住区にひとかたまりとなって息をころした。艦内はこうしてたちまちのうちにシーンと静まりかえった。このとき、艦橋からおりてきた見張員がみなにつげた。

「なにやら、明かりがピカピカして通過していったが、その後なんにも状況に変化がないので、あるいは流れ星かもしれないなあ」

敵飛行機の味方識別にちがいない——きっとわが潜偵を追いかけてきたものにちがいない——と私は思った。とにかく、その状況を知っているのは、艦橋にいた艦長など数人しかいない。はたして真相はどうだったのであろうか、私には知るよしもなかった。

18　大本営からの〝痛撃〟

それから十分間ぐらい経過したが、なんの音さたもないので、艦長は深度十メートルくらいまで浮上を命じ、潜望鏡で周囲をながめわたしたところ、外界は真昼のように明かるくなっていた。

おや、変だな——と思った艦長は先任将校や航海長に、「のぞいてみたまえ」と入れかわった。

彼らが見たものは、やはり真昼をあざむく真っ赤な海面上だった。このとき突如として、ドカン、ドカンと大音響が連続しておこった。どうやら、敵の航空機から爆弾が投下されているらしい。艦長はとっさに潜航を命じ、艦はたちまち深度八十メートルにまで沈降した。

事実は、おそらくこういうことであろう。つまり、わが潜偵をおってきた敵機が、さらに付近をさがしているうち、たまたま本艦をみとめたので、味方艦船ではないかと味方識別の発光信号をうったところ、伊三六潜がその光を敵と察して、急きょ潜航した。

そのとき敵機は、大きな白波がたつと同時に艦影が消えてしまったので不審をいだき、ただちに照明弾を急速潜航した上空に投下した。

そして、さらに付近をさがしているうち、本艦が浮上にかかり潜望鏡まで水面に出したので、まさしくこれは日本の潜水艦と判断し、ここに爆弾の雨あられ、となったものであろう。一瞬にして伊三六潜は、歓喜から恐怖へと一変した。敵はやみくもに爆弾を投下する。そのたびに艦はぶきみにきしみ、ゆさぶられる。そのうち至近弾を上甲板ふきんに受けたのか、本艦の外殻が破壊されるすさまじいひびきがした。

もし、万が一にも外殻がやぶられようものなら、万事休す、浮上することもできなくなる。そのうちに艦艇らしきディーゼル音までが聞こえてきた。そして、遠くであったが爆雷を投下しはじめたようである。

それからまもなく、伊三六潜は最悪の事態に追いこまれていた。至近弾を受けた本艦は艦首部のほうに約二、三十度ほどかたむいたと思ったとたん、後部においてあるものがすべて、前部にいっせいにすべって移動した。

潜水艦にとって、まこと爆雷は脅威である。この恐るべき潜水艦殺しの兵器が、いちどに伊三六潜をめがけて集中しようとしている。

それに対して、たった一つできることは、無音潜航のみである。深くしずかに鎮座する伊三六潜の四周に、たてつづけに大音響がおこり、艦は瀕死の悲鳴を上げてゆさぶられる。いったいどのへんに投下されているのだろうか？——私はちかくの乗員に聞いてみた。

「五百メートルくらいのところだな」

彼はそう答えて、一心に外殻のそとに全神経をあつめて緊張している。これで五百メートルだとすると、もっとちかくに落とされると、どんな音がするのだろう——私はそのぶきみさに思わず首をひっこめていた。

その間にも敵の艦艇からの爆雷投下音が、遠く近くつぎつぎと炸裂する。あまりの攻撃のはげしさに、艦長もいちどは油ブローをやって伊三六潜が沈んだように見せようとしたが、これがかえって敵の目標となって、物量をほこる敵の仮借ない殲滅作戦をうながすことになることを察知した艦長は、ついに油ブローを実施するのを断念した。

まもなく一つのディーゼル音が、水中を通して耳朶《みみたぶ》にひびいてくる。どうやらこちらに向かっているようだ。それにしても敵は執拗だった。シュッシュッと異様な音がしだいに近づいてくる。ぶきみな一瞬——やがて息をころした伊三六潜の頭上を通過してゆく気配がする。ここで落とされたら最後だ。

乗員のなかには冷や汗をかきながら、両手を合わせて念仏をとなえているものもある。いまここで爆雷の洗礼を受けたら、せっかくの偵察もむだに終わってしまう。どのようなことがあっても死ねないと、「南無八幡大菩薩」を私もひそかにとなえていた。

やがて、頭上を通過していったディーゼル音もきえるころ、はるか遠くで爆雷の炸裂音がひびいてきた。

「助かった！」――乗員はいちようにほっとして胸をなでおろす。青ざめていたみなの顔に急に、赤味がましてきた。なおも敵は必殺の爆雷投下をつづけているが、それもだんだんと遠ざかっていくようである。しかし、それでもなお本艦の位置をとらえようとして、ときたま機関を停止しては音波を発して、けんめいにさがしているようだった。

このころ伊三六潜は、長時間の潜航をしいられたために二次電池の力がへってしまい、いそぎ浮上して充電しなければならなくなっていた。

しかし、さいわいに敵は本艦を仕留めたと判断したか、あるいは見失ったと思ったか知るよしもないが、しだいに遠くなってゆき、ディーゼル音もいつか消えていった。

一方、伊三六潜の二次電池は、ついに限界にまでたっしていた。ここで充電しなければ潜航も不可能という、最悪の事態をむかえていたのである。

そこで艦長は、もし敵と出合った場合は、さしちがえもやむをえないという、つよい決意をもって浮上を命じた。

「オーバーフロー」

――伊三六潜はこうしてひさしぶりに、水上に姿を現わした。あたりにはすでに敵影もなく、まるでウソのように静まりかえっていた。

午後六時五十五分——脱出に成功した伊三十六潜は、被爆個所約三十六、至近弾十七個を受けたものの、その被害は奇蹟的にごくわずかであった。

かろうじて敵の警戒網をぬけ出た本艦に、ようやく緊張感がうすれるころ、メジュロ偵察における敵の状況を私たちから聞いて大いによろこんだ艦長は、安全海域にはいると、ただちに大本営にたいしてメジュロ偵察のもようを報告した。

ところが大本営では——そのころスプルーアンス中将のひきいる第五十八高速機動部隊が、マッカーサー部隊の東部ニューギニア上陸作戦を支援するため、四月十三日にメジュロを出撃し、二十一日ごろ、ワクデ、ホーランジア、フンボルトなどを空襲しているので、伊三六潜のメジュロにおける『空母十一隻発見』に疑問をもったらしく、伊三六潜にたいして、もういちど偵察をやりなおすようにとの指示があった。

いったい大本営はなにを考えているのか——私たち偵察の報告をうたがって、私たちがでたらめの報告をしているとでも考えているのか。私たちが生命をかけて偵察してきたものを、もういちどやりなおせとはなにごとぞ。二度とおなじことをくりかえし、偵察できるはずもないではないか——私は憤懣やるかたのない心境であった。

だが、しかし、もういちどやりなおすにしても、伊三六潜の潜偵は、すでにマーシャル諸島の海底にふかくねむっているので、それはできない相談でもあった。

それはともかく、本艦は被害を受けているので、いまは内地に帰って修理を受けねばならない。こうして伊三六潜は、忘れざる戦域をはなれて、一路、母国をめざして足どりも重く、帰航の途についたのであった。

（昭和四十七年「丸」四月号収載。筆者は伊三六潜零式小型偵察機操縦員）

翔べ！空の巡洋艦「二式大艇」

長駆攻撃に向かった四発大型飛行艇の勇姿――佐々木孝輔

1　ひとり最前線へ

空中性能は世界一と称された川西航空機製の二式飛行艇を操って、南溟の空を縦横にかけめぐった青春の思い出を記録にのこしておくことは、私にとっては生涯の仕事であり、誇りでもある。

旧陸海軍をつうじて希少なる実用四発機であり、遠大な航続力と、飛行艇にはすぎた武装を持っており、またその優速は、はやくから海軍中央部の期待をになっていたものと思われ、前線に出動いらいつねに作戦の最前線を、時計の振子《ふりこ》のように西に東に、あるいは南に翔びに翔んだ。

しかし、いかに優秀とはいえ、しょせんは水上機、損耗もまたはげしく、激戦をへて戦後まで生き残った者はそのうちのごくごく一部で、二式大艇の奮闘ぶりをまとめた出版物にはあまりお目にかからない。

「貴様が書かずにだれが書くか」と友人たちに激励されることもしばしばだったし、事実、二式大艇の性能いっぱいに飛びまわってきた私には、その義務があると前から考えてはいた。

人生も六十五歳をすぎると、老人あつかいとなる。家事からは一応解放され、やっと筆をとる気になったことを人生の一くぎりとこころえ、たくさんの戦没された方々のことを脳裏にえがきながら筆をすすめてみようと思う。

昭和十七年一月から六月まで、私たちは博多海軍航空隊で実用機の操縦教育を受けた。学生は三十六期飛行学生と称し、私たち海兵六十七期の後半組数名と六十八期で、合計三十余名であった。乗機は九五式二座水偵、九四式三座水偵で、三十余名は均等にわけられ、毎日の飛行訓練にはげんでいた。

博多空は「海の中道」に位置し、第一回の卒業生が六十六期と六十七期の前半組で、私たちは第二回目の受け入れ学生だったらしい。教官は六十六期の人たちで、みな顔見知りのうえ、なかには同級生も一名教官にいた。

飛行隊は二座と三座にわかれ、三座の隊長は一号生徒（六十四期）で、恩賜卒業の丹羽金一大尉であった。この人には後日、アンボンでふたたびお目にかかることがあった。

九四式三座水偵は川西がつくった傑作機で、とても安定がよく航続力もあり、故障の少ない信頼された飛行機で、すでに巡洋艦に搭載され、索敵に哨戒にと使用されていた。

学生は操縦席と最後部の電信席に分乗し、湾内で着水したときに交代した。教官は中間席で、操縦席と連動する操縦桿をにぎって指導に当たり、それら教官の主力は特務士官か兵曹長で、いずれも練達の士ばかりであった。

訓練はたのしかったが、ただオシッコが難儀で、後席にいるときにそっとおもらしして知らん顔をしていた。それは機外の風速と、機内の気流できれいに空中へ運び去られていく。あとで整備する整備員たちはさぞいやな顔をしただろうと反省したが、こればかりはほかに方法がなかった。申しわけない。

後日談であるが、前線に赴任したとき、小便袋なるものをわたされた。丈夫な和紙でつくられたフラスコのような形をしていて、ふだんはたたんで一枚の袋紙だが、用足しのときにはこれをふくらませて、フラスコ状いっぱいにする。

だが、それからが大変、機外にほうり出すわけだが、零式水偵の場合、まず風防をあける。操縦桿を左手に持ちかえ、右手でしっかり紙袋の口をにぎる。機外はものすごいスピードで気流が走っている。右斜め前方めがけてほうり出す。最初のときは、フロントガラスに当ってみごと体じゅうにかぶったが、なれてくると要領よくサヨナラをしてくれる。それも、お上品ぶって投げたりすると、サイドガラスに当たって後席の偵察員がめいわくすることになる。

海軍航空の先輩が話してくれたことだが、かつてリンドバーグ夫妻が霞ヶ浦に飛来着水したときのこと、物好きなのがいて、「奥さん、オシッコはどうしましたか」とたずねたそうだ。そして、けっきょく婦人は、「オムツ」を使用することがわかったという話である。

戦後、私は米空軍による再教育をうけたが、単発機の座席の下に黒色のジョーロのような器が顔を出している。これをひっぱり出して用を足すと、接続しているゴム管をつたって機外に放出される。サイフォニングの原理だとわかった。

とにかく新聞にはのらないが、飛行機の飛んでいるところには、むかしから小便公害があったようだ。

昭和十七年の六月下旬、卒業前になるころ、みなに転勤の内示があった。ほとんどの者が内地の航空隊配属となったが、そのうち四名が飛行艇へすすむため、佐世保空へ行くことになった。

ところが、私にはこない、私ひとりだけ発令がないのだ。海軍省はわが輩をおわすれかとやきもきすること数日、「佐々木中尉は三十六空アンボン島へ」と発令があり、急に元気が出てくる。三十余名のうちからただ一人、いきなり戦地へという栄誉であり、私も鼻が高かった。

さっそく、海軍徴用の大日本航空のＤＣ３「桃号」で雁の巣、上海、台北、マニラ、ダバオ、メナド、マカッサル、アンボン島ラハ基地へ。そして舟でアンボンの町へ。内港にある航空隊へ着任した。七月十日のことであった。

博多空については後日談がある。半年後ふたたびこの地を訪れることがあったが、教官で残っていた同級生の武沢から、「貴様、おしいことをした」といわれた。なにごとかときくと、「貴様は操縦は一番で卒業したが、学課などの総合点で次席になった。恩賜の時計は一級下の尾崎君がもらうことになったよ」

と話してくれた。〈へえー、そんなことがあったのか〉と気にもかけなかった。ときまさに戦時中とはいえ、私の郷里が汽車で四時間くらいのところにあったので、せっせと親孝行にかよった半年間であった。

操縦適性というのは生まれつきのもので、操縦がうまいといわれれば親に感謝せねばならぬと思った。事実、わがクラスにも飛行機熱望者がかなりいたが、霞ヶ浦の適性検査(候補生のころ遠洋航海から帰国してすぐ)で不合格となり、泣く泣くあきらめさせられた者がずいぶんといた。

私は福岡県の田舎の旧家のあととりに生まれたが、父は子供の意志を尊重し、海軍に行くことに賛意を表してくれ、まことにありがたかった。しかし、「飛行機乗りにだけはなってくれるな。すぐ落ちる」と搭乗員志願だけは拒否された。

そこで私もすすんで希望は出さなかったが、戦艦「陸奥」の砲術士をしていた前年昭和十六年の七月、徴兵(命令)で霞ヶ浦の飛行学生を命じられた。人の運命とはわからぬもので、飛行機を熱望した級友の一人は潜水艦乗りとなり、早々とこの世を去っている。

2　零式三座の厄日

アンボン島は香料の島であり、港は南方に開いた湾の付け根にあり、出入港する艦船でにぎわっていた。ハロン水上基地は、さらに狭水道でつらなっている奥の湾にあった。

オランダ空軍が建設した格納庫が山側にあり、PBY飛行艇の残骸が数機あった。滑り台

（水上機のフロートの下に運搬車をつけ、トラクターで引き揚げるときに通るコンクリートの斜面）まで二百メートルくらいで、わが方も整備機はここを利用させてもらっていた。

三十六空は最近、パリックパパンから当地へ進出してきたということで、零式三座水偵（零水とよんでいた）常用六機、補用二機、計八機の小さな航空隊で、司令は木村中佐、私は飛行長の下の飛行士である。

平常任務は出入港する艦船の対潜哨戒であり、毎日のように平凡な上空哨戒飛行がつづいたが、私にとって〝零水〟はまことにお気に入りであった。軽快、安定性がよく、操縦がらくで、おまけにオートパイロットまでついている。願ってもない新鋭機であり、私など任務飛行の合い間をぬっては毎日、操訓と称して飛びまわっていた。

ある日、えらい経験をすることになった。高度七百五十メートルで飛んでいたところ、とてもがまんできぬほど眠くなった。

千メートル付近にはかならずちぎれ雲があり、その下を飛ばないと敵の潜水艦は見えない。余談だが、潜水艦は水面下三十メートルでは青白く見える。これを零水で爆撃するには、まず敵潜めがけて緩降下する。水面ちかくの低高度で投弾し、あとはエンジンをふかして急上昇する。

そのためここハロン基地では、整備員の手作りの白ぬり標的を湾内に設置し、毎日のように爆撃訓練をしていた。べつに照準器があるわけではないが、熟練してくると一キロ演習弾が標的至近に落下、白煙が上がる。これがまた、おもしろいのだ。

アンボン港には第二十四特別根拠地隊があり、所属の億洋丸、萬洋丸がいつも出入りしていた。それらが上空哨戒中に敵潜にでもやられたら申しわけないと、乗員三名は目を皿のようにして見張りながら、船のまわりを矩形を描いて飛んでいた。

ところが、この日はどういうものか、眠くて眠くてしかたがない。歯をくいしばったり、頭をたたいたりいろいろするが、いっこうに睡魔は去ってくれない。油断をすると、とたんにこっくりとくる。

オレが眠ったら後席の二人もろとも墜落だ、絶対に眠ってはならぬと目をクワーッと開いた。……ひょっと気がつくと、機は水平姿勢でまっすぐに飛んでいる。眠けがとれてすっきりしている。なにかしらぬが目を開いたまま寝ていたらしい。

その時間は数秒、十秒以上ではあるまい。操縦桿はハンドル式で両ひざでささえているから、高度の上下はそれほどない。少しはくるっていたが……。

自慢にもならない居眠り操縦を体験し、そのつぎからは蛇行運動など、姿勢を変化させることにより神経をダイナミックにする、またはとくいの浪曲「佐渡情話」の一席をうなったり、あれやこれやのくふうで眠ることはなくなった。

翌年、二式大艇の航続力試験飛行に参加したときは、このときのことを思い出し、軍医官から眠くならないコーヒー錠をもらい、横須賀～スラバヤ飛行二十時間半を達成したのだったが……。とにかく見ることとすること、すべてが勉強だった。

ある日、億洋丸の入港時の対潜哨戒に出動したときのことである。外港を迂回し、アンボン島の西方海面に目標の億洋丸を発見した。船のまわりを遠まわりしながら、もし敵潜がいたら（現実にいたのである。この夏、港の入口で魚雷攻撃をしかけてきたので当隊の分隊士が、六十キロ爆弾で攻撃、至近弾をあびせたことがある）、このあたりからしかけてくるだろうと思われる付近を入念に警戒しつつ飛びまわった。

高度は七百五十メートル、天候は曇りで視界がわるく、こういうときがあぶないのかなあ、逆に潜水艦側からはチャンスなのかなあ、などと思いながら緊張して飛行をつづけていた。

アンボン島の西方にブル島という島がある。そちらの方から真っ黒い雲がおしよせてくるような気がするうち、瞬時に密雲をかぶってしまった。

もちろん、船は見えなくなるし、われも計器飛行にうつった。まもなくアンボン島の岬にさしかかろうという、大事なときであった。

博多空では幌《ほろ》をかぶったり、特殊の眼鏡を使ったり、夜間飛行をしたりして、計器飛行の訓練をうけてはいたのだが、南方のスコールははげしさの度合いがちがう。ものすごい上昇気流で、機はグーンと持ち上げられ、つぎはたたきつけられるように降下させられる。遮風板にはバケツで水をぶっかけたような雨が、バリバリと音を立ててたたきつけ、一メートル先も見えない真っ暗闇である。

なにはさておいても機の姿勢を安定させなくてはと、水平直線飛行の姿勢をとろうとするが、高度計の指度がぐんぐん上がりはじめ、速度計の指度がどんどん下がって、失速状態ちかくになる。〈こりゃあぶない〉と操縦をおさえると、こんどは逆に速度がどんどん上がって、空中分解するにちかい高速をしめす。

こんな〝アップ・アンド・ダウン〟をくり返していても、技量未熟の私にはピタッとした安定飛行状態がえられない。いきなり生地《せいち》（未経験の分野の意で海軍の慣用語）本番に突入して、気が動転したのも手伝ったのだろう。

このとき、ちらっと頭をかすめたものがあった。鹿児島航空隊（中練教程）を卒業するさいの司令の訓話に、葉がくれ精神の話があった。「武士道とは死ぬことと見つけたり」「身をすててこそ浮かぶ瀬もあれ」である。

〈ようし、ヘタなオレの操縦で搭乗員三人が死ぬくらいなら、思いきって海面まで降りてみよう〉と決心する。海面を横眼で見ながら飛んでいて、もしも島影が目前に突如として現われたら、エンジンのスイッチを切ろう。ガケにぶつかれば大ケガはするだろうが、命だけはとりとめるかも……とにかく後席の偵、電の二人は助けたい。針路はわかりやすいように零度にして、電信員に機位を失したむね基地に報告してくれとたのんだ。

ハラがきまると妙におちついてきた。機もわりということをきくようになった。やがて海面が見えてくる。白波がすさまじい。数分後には島にもぶつからずスコールから脱出できた。いつのまにやら冷や汗がびっしょりであった。

ちかくに島影が点々と見える。機位をたしかめるため、細長くのびる島の海岸線を飛んだ。気速は百二十ノット。端から端まで約一分かかった。百二十ノットで一分なら距離は二カイリだ。

海岸線の方向は六十度。航空図上のピル島であることがわかった。海軍の航空図はじつに正確である。

この島は適性地ではないので、付近の入江にいったん着水して、岸辺に接岸する。電信員のみ機に残し、まさかのときは掩護射撃をするよう命じて、拳銃を持った偵察員と、航空図を持った私と二人で海岸づたいにすこし歩くと、現地人の集落についた。

一軒の民家の庭にしゃれた応接セットらしきものがおいてあり、テーブルの上にはナギナタのような大きなバナナがたくさんおいてある。数人の現地の人が迎えてくれている。「アパナマ、イッ」（この島の名前は？）ときくと、「ピル」という返事がかえってきた。機上で確認した島そのものである。アンボン島のすぐ北隣りの島だった。

基地では〝飛行士帰る〟でほっとしてくれた。『機位を失す』の電報をうったので、航空隊からは根拠地隊へ遭難機の捜索を依頼したよしである。場所がわからないので混乱したが、使える艦艇に全力出動が発令されたらしい。億洋丸もぶじに入港したとのことだった。

3　『われ敵機を撃墜』

七月になって豪州北方のアラフラ海、バンダ海に点在するアル、ケイ、タニンバル諸島の攻略作戦が行なわれた。そこでわが航空隊はフロートバンダという小群島に前進基地をもうけ、索敵およびタニンバル諸島への陸戦隊の揚陸援護を行なった。

七月三十日の十時すぎ、私の機は六十キロ爆弾二発を抱いて勇躍して基地を発進、タニンバル諸島に向かった。雲はちぎれ雲ていどで視界もよく、飛行高度七百五十メートルほどで気分よく飛行をつづけた。

半航程をすぎ、到着の三十分前ごろ、目前に真っ赤な火柱が多数立つのをみとめた。すでにバンダ海上空であり、敵地が近いので電信員が機銃の試射でもしているのか？ それにしてもずいぶん撃つではないかと思って、ひょいと後方を見ると、これはしたり。双発機がすぐお尻のところにくっついて、わが機めがけてバリバリ撃っている。

その機影はいまでもはっきりおぼえている。灰色の胴体に、白色の幅広い横帯が一本、黒いふちどりがしてある。敵機だ！

「三座水偵は敵機に遭遇したら海面をはえ。下方がよわい」と博多空で丹羽教官に教わったことがピンときた。私は下げ舵いっぱいをとると同時に、右急旋回に入った。どうやら敵の射線から離脱したようだ。

敵機は豪州空軍のロッキードハドソン高速爆撃機で、われわれを水上機とあなどって追尾してきたらしい。ちかくに雲があったので、ひとまずこの雲に入って敵をふり切ろうと思ったが、ところがこの雲、たよりにならぬ雲で、すぐに出てしまった。また雲に入るが、またもすぐに出る。

これを二〜三回くり返しているうちに、茶目っ気が出てきた。やはりまだ若かったのだ。敵さんどこにいなさるかと、最初に撃たれたところに舞いもどってきた。ふと海面を見ると、

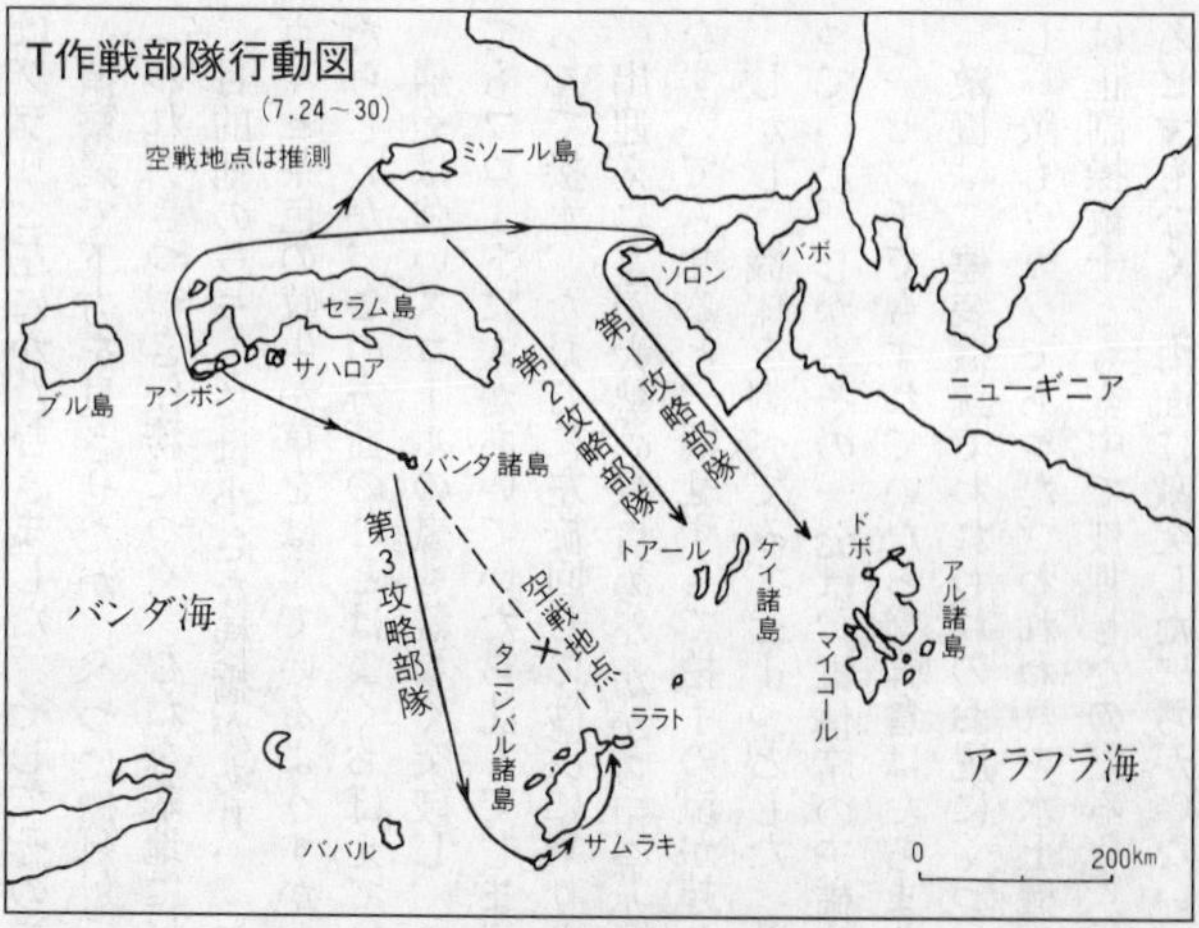

小さなまん丸い珊瑚礁らしきものが見える。そして真ん中にドラム缶のようなものが二個浮いている。

〈おかしいぞ〉

伝声管で敵機のようすを後席にたしかめるけれど、どなり声が返ってくるだけで内容もわからない。と、電信員がふたたび海面めがけて射撃をはじめたが、けっきょく手信号で敵機が落ちたことがわかった。

あとで聞いた話では、こうである。電信員も撃たれてはじめて気がつき、「ル式」七・七ミリ機銃をとり出し（ふだんは機体の中に後ろ向きにおさめてあり、風防を開いて機体の後上方にかまえなおす）、射撃姿勢をとった。以下は電信員の話である。

「わが機はどんどん旋回するのに、敵機はなおも追っかけてきて、いつまでも照準器の真ん中におったです。十発くらい撃ったら敵機はグラリと左にかたむきました。そしてそのまま海中に突っ込みました」

偵察鏡で下方を見させたが、べつに燃料もれもなし、人かげもない。『われ敵機撃墜』と『われ引きつづき任務につく』むねを基地に打電し、その後は平穏な作戦行動を続行した。

目的地のラララトには小さな桟橋があり、これまた小さな村と緑の丘陵地帯がひろがり、点々と茶色の牧牛が草をはんでいるようすがとてものどかに見えた。上陸作戦は順調にいったらしいが、この方面のことはよくおぼえていない。

帰途は強いスコールの嵐も難なく突破し、エンジンも異状なくぶじ基地に帰着した。それでもフロートに穴があいていたら沈んでしまうので、着水海面を砂浜のある海岸ちかくにえらんで接水、ただちに左旋回して砂浜に乗り上げ、オールセイフで任務を終了した。

出迎えにきた大勢の隊員のなかから司令が、「飛行士！　やったか？」と声をかけた。うなずいてみせると、期せずして拍手の嵐が起こった。

しかし、機体を調べてみてぞーっとした。敵弾は三人をはさんで機内の両側に数十発が入っていた。しかもその一発は、電信席の予備弾倉（丸型の重箱大）の端をめくっていた。もし一センチでもずれていたら、弾倉はたちまち爆発し、機体は空中分解していたであろう。

敵機は二連装機銃でわれわれのお尻にくっつき、ゆうゆうと撃ちまくったのだろう。しかし、敵もウカツであった。われわれを水上機とみて、いつまでも追っかけてきた。おそらくは正副操縦士とも空中で被弾したのだろう。低高度のため他の乗員が姿勢のたてなおしをするヒマもなく、海面に激突したにちがいない。

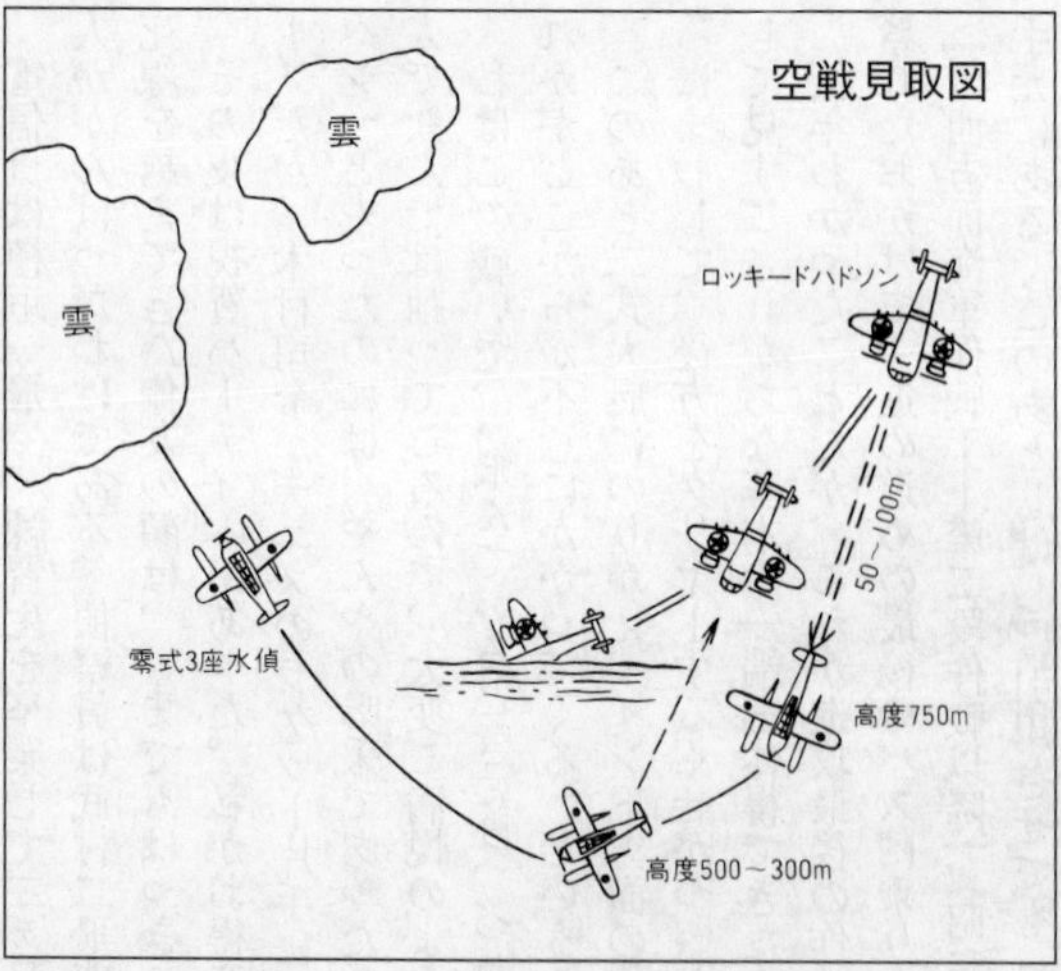

旋回銃は、機が完全旋回をしておらず、少しでもすべっていると絶対に目標に当たらないといわれていた。私がとっさではあったが完全旋回ができたのは、前の日に乗った人が短足の人だったのか、フットバー（足で方向舵位置を前後に操作する）がずいぶん手前にきていて、なおそうと調整装置をけっても、砂でもつまっていたのか動いてくれない。けっきょく、出発から帰着まで私は足をちぢめて飛んでいた。きゅうくつだったが、幸いにもいざというとき右足をいちはやく出して、右方向舵をふめた（操作した）のも、そのおかげだったのかもしれない。

この空戦を反省してみると、緒戦は九十八パーセントやられていた。こちらの完敗だったが、後半戦は先方の油断も幸いして危地を脱することができた。やられそこなったのは運、運以外のなにものでもないだろう。しかし、戦闘とはこんなものかもしれぬ。

電信員は植垣一飛で、練習生を卒業して二ヵ月くらいとのことだ。卒業二ヵ月の初陣の二人ががんばったわけである。偵察員は武村二飛曹、さぞやこわかっただろう、ご苦労さん。死線を越えてきた僚友の顔は、いまでもはっきりとおぼえている。

その夜は祝賀パーティーがあった。私がお得意の「佐渡情話」をうなったのはいつものコースだが、木村司令がテニスのラケット片手に、「いやさお富、ひさしぶりだなあ……ベンベン」とやったのには、やんやの喝采であった。そして、だれもいなくなった深夜まで、一人で飲んでは踊ってころんで、大変ご満悦のようすだったのが印象的だった。

私はこの戦いで、〝飛んでいるときには、つねに後方に気をくばっておかねばならぬ。だれかがどこからか不意にかかってくる〟ということを身にしみてさとった。

このあと二式大艇にのりかえ、インド方面の作戦に従事しているときも、つねに頭をうしろにまわして、後方をクリヤーするくせがついた。パイロットとしてのきわめて重要な、そして見すごされがちな基本の一端を体得できたのである。

後年わかったことだが、これが進攻最後の作戦だったようで、私ははやめに戦地にかり出されたおかげで、進め進めの最後のバスに乗り合わせたわけだ。

『南西方面海軍作戦――第二段作戦以降』（昭和四十七年・防衛研修所戦史室著）という本が手元にある。このあとしばしば引用させてもらうが、記述をかんたんにするため『公刊戦史』とのみ略記させてもらう。それにはつぎの一節がある。

「……三十六空および山陽丸も全力をもって陸戦協力、対空哨戒、攻略地点付近海面の索敵および伝単散布を行なったが、ジャンク数隻および若干の敵陣地を攻撃したほか、海上および陸上には敵を見なかった。この索敵中、三十六空の零式水偵（三座水偵）一機が、ロッキード双発爆撃機一機を撃墜した。零式水偵の操縦員佐々木孝輔中尉はつぎのように回想している……」と。

4　零戦を誘導して

本部宿舎は飛行場から歩いて約十分ほどの小高い山のふもとにあり、やはりオランダ軍施設のあとを使用していた。格納庫までは歩いて五分、ちょうど三角形のような構成をしていた。

ときおり、空襲警報が鳴ったが、しばらくすると零戦が、ハロン水上基地のある内港と、港のある外港を超低空飛行で翼をふりながら北から南へ一航過する。敵機を撃墜しました、というお知らせの合図だったそうである。

ラハの陸上基地は港の対岸にあるので一度しか訪ねたことはないが、これといった施設はないものの、ケンダリーの二〇二空から派遣された零戦数機が常駐していた。来襲するのはロッキードハドソンで、島の南端に新設された電探で発見すると、電話通報を受けた基地から零戦が急きょ迎撃するわけである。

川添《かわぞえ》利忠という私の同期生がいた。彼は剣豪を思わせる風貌をしていて、ある日のこと、ラハ基地でめしを食っているとき、空襲警報がかかった。彼はフンドシ姿のまま戦闘機にとびのって、機の向いている方向に離陸、たちまち敵機を撃墜しそのまま着陸、食いかけためしの残りを平らげたという。

私とは一足ちがい、彼は転勤したあとで会わずじまいだったが、それから二年後、昭南基地で会った。空母の戦闘機分隊長だった彼は、搭乗員の技量低下をさかんになげいていたが、その後の「あ」号作戦（マリアナ沖海戦）で還らぬ人となった。

だれでもそうだが、同期生とはなつかしいもの。とくに激戦の地で会えば感激するほどなつかしい。戦後四十年ちかくたった今日でも、各地で戦友会というのが催されているが、経験した者でなければわからない楽しさであろう。

占領した豪北の諸島には、とうぜん補給物資を送らねばならない。進駐した陸戦隊員などへの補給である。これには小型艦艇が運搬するのだが、タニンバル諸島輸送に向かう艦艇の上空哨戒には零戦が当たっていた。

だが、距離が遠いため、わが水偵が誘導したものである。私も何回か経験したが、こちらは速度を上げ、先方（ふつう二機編隊）は速度を落としてついてくるのだが、常速百二十ノットと百八十ノットでは編隊を組むことはできない。零戦は蛇行しながら後からついてくる。

あるとき私が、二十ノットくらい増速して飛んでいると、ピタリとわが機の横にくっついてきた零戦があった。白い酸素マスクは見えたが、顔は見えなかった。後日、塩水流《しおづる》俊夫中尉という人と水交社で会ったが、彼はおぼえていて、あのときはフラフラしながらついて行きましたという。一期下の六十八期の人だった。

また、占領地へ派遣された警備隊への用務連絡で、よく根拠地隊の主計長を乗せて各地をまわったものである。ハルマヘラ島テルナテ、西部ニューギニアのマノクワリ、ほかに基地設営予定地であるバボの上空写真偵察、目的はわすれたがチモール島東方のババル島上空視察などだ。

このときは飛行機が離水しきらず、波を起こし（自分でポーポイズさせる）、やっと出発したことがあった。帰着して整備員に、エンジンの馬力が落ちているといったところ、「いや新品です」という。

見てみると、〝日立〟というマークがついている。あれえ、いつも三菱のエンジンと思っていたが、量産が間に合わず、航空エンジンメーカーでない日立製が出てきたのかと思った。電気メーカーの作ったエンジンは、やはり性能が思わしくなかった。モチはモチ屋であろうが、しかしそんな贅沢をいっていられる時代ではなかったのだ。

十一月一日付で私は、佐世保航空隊付の発令をうけた。数えてみるとたった四ヵ月、それでも二年も三年もいたような気がした。それだけ内容が濃かったといえよう。思い出も多かったが、とにかくここで体験したことは、大いにつぎの作戦に役立ったのだから、願ってもない勉強をさせてもらったことになる。

後任者への引きつぎの関係もあり、十一月下旬になって大日本航空の九七式飛行艇に便乗させてもらって内地に向かった。アンボン島に幸せあれ。このアンボンには翌年の夏、二式大艇を駆ってふたたび立ち寄ることになるのだが……。

5　巨人機初見参！

昭和十七年十二月四日、私は佐世保空に着任した。ひさしぶりの内地勤務で、やはり心はなごんだ。郷里の福岡県浮羽郡千年村は汽車で五、六時間の距離にあり、私はさっそく両親に報告のため立ち寄った。そしてバンダ海で撃たれたとき、機体にのこっていた機銃弾を記念にプレゼントされていたので、これを父に手渡した。

ここでの私の仕事は、飛行艇の操縦講習を受けることだった。博多空を卒業して、そのまま この地で講習を終わっていたクラスメートの清家二郎中尉が、私の教官だった。これで二度、同級生から教えを受けることになる。一期下の玉利《たまり》義男中尉もはやくから着任していて、私を待ってくれていたよしである。

さきにものべたとおり、博多空を卒業して四名が当隊に赴任、大型機操縦講習を受けていた。飛行艇希望者が多く、私もその一人だったのであるが、この四名はみな体が大きく、また気持もゆったりした人ばかりだったように記憶する。

あとでわかったことだが、九七も二式も操縦装置はみな人力だけで動かすようになっていて、操縦をらくにするためマスバランスが設計されていた。なるほど力が要るわけで、大人《たいじん》がえらばれたわけがわかった。後年、自衛隊でＣ46の操縦講習を受けたが、米軍大型機ははやくから油圧式（ハイドロリック）補力装置があったという。

これら先人たちの講習中に不幸な事故があり、そのうち三名が殉職していた。大村空の九六艦戦による対大型擬襲訓練中に目標機となっていた九七大艇は、翼に衝突され大村湾に墜落したという。

このなかの一人に、同期の鈴木保蔵というおもしろい人がいた。彼はいつも冗談をいってはみなを笑わせていたが、兵学校の卒業式のさい、故郷の郡山から見えていた父親と、額を合わせて長い間話し込んでいた食堂での光景が思い出された。それは、こんなに仲のよい父子が世の中にいるのだろうか、まるで友達みたい、と思わせるものがあった。まことおしいことをしたものだ。

飛行艇も消耗がはげしく、操縦者の生き残りもひとにぎりしかないとすでに記したが、私の期でも五名がすすんで生き残りは私一人だ。一人は戦死、三人が殉職、私一人が生き残っている。

清家君もこのあと横浜空で殉職者の仲間入りをすることになる。戦死は本望だが、殉職はまことにくやしいかぎりだ。こうして終戦までの生存者は、各クラス一名ずつになっている。

玉利中尉もつぎのクラスの代表だ。彼は中部太平洋方面において二式大艇で米双発爆撃機と射撃戦を行ない被弾したが、大艇の防弾タンクの消火装置が有効にはたらいて、ぶじ帰還したことを後日きいた。このときの二人の受講生は、守り神がついていてくれたのか、二人とも健在である。

私たちはまず最初、二式練艇という出来たての黄塗り双発機で講習を受けたが、べつにむずかしいこともなく、あまり記憶にない。ただ飛行機をつり上げてエプロンにあげるさい、スリングがはずれて落下、一機こわれたことが印象にのこっている。

あとは九七式飛行艇の操縦訓練にうつったが、これも操縦面ではあまり苦労はなかった。関係した人たちはみな、「とてもよい飛行機だ」といっていた。私もそう思う。翼面荷重が小さく、ポーポイズを起こすこともなく、長時間飛べる。海軍ははやくから採用していて、開戦直後から最前線で活躍していたようである。翼がとても長く、四十メートルはあると聞いていた。

飛行機は滑走台（滑り台と称しエプロンに引き揚げるときに通る斜面のコンクリート通路）に収揚する前にブイに係留、つづいて二、三十メートル先の滑り台までロープで引き寄せられる。胸までの防水服をきた整備員が左右一個ずつの運搬車を、艇の中央部まで押してくる。尾部の運搬車は一個、これには沈まないようにおおきなゴム球がついている。

定位置にきたら機側の搭乗員が索を引いてひきよせ、滑車で運搬車を引き上げ（注、二式大艇はチェンブロック）運搬車を固定させるためのピンをさす。ついでエプロンのトラクターが引き揚げにかかる。ちょっとおくれて、尾部運搬車をお尻の部分にそっとあてがい、左右のロープを艇体にしばりつける。これでオーケー。かくて二、三十分を要して陸上に安置される。

米軍のはPBY（カタリナ）、PBMでも戦後の救難艇（SA－16）でも車輪がついていて、こんなことはしていなかった。逆にそれだけ重い物を機体に収納して飛んでいるので、空中性能はわるく、スピードはとてもおそい。あちら立てればこちら立たずか。

海軍はむかしから飛行艇を重視していて、海軍の枢要なポストにいたパイロット出身の古い人たちのほとんどが飛行艇出身者だった。「オレたちの時代にはF5という輸入飛行艇でなあ、なかなか離水せんので、わざとポーポイズを起こして引っ張りあげよった」——こんな話は何回もきかされた。ポーポイズというのは「イルカ」という意味で、水面を上下しながら泳いでいるさまをいうと、私の辞書に書いてある。

九七式飛行艇も川西製で、翼の支柱には爆装も雷装もでき、艦艇攻撃に使ったこともあるというが、ダバオで着水、水上滑走しながら魚雷を発射したが、照準装置もなくまるでダメなので、その後は爆装だけにしたと、愛称「男爵」の分隊長石橋大尉から教わったことがある。いや、ひょっとすると本物の男爵サマだったかもしれない。

当時、佐空には海軍省嘱託といい、人相、手相を見る人がいた。搭乗員採用のさい、その面からの審判を下すのだそうだ。ごくたまにわるい人がいてはずされるとのことだった。

そこで私のも見て下さいと申し出ると、こころよく引き受けてくれたが、「あなたの相はまれにみるよい相です」とのご託宣だった。

「お世辞いわないで下さい。私はまもなく前線に出るのです」

というと、「私はこれが本職です」という。まだ三十代くらいの若いこの人の予言は、ほんとうに当たっていて、この後いくどかの死線をくぐりぬけ、今日にいたっている。

6 「ヘル」談の効用

ある祝日の朝、式のはじまる前、士官室でがやがやさわいでいると、航空隊司令がよってきて、

「君たちはモモクリ三年カキ八年ということわざを知っているか」

とたずねる。お安い御用、

「はい、桃は植えて三年、柿は八年で実がなると聞いていますが……」

「ちがうんだなあ。もっと昔話をしてあげよう」

という。そこでさっそくご高説拝聴となった。

「あるところに二人の若者がいたそうな。二人は相談してとなりの村に夜ばいに行った。一人はめざす女性と話ができていて、目的をはたした。他の一人はちょっと遠慮して、局所マッサージだけで我慢してぶじ帰投したそうな。告げ口する人がいて、二人は村長さんに呼ばれ、処分がいいわたされた。

ところが、この処分に少しおかしいところがあって、目的をはたした方は三年の刑、マッサージ氏は八年の刑をいいわたされた。マッサージ氏がいわく、『私はなでただけで八年とは、どういうことですか？　反対ではないですか？』と申し立てた。

そこで村長、おもむろに口を開いて、『日本ではむかしから、モモクリ三年。カキ八年』

ということわざがある……」

といった、たわいのないものだったが、人間というものはふしぎなもの、他愛ない作り話でも面白いものは一度きいただけで忘れない。航空隊で一番えらい人がユーモラスな話をしたので、一ぺんに司令が好きになった。口ひげをたくわえた峰松巌司令の顔が、いまでも目に浮かぶ。

だいたい艦長、航空隊司令の海軍大佐クラスの人はユーモリストが多かった。軽妙洒脱という言葉があったが、この人たちのためにできたような印象が強かった。することなすこと、どこかにユーモアがあり、親しみがあるので部下はよくいうことを聞く。

それだけに、たまにしかられると骨身にこたえる。これをやれといわれると、必死になってやる気になる。いや、やれとはいわれない。「君は明日どこそこへ行ってくれ。願います」といった調子だ。海軍の「願います」は命令の変型と心得ていた。

後年、私は航空自衛隊の木更津航空隊司令を拝命した。このとき、むかしの海軍を思い出し、軽妙洒脱な部隊長になりたいと思ったが、こと志と反して叱咤《しった》激励に明け暮れた。

YS11四機を受けとり、これを定期運航にのせるため、補給整備、中継基地への手配、VIPの輸送など寧日《ねいじつ》ないありさまで、二年間、事故もなく軌道にのせることができたが、部下からしたわれることもなかったと思う。不徳のいたすところだが、心残りのする思い出のひとつである。

また海軍には「ヘル」談というのがあって、いつとはなしに口伝で申しつぎされていた。

急降下爆撃機をヘルダイバーというが、この種の話はズーっと前からあったらしい。

いまでも「Hな人」という言葉が残っているが、古い海軍さんとなると、タクサン、タクサン知っている。よけい知っている人ほど古い人、海軍の経験の豊かな人ということになる。小生もたしか二十いくつかの話をおぼえていたが、いま記憶にあるのはわずかで、そのうちのケッサクを一つのみ書きのこしておこう。

「愛国行進曲」——太平洋戦争がはじまったころ、国民の士気昂揚のための標題の国民歌謡が普及されたことがある。

ある家庭で、母親ははやく没して娘一人を父親の手で育て上げた。いよいよ嫁にやることになって、嫁入りした晩の手順を教えなくてはならぬ段になって、父親はハタと困惑した。こればかりは母親でないとつとまらぬ。

一計を案じたオトッツアン、「これ娘よ。痛かったらパパとさけびなさい。気分よかったら、〽見よ東海の〜と歌いなさい、オトッツアンはちかくの部屋で護ってあげるから……」

娘はとついでいった。夜になった。「パパ」とさけんでいる。こまったこまった。しばらくすると歌になった。パパッパパッパ、パパッパ、パッパパー。お父さんはほっとしたそうな。

これらは馬鹿話の類にぞくするが、その他「パッチン」「お手々ないない」、ドイツ潜水艦乗組員のユーモア「カマイマシェン」などなど話はつきないが、本稿ではこのへんでお開きにさせてもらう。こんな習慣が流行したのも、先人の機密保持のためのかくされた考え方があったのである。

ワシントン条約で五・五・三の戦艦比率をおしつけられた海軍は、三で五を破る方法を研究した。だが図演で何回やっても、太平洋で米海軍を破ったことはなかった。三で五を破る方策如何。

そのため、人知のすべてを集めることが対策の一つ、となった。私たちも若い士官がなにをいっても、たとえば不平をいっても、出すぎた意見をいってもしかられることはなかった。たとえ、たしなめられることはあっても……。

戦後、かつての士官に何人もお目にかかったが、みな口をそろえて、「海軍はよかった、何をいってもしかられることはなかった」という。技術科士官は、最初から大事な仕事を割り当てられ、やりがいのある半生でした、という。どうしてしからないのか。一つでも二つでもこれらの人たちの口からアイデアをききたい、とくに若い人からの……というネライがあったのだ。

ところがである。一方で、有事に兵力を一挙に向上させるために、極秘裡に特殊な補助艦を作っていた。代表作は水上機母艦。私の郷里浮羽郡千年村には、近くを筑後川が流れている。別名千歳川といい、軍艦「千歳」の祭神は当地久留米の水天宮である。有事には上部に飛行甲板を張れば、すぐに小型空母になる。

参考までに、重巡「三隈」の祭神は、この上流日田市の大原神社である。三隈級の重巡洋艦は最初は十五・五センチ。二十センチ未満だから公式には二等巡洋艦、つまり軽巡ですむ。

これを建造中の「大和」「武蔵」（ヤマトタケゾーと称していた）の副砲に持っていかれ、あと本命の二十センチ砲に換装する。

これら機密を外国に知られないためには、まず海軍軍人の口をふさがねばならぬ。日本人は酒をのむと気が大きくなって、なにかと大言壮語する。自分の仕事のことは、けっして人前でシャベらぬ心がまえをつくっておかねばならない。それには他愛のない、人を怒らせない話でもして、酒席をすごさせる。つまり、積極的機密防護の習慣である。

海軍さんはエッチという人もいくらかいたが、そういわれる方が海軍軍人としては安心だった。シャバで仕事の話をすることは決してなかったのである。

7 マンモス基地・横空

昭和十八年の三月、私は横須賀海軍航空隊付を命じられ、三月十八日に佐世保発、横空に着任した。横空はそのむかし追浜海軍航空隊と称され、海軍の枢要な地位にある航空出身のオエラさんたちは、みなここで操縦術を学んだ。

ここには海軍の現用機種がそろっており、陸上班、水上班にわかれて、実用実験、戦技の研究、特練の教育などなど、海軍航空のメッカ、総本山と称されるところで、パイロットはじめその他の搭乗員も斯界の第一人者がそろっていた。

また、ここでは航空写真、電波兵器、射撃兵器、航空魚雷調整班などもいっしょに航空機に搭乗し、実験研究が行なわれる。

隣接して航空技術廠があり、大学出の（とくに旧制帝大、そのなかでも航空学科出身者が多い）技術大尉、少佐の人たちが研究開発の中心的存在であったように思う。

廠長も歴代兵科の将官が任命されていた。航空技術も結局は実戦の役に立てねばならないので、その方向をさだめるのはやはり、運用者である兵科将校でなければならないためとかきいていた。とにかく航空関係の間では、横空にいたということは誇りであった。

横空はまことに大世帯で、大佐の飛行長のほかに審査部長という大佐のポストがあり、新製機の製造から採用の適否をきめることを任務とし、数多くの技師がおり、飛行実験およびこれにともなう諸計測（データとり）、制作会社におもむいての新製機の木型審査など、一言にしていえば、軍の要求に応じた性能を備えた航空機ができているか、ということをチェック、改善要求する、こんな機関だったと記憶する。

出来上がった航空機の運用テストは飛行隊の主任務で、のちにのべる二式大艇の実用航続力試験もその一つである。しかし、組織はべつべつでも、飛ぶときはみないっしょに乗り込むので、軍人と技術者は一心同体的生活をしていた。私はのちに横空分隊長・教官兼審査部員と長い名の辞令をもらったことがあるが、こんな性格の航空隊だった。

またこのころ横空には准士官以上だけで六百人もいるときいた。まさにおどろきである。空おとなりの空技廠は総員二万人もいるとか。航空機の改良、装置の改善は審査部をへて、空技廠で技術的に検討・改善されていた。水上機の離水性能をみるため、長い長い水漕の上を電車が走り、これにつられた飛行艇の滑走状態を電車に腰かけて技術士官といっしょに検討したことをおぼえている。

「海軍自身が技術をもっている」といわれたそうだが、その中心は空技廠で、高性能の彗星艦爆や陸爆銀河もここで設計試作されたそうだ。

ここで一番うれしかったことは、同期生がたくさん勤務していたことである。海軍では期のことをクラスと呼んでいた。彼らは飛行学生を卒業して、いったん戦地におもむき、ついで新機種の教育を受けるためにきている者が大半で、五、六名はいたと思う。

そのなかに山口定夫というクラスがいた。彼は空戦のもようをよく話してくれた。敵弾が当たるとガランガランと大きな音がする、と話してくれたのを思い出す。

青木貞雄というクラスは航空魚雷の専門家で、ちかく結婚するという女性の家までつれてゆかれた。

技量優秀な山口は、このあといくども海空戦を勝ちぬいたが、昭和十九年の七月、硫黄島に来襲した敵機動部隊の迎撃で散華した。好漢おしむべし。

青木は搭乗員ではなかったが、テニアン方面に進出し、航空魚雷の調整法など技術指導についていたが、おなじく十九年八月二日、テニアンで玉砕した。彼は友人におのろけをたっぷり聞かせたまま、実を結ばぬまま他界した。人の一生という観点から考えると、戦争ほど残酷なものはない。

内海通吉という人がいた。彼は水虫のため、兵学校生徒中に一年おくれ、つぎのクラスに編入されたが、芸達者な名士で、のちに西崎緑師匠の旦那になった。

私は横須賀に着任そうそう、飛行艇分隊に配属されたが、ここは九七式飛行艇と二式飛行艇とが同居し、それぞれ担当した実験、若手操縦者の教育など多忙をきわめていた。分隊長は長島博三郎大尉。分隊士に笹生庄助特務中尉がいた。

この笹生中尉は昭和十七年三月、二式大艇二機によるハワイ空襲に参加したベテランパイロットで、二番機の機長だった。フレンチフリゲート環礁で先行の味方潜水艦から燃料補給を受け、ハワイ上空にたっしたが、密雲にさえぎられ下方が見えないまま、「目標とおぼしきところに投弾してきました。これがほんとうの盲爆ですよ」と率直に当時を語ってくれた。

ここに特務と記したのは、その人の経験をしめすためで、下士官から累進してきた人たちのことであるが、このころは〝特務〟がとれ、すべて海軍中尉と呼称していた。差別の感じをいだかせないためときいた。ここでは右の目的、つまり経験をしめすため、むかし式の呼び名で記述した。

8　遥かなるテスト行

昭和十八年六月一日付で海軍大尉に進級させられた私は、まもなく横空の二式大艇による航続力試験に参加することになった。

昭和十八年七月、二式大艇にとっては記念すべきことが行なわれたのである。初の実用航続力試験である。

もともと飛行機の航続力というのは、標準搭載状態での一時間の燃料消費を〝リッターびん〟という計測装置ではかり、搭載燃料量を割算して最大飛行時間、同飛行距離を算出する、いわゆる額面上の数値だが、実用という段になると、いろいろな装備をほかに搭載しなければならないので、死荷重がふえる。

天候によっては、むりな上昇（出発直後は機が重い）などもしなければならない。目的地の天候がわるいときはオルターネイト（代替地）に行かねばならない。到着時の燃料も余裕が少しはないと不安であり、一般に実施部隊では、公表された航続力の七割を実用として飛行計画を立てていた。

私も操縦者として参加することになり、長距離飛行なので三人で交代することになった。なにぶんにも大遠距離の飛行だから、途中の天候が大いに気になるところだ。私は予想気象図を作成するよう命じられ、水路部発行の過去四十年間の統計図を参考に、途中の標準的な気象をチャートして分隊長に提出した。

長島分隊長は、一枚の色分けしたチャートで途中の天候がわかるのはありがたい、とよろこんでいた。実際、よく的中しており、スル海はつねに視界不良、目的地はこの期には晴天多しという予想だったが、結果はそのとおりだった。万一、スラバヤが不良のときは、マカッサルに向かう予定だった。

アンボンで居眠り操縦を経験していた私は、軍医官にたのんで眠くならない、〝コーヒー錠〟というのをもらった。試してみてくださいというしろものだったが、実際はきわめて有効だった。

　おりからアッツ、キスカ方面に敵艦隊来襲という情報で、当時、軍港には「武蔵」をはじめ「翔鶴」「瑞鶴」の大型空母ほか艦船が多数集結していた。

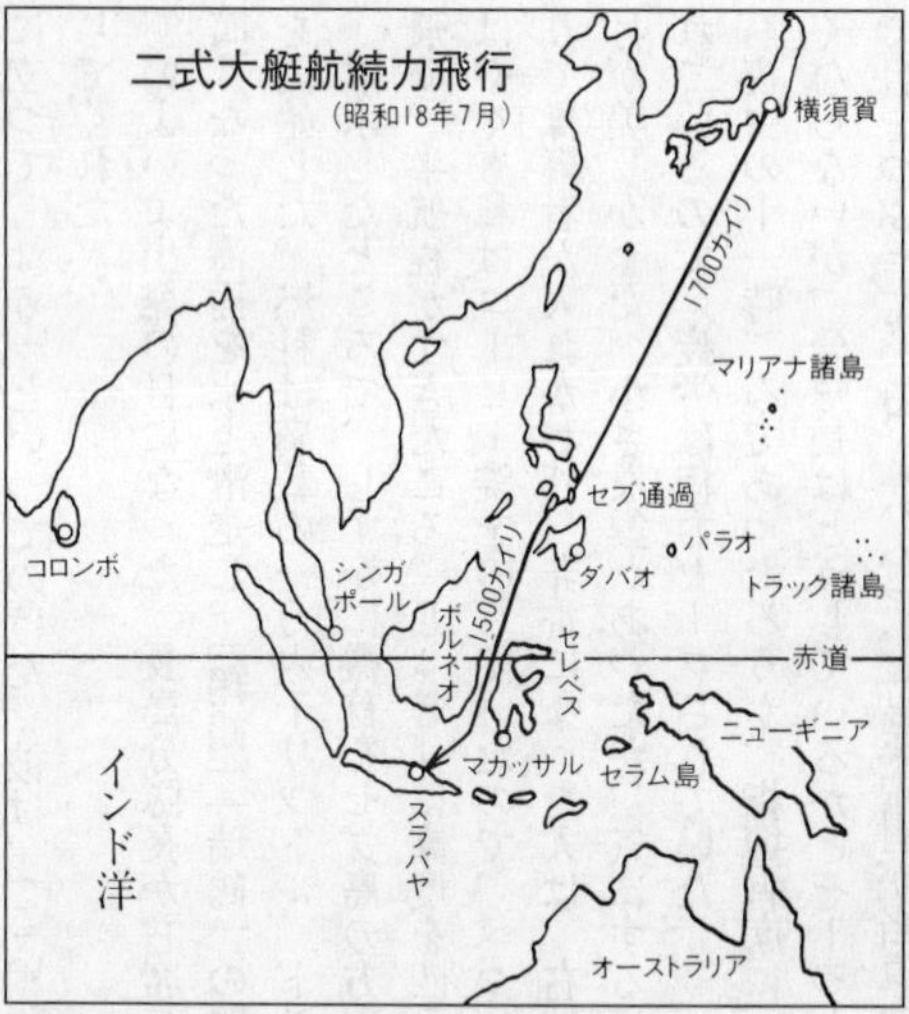

二式大艇航続力飛行
（昭和18年7月）

　余談だが、私はクラスの者が「武蔵」の測的長をしているというので訪問してみた。滝沢修という入校したときおなじ分隊で机をならべた人だった。測距儀は十五メートル、露天甲板が広くて長く、「九六艦戦ならここから発艦できるよ」といっていたのを思い出す。

　そこへ、かつての練習艦隊で「磐手」の指導官付だった古賀祐光という先輩が顔を出し、「佐々木君、久しぶりだのう。いっしょにメシを食おう」といわれ、士官室で昼食をご馳走になった。そこで、「おい、二式大艇というのは役に立つのか」ときかれ、私は『武蔵』よりは役に立つでしょう」といってのけた。彼は、「こいつ」と笑いながら、かつての教え子を歓待してくれた。

いよいよ出発の日になった。長島分隊長が右席で主操、笹生中尉が左席の副操。少しうす暗くなった海面を水上滑走し、「翔鶴」「瑞鶴」の間をぬけて機首を東方向にむけ、離水操作を開始した。燃料は満載の一万六千リットル。ドラム缶に換算すると八十本分である。

離水したところで、しずかに機首をセブ島の方向に向けた。とうぶん高度五百メートルで飛び、半航程がすぎたころ、じょじょに高度を四千メートルまで上げた。低高度で飛行中、はやくも私はコーヒー錠をのんでいたので、べつに眠気はこなかった。三十分交代で左まわりで操縦者が入れかわり、非番になった人は、右舷すぐ後ろの指揮官席にすわっていた。満月が美しかった。小さな雲があったが、気にするほどではなかった。オートパイロットを入れているので、疲労は極力セーブされていた。

夜中の十一時ごろであったろうか、指揮官席にいた私は、自分はコーヒー錠のおかげで眠くならないが、分隊長はどうしているかとそーっと横顔をのぞいてみると、すこし前かがみで目をつぶっている。〈ハハア、笹生中尉が当直なんだな〉と思って左席を見ると、どうやら沈思黙考の姿勢である。

高度は五百メートルで、オートパイロットでも故障すると、かつて空戦をやったハドソン双発爆撃機のように、たてなおしが間に合わぬとエライことになる。そこで私は、「分隊長、かわりましょう」と、せせり出した。私はあのコーヒー錠はこんなに効くものかと、その成分もなにも知らないまま軍医官の顔を思い出していた。しかし、この服用は一回だけで、そのあとお世話になることはなかった。

一千七百カイリを飛んで早朝、うす明かりの中に、前方ちょっと左寄りにセブ島が見えてきた。航法誤差は右に一カイリ、前後に三分で、偵察員の優秀な技量にはおどろかされた。ずっと天測をしていたのである。

電信員から、「横空と交信、感度五」の報告である。感度は五段階あり、その最上というのである。さすがに第一人者ぞろいのメンバーだと思った。

フィリピンの上空も視界はよかったが、スル海に入ると視界がわるくなった。ボルネオとセレベスの間を飛ぶのだが、どんよりした天候であまり快適とはいかない。べつにそうガブルわけではないが……。

やがてジャワ海に入る。視界が開けてくる。午後三時すぎ、目的地スラベヤへ。着水。飛行二十時間半。あと一時間分の燃料が残っていた。

丸一日ちかく起きていたのと、暑さがこたえたのか、全身の力が一ぺんに抜けたような気がした。だが、私などはまだ気楽な立場で、責任者の長島大尉はさぞかしおつかれだろうと思った。

機は障害物標示のブイの間を通って、航空廠についた。建物も飛行場（陸上基地もとなりにあった）もすべてオランダ軍の残していったものだ。
一、二日、休養補給ののち、キャビテ（マニラ郊外）、横須賀と二航程で帰投した。ちょうどそのころ、陸軍の双発機もシンガポールまでの航続力試験飛行に成功したということだった。こちらの飛行距離は三千二百カイリだったが、先方のとだいたいおなじくらいだったと思う。

気象予測がよく当たっていて、これが成功の一因だった、と分隊長が大変よろこんでいたのが印象的だった。

翌々年秋、米機動部隊がフィリピン方面へ来襲したが、そのさい長島少佐は索敵に出て、夜間飛行で東港に着水しようとしたとき、後をつけてきた敵機に銃撃され、火災を発して墜落、戦死されたと聞く。

9 じゃじゃ馬ならし

操縦訓練の仕上げに、過荷重離水の操縦訓練をしてもらった。この機体は実験用にとくに作られたもので、燃料のかわりにタンクには水が搭載してあり、離水したあとタンクの水を空中放棄し、軽い状態にして着水するという、まことに便利のよい飛行機だった。

ただし全備重量は三十一トンとのこと。実戦機は三十二・五トン。海軍中央部の要求で航続力延伸、武装の強化などで重量がふえ、飛行機が沈むので胴体の高さを五十センチ高くしたとのことだった。

これは後でのべるが、前線でひところさかんにポーポイズを起こしたといわれる原因の一つに考えられる。飛行機が沈むと、離水のときペラが海水の飛沫をよけいにたたくので、その対策として艇高を高くすることが考えられたのだろうが、舵の効きがわるくなり、操縦がよりいっそうむずかしくなったのだろう。

ともあれ、私にとっては、初めての過荷重離水である。いささか大げさだが斉戒沐浴してこの日にのぞんだ。

副操縦席には笹生中尉。「佐々木大尉、内発はゆっくり入れますから……」とのこと。「お願いします」といって私は操縦桿をにぎり、外発のスロットルレバーをすこしずつすすめながら、方向安定をする。

操縦桿をかるく前倒しの状態でたもち、水上滑走をはじめる。内側レバーがあとをついてくる。〈ころはよし〉と外側フル回転、内側がややおくれてフル回転。機首はかなり上がったが、ハンプ（艇体が波にのり上がった状態）を越すころからすこし下がり、そのまま安定する。

〈ヨシ、これだ〉――ベテラン教官にもついてもらっていることもあり、一ぺんで重量離水のコツを体得できたような気がした。約一時間飛行し、空中放水ののち着水した。

この機のスロットルレバーは天井についており、四本のうち外側二本を主操縦者が左手で、内側二本を副操縦者が右手で入れる（押す）わけだが、この訓練で重量離水には副操縦士の役割がきわめて大きいことがわかった。笹生特務中尉のチョビひげをはやした、目のくるっとした風貌がいまでも目に浮かぶ。

なお、発動機は火星一千八百六十馬力、水メタノール噴射。全開すると異常爆発を起こすので、これを押さえるためには、その時点で噴射するとのことだった。後年、当隊に分隊長として着任したとき、整備の分隊長から、

「水メタがないときは一級酒でもよいのです。ただ、酒だと人がのんでしまうので、水メタにしたのです」

ときいた。

このエンジンは一式陸攻とまったくおなじもので、敵艦隊攻撃に向かう攻撃機が双発であるのにたいし、こちらは四発、飛行艇への期待がいかに大きかったか想像がつく。空中性能世界一といわれたその原動力は、この強大なエンジンにあったといえるが、また一面、ポーポイズを起こさせる原因の一つでもあった。

当訓練を受けたころ、前線赴任の内示を受けた。スマトラの基地を発進、インド方面の偵察に向かう二式大艇がポーポイズを起こし、艇体がわれて大火災を生じ、操縦していた分隊長が全身ヤケドで入院中とのことだった。その人は私の一期上の六十六期の大沼大尉だった。いよいよ私の番か、と思った。この話を聞いてからのち、過荷重離水は真剣勝負と心得るようになり、そして二式大艇を乗りこなすコツをおぼろげながら体得させてもらった。

さきにのべたように、横空は搭載兵器の改修、実験が行なわれていた。つぎは飛行艇にレーダーを搭載しようというのである。当時は電波探知機と称し、略称を「電探」といった。そのアンテナをどこにつけるか、というのが問題になっていた。

機首の二十ミリ銃をおろし、そのかわりにアンテナをつけたらいかがかと申しのべたことを思い出す。

この機は二十ミリ機銃で武装され、機首の半動力銃架に一、背中の動力銃架に一、尾部の動力銃架に一、胴体左右のスポンソン風防に半動力銃各一、計五梃をそなえていた。夜間行動の多い飛行艇が、前方から攻撃されることはめったにないだろうし、それよりは電波の目をつき出して飛んでいた方が、うんと効果的だと思えたからだ。とにかく八木アンテナなるもの（今日の家庭のテレビアンテナとおなじ形で長さもおなじくらい）が機首にとりつけられた。

この作業はきわめて手っとりばやかった。当時、海軍には有坂磐雄中佐という人がいて、兵科将校ながら、航空無線機に水晶を使ったり、電探の整備技術を指導したり、電波の神様といわれていた。事実、この後、私はスラバヤに着任したのだが、故障の多かった電探も、この神様がこられるとバタバタと故障がなおり、働くようになった。

電探の研究をしている人に、一クラス上級生の須藤大尉という人がいた。私と毎日、士官室で顔を合わせる。あるとき私が、電探の指向性曲線とはいったいどんな形をしているのですか、とたずねたことがあった。

「はっきりしたことはわからぬが、だいたいこんな形です」

といって紙に書いてくれたのは、ちょうどナスのような形、いやもうすこしズングリしていたような印象だった。「ありがとうございます」と礼をのべて研究室を出たのが、私の脳裏にやきついている。この形がその後、コロンボ偵察に行ったとき、私の命を救ってくれたのである。

またまた余談だが、佐世保空で教官をつとめてくれたクラスの清家大尉は、となりの横浜空に着任し、九七大艇で任務飛行についたが、離水後、発動機故障のため引き返し、そのまま着水したらしく、重量着水のため機体が大破して沈没、殉職したとのことだった。九七大艇でも着水は慎重にやらないとえらいことになる。一つ一つが教訓として残されていく。

なくなった海軍士官を父にもつ彼は、幼くして母とわかれ、他家に養子として育てられ海軍に入ったが、母親に会いたい、東京にいるらしい、と再三、私にもらしていた。

青年になってもわすれられないのかと思ったが、伊豆の伊東に彼の養父母をたずねたさい、彼が好きだった一級酒を仏壇に供え、真ん中にスミで横線をひき、「二郎ちゃん、半分飲んでくれ。あと半分はおれが飲む」と両親の前で供養の酒をくみかわしたことを思い出す。

航空写真技術もだいぶすすんでいたようで、上空からとった写真を特殊な双眼レンズでのぞくと、地形が立体的に浮き上がってみえた。江崎大尉が責任者で、そこにいる内海からも、私の記念写真を何枚かとってもらった。いまでもアルバムにはってあるが、写真機がよいのか腕がいいのか、あるいは特殊処理をしたのか、まるで映画俳優のようによくとれている。「オレはこんな美男子ではないぞ」といったが、「いや写真とは、正直にそのとおりを写すものだ」ということだった。

側方写真というのも研究されだしていて、堀田技師という人と面識になった。この人はのちに、アンダマン諸島ポートブレア基地に小生を訪ねてこられ、「この機材の実験をして下さい」とたのまれ、二つ返事で引き受けたことがあった。

照明弾を落とすと、地表がパッと明るくなり、何秒か前に写真のシャッターを押しておいて、ピカッときたら閉じる式のものだと記憶するが、現像してみると、道路や家、海岸線がはっきりと見え、「分隊長、これを私に下さい」「どうぞ」という一幕があったことを思い出す。

さらにその後、マルダイブ経由コチン偵察におもむくときも、それを用意していったが、愛機の大破でともにインド洋に沈んだ。

このころになると、クラスメートの戦死者が相つぎ、佐空にいたときは潜水艦乗りだった越山澄尭君の遺骨を鹿児島の実家へ、横空にいるときは「瑞鶴」の雷撃隊員だった伊東徹君の遺骨を八戸の妹さん宅へ、博多空までいっしょだった水戦乗りの川島政君の遺骨を厚木の両親宅へ、礼装、白手袋、厳粛な気持ちで送りとどけた。みな昭和十七年中の戦死者だった。

10　死のポーポイズ

私が新たに着任した第八五一航空隊の前身、東港空は原隊を台湾におき、在横浜の浜空とならんで、九七大艇二十四機を保有する大航空隊だった。

東港とは高雄市の少し南に位置し、南北に長い湖を発着水面として利用していた。ここに航空隊が開設されたわけだが、地名を冠した航空隊は戦前に設立されたことを意味する。エプロン、格納庫とも、それはそれは広大なものだった。

南方作戦が開始されると索敵をすすめつつ南下、インド洋にも顔を出し、セイロン島偵察のおりには、クラスの横山哲夫中尉が戦死している。彼とは因縁ふかく、のちに詳述する。

部隊はさらに東進し、ショートランド島に位置して米軍と対抗、一部は派遣隊となり、アリューシャン作戦に参加した。まえに飛行艇部隊は最前線を西に東に、南に北へ時計の振子のように移動して戦ってきたとのべた。

その後、内地方面主担任の浜空は八〇一空、東港空は八五一空、開戦後まもなく発足した特設十四空は八〇二空と改称され、この三個航空隊で広大な海面の飛行艇による索敵哨戒、その他の作戦が行なわれたわけである。まことに世界地図をひろげないと見当がつかないくらいだ。

八〇二空が内南洋を担当するようになったころ、敵の反攻は西方の英軍主力の機動部隊によるものと判断され（注、戦後戦史調査の結果判明）、八五一空は本拠をスラバヤにもうけ、豪州方面、一部はセイロン島方面の敵の来攻に備えていた。

こうしたさなか、昭和十八年八月十四日に、私は八五一空の更新機便でスラバヤに着任したのであった。司令は和田三郎大佐、副長は鈴木英中佐で、飛行長らは前進基地スマトラのシボルガ基地で作戦中ときかされた。

ここで私は、「第二分隊長を命ず」と職名をいただいた。一分隊長に一クラス下の井手敏大尉がいた。鹿島での中練までいっしょだったが、彼はその後、偵察員になっていたのだ。

部隊は一飛行隊、二個分隊の大艇十六機で、九七式と二式と半々くらいだったが、しだいに二式に機種改変中であった。スラバヤ水上基地は、ついさきほど私が航続力試験飛行で飛来したところであり、オランダ軍の残してくれた施設をそっくり使わせてもらっていた。

ここには南西方面艦隊司令部が所在し、長官の有事のさいの乗艦「足柄」および何隻かの艦艇がすこしはなれた港内にいた。水上基地と隣接して陸上基地があり、愛称ダルマさんの雷電局地戦闘機もいたように記憶する。軍需部もあり、南西方面の一大根拠地の観があった。

さて、当の八五一空は南東方面、ショートランドでの消耗がはげしく、戦力の補充、機種更新と寧日なきありさまだった。井手大尉は偵察分隊長、私は操縦分隊長、それぞれ八機分の部下をもっているが、その世話と同時に所掌として、それぞれに偵察員の教育をもしなければならなかった。

彼はこれまでにも豪州南西岸の奥地Xマウスガルフ・ボートヘッドランド付近まで敵艦艇の動静を偵察していたらしく、その状況をつぶさに私に話してくれた。そのほか居住面などについても、いろいろとアドバイスをしてくれた。彼については鮮明な思い出があった。

昭和十六年秋のことである。鹿島空で中練の単独飛行がはじまってまもなく、風向が変わって、南向きに降りなければならなくなったことがあった。格納庫上空から降下するわけだが、発着海面がせまく、着水はやりにくかった。十二センチ双眼鏡で訓練のようすを見ていた教官が、

「おい、一機がオーバー着水した。対岸にのし上げたぞ。アラ、操縦者が降りて飛行機をこっちに向けてなおしている。また乗った。こっちに帰ってくる」

航空隊はじまっていらいの珍事だったらしいが、その学生は井手君だった。飛行機はどこもこわれていなく、帰着報告すると、教官は腹をかかえて笑っていた。

着水がオーバーになると復行してやりなおすのだが、彼は〈エイ、めんどうなり〉と着水したわけである。以後、彼は学生中の人気者になったが、おなじクラスの中でも、彼は男気を買われてなかなかの人気があったよし。私たちにはユーモラスな人としての印象が残っている。

着任してまもなく私は、豪州カーペンタリア湾の偵察を命じられた。このときが二式大艇を操縦しての作戦突入の本番である。

まずスラバヤを発し、アンボンに飛んだ。昨年の一時をすごしたなつかしい島が見えてきた。やがて波しずかなハロン水上基地に着水した。

指揮所にはなつかしい人の姿が見えた。博多空で教わった教官丹羽大尉だった。兵学校の一号生徒と四号生徒は長兄と末弟の関係があり、なつかしさはいつまでもつづく。九三四空の飛行隊長だった。

このころは司令以下のメンバーも変わり、水戦隊と水偵隊の二個分隊をもっているとのことだった。「よくきた」といって、航空隊のあらましと近況を話してくれた。

川西製の水戦「強風」が、新設された勾配の急なスベリの上で、椰子の林におおわれたせまいエプロンにおいてあったのを、かすかに記憶している。

私は燃料補給をお願いして宿舎に向かったが、大めし食いの二式大艇に満載するまでガソリンを補給するのは、水上機の航空隊では大変なことだったろう。もちろん、うちのクルーには搭乗整備員が二名のっているので安心ではあったが……。

翌日の午後、いよいよ当地を発進する。機首を北に向け、副操坂部雄上飛曹に、内発はゆっくり入れてくれとたのんで、離水操作にうつった。三十二・五トンの過荷重離水だ。

機首はしずかに上がっていき、大したことはなく、しだいに下がって安定した。〈ヨシッ！〉火星エンジンは大きなうなりを立てて回転している。すこしずつ機体が浮き上がってくる。離水。

三度に下げていたフラップを上げる。椰子のしげる陸地の上をかなりの対地高度で通過することができた。名だたる二式大艇の離水だ。指揮所の丹羽教官も、さぞ安心されたことだろう。

やがて機はカーペンタリア湾東部に向け、高度を上げてすすんだ。常用高度は四千メートル、気速は計器指度百五十ノットくらいだったと記憶する。

夜になって湾内に進入し、トーレス海峡を陸岸ぞいに南下、湾の奥にある「カランバ」と記されている付近にとても明るい灯火を見たが、艦船らしきものを見ず、西進、さらに北進、なにも見ぬまま広い広い湾をぬけてアラフラ海にもどってきた。

アンボンに帰着した夜は、歓迎パーティーがあったが、街から帰る途中、B24の空襲があり、車からおりていそいで椰子の木かげに退避する一幕があって、〝アンボンよいとこ〟と書いた一年前とはだいぶようすが変わっていた。翌日、スラバヤに帰着、報告した。

最初の荷過重離水を無難にのりこえ、安心と多少の自信が出てきたようだ。このあと豪州西北部ブルーム飛行場の偵察爆撃行にいちど行ったが、思い出すのは六十キロ爆弾十六発全部を落とすのに、往復二航過したことだった。

偵察員が爆弾投下管制盤なるものを、操縦席の後方の通路にそなえ、右翼と左翼に搭載する爆弾を交互に落としていった。飛行場を一航過したが、爆弾はまだ半分のこっているとのこと。まわれ右の二航過目で全弾投下し終わった。敵の飛行機がいるようすもなかった。

ちかく本隊は西方に転進するとのことで、整備基地となる昭南基地の調査におもむくことになった。ちかい距離なので重量は二十八トンくらいだったと記憶する。

西に向けて、スラバヤ水上基地を離水開始する。機首をグーッと上げる。うねりが入っているようすもない。ついで機首を大きく下げる。当て舵をとるが、きかずに下げる。これはいかん。ついでまたも機首を上げる。当て舵だ。

二、三回くり返すうち、機首の上下がだんだんはげしくなる。あぶない。中止だ。とっさに全エンジンをしぼった。しかし、艇体の上下はとまらない。上げるときは天空高く、下げるときは奈落の底へ。もう少しつづいていたら、艇体が割れるところだったかもしれない。

油断だった。軽いということが頭にあり、どうやら真剣勝負の精神をわすれていたようだ。Uターンをして離水をやりなおし、ぶじ離水した。

シンガポール（昭南）着、ジョホール水道の東に位置する、セレター水上基地へ着水する。はじめての飛行基地はデッドカーム（無風で波のまったくない状況。高度の判定がつきにくく水上機の着水はとくにむずかしい）だったが、一度だけドーンとバウンド（小さな飛躍）したあとは、スムーズに滑走して静止してくれた。

これもはじめてのジャンプ着水の経験で、ヒヤヒヤの連続だった。油断のほかにもう一つ、重心位置の確認ということがある。搭載物件はふつう二、三トンであるが、これをどこの位置におくか。便乗者の多いときは、だいたい翼の付近に集まってもらうのだが。

とにかく全長二十八メートルである（翼長は三十八メートルで九七式より二メートルみじかい。ちなみに、機高は九メートル）。重心位置計算盤というのがのちにできたが、搭載物件もふくめ、機の重心が〝相当翼弦〟の三十パーセントすこし（プラスアルファ）のところにくるように、心して搭載しなければならない。

相当翼弦というのは、空気力学的に算出した翼の縦方向の長さである。和田司令が用務飛行のとき、「出発します」と申告すると、「便乗者は何名、だれだれか」とかならず確認しておられたのを思いだす。

〝空飛ぶ巡洋艦〟という人もいて、離水するまでには、すみからすみまで自分で目を通しておかなければならない。この面でも、スラバヤ～昭南飛行にはぬかりがあったが、反面、大いに勉強になった。

しかし、その後の飛行では、こんなポーポイズを経験することはなかった。

11 大艇一家の台所

公刊戦史に、「昭和十八年九月八日、伊太利の降伏に伴い、わが国は同国を実質的には敵国として扱うという方針を確認した」とある。

この一事は当時、スラバヤにいた私たちにも大きなショックをあたえた。太平洋戦線ではこの四月、山本五十六連合艦隊司令長官が戦死し、多忙をきわめているのに、こんどはこちらも本番になってきたかと身のひきしまる思いだった。

当時、昭南ではイタリアの「エレトリア」という名の小型艦が、現地海軍の監視の眼をくぐって逐電（脱出）したといううわさを耳にした。遠出をしないよう燃料の搭載を制限していたのだが、という話も聞かされた。

必死の海空からの捜索にもかかわらず、数日がたっても確認の情報はなかった。友邦を失うことのさびしさは、前線で戦っている私たちも、一時ではあったがしみじみと味わわされた。この艦の名前はいまもおぼえている。いかにもイタリアらしい優雅な名だった。

マラッカ海峡を昭南の水偵隊で、スンダ海峡を陸攻隊でくまなく捜したそうだが、ついに発見しえなかった。公刊戦史にはつづいて、つぎのように記述されている。

「当時、南西方面にあった伊国軍艦は、昭南からサバンへ向けて航行中の潜水母艦エレトリア号並びに潜水艦アキラ三号（サバン）、アキラ二号（シンガポール）およびアキラ六号（シンガポール）であった。潜水艦は直ちに抑留され、その後、独国からの申し入れによって同国に譲渡されたが、エレトリア号はわが空海からする大規模捜索にもかかわらず、遂に発見し得なかった」

内地では、南西方面は南洋ボケしとると悪口をいっていたそうである。

まもなく私は、シボルガ基地進出を命じられた。その地にはすでに派遣隊がいっており、インド洋方面の哨戒を実施しているよしだった。スラバヤの航空隊本部もついで前進してきた。整備基地を昭南のセレター基地においた。

このシボルガというところはスマトラ島中北部、インド洋に面した内湾で、小さな艦隊なら、らくに入港できるくらいの広さだった。西の方向に狭水道があり、インド洋からのうねりがかなり入ってくる。こうして私たちは、はじめて日本海軍の手で作られた水上基地で作戦することになったのだ。

陸上基地とちがって滑走路をつくる必要はない。係留ブイに飛行機と、燃料補給艇がつないである。発着海面は水道と直角に南北に長い長い水面と、風向によってはたまに水道の方向を使うこともあった。指揮所が水道と反対岸の陸上で、少し出っぱったところにあったと記憶する。

ここでは、整備員の苦労を、いやというほど知らされた。朝から夕方おそくまで、ただ黙々として海上勤務、つまり飛行艇の整備、補給である。

整備分隊長が私のコレス（舞鶴の機関学校を同時に卒業し、東京築地の経理学校卒業生とともに練習艦隊に乗り組んだ同期のこと。コレスポンド〝該当する〟のを略してコレスと称する海軍用語）の渡辺幸蔵大尉ということも、あとで挨拶をかわしたときわかった。なにしろ食堂でいっしょに食事することもまれで、その苦労には頭の下がる思いがした。

また、航空隊をまかなう主計兵も大変だったろうと思う。バラバラの食事にくわえて、ふつう作戦飛行となると、搭乗員十二名分の弁当を四食分つくらなければならない。三機であればその三倍である。

ここで係留中の二式大艇が一機燃えたことがある。日本製の補給艇（木製で、小型のエンジンを装着し、低速で移動しながら搭載ガソリンを飛行艇に補給してまわる）が、燃料給油中にエンジンから火を発したためで、ただちに飛行機に引火、大火災となった。

そして、おりからの西風に流されて陸岸に打ち上げられ、付近の民家二、三軒を焼失した。整備員は海にとび込んでケガ人が出なかったのが幸いだった。

一方、搭乗員としても大変で、指揮所に整列して機長が申告したあと、ぞろぞろ桟橋まで歩いていく。とくに目立つのが操縦員のサブである。分隊長が操縦員のときには副操縦士（サブ）のほかに、もう一人サブがいる。ふつう十五、六時間飛ぶので、交代して操縦せねばならない。この次席サブが石炭箱いっぱいに全員四食分をかついでいく。

公用魔法瓶のほかに、私物の魔法瓶にはコーヒーをたっぷり入れておく。スラバヤや昭南では現地産のマホービンを買ってよろこんでいた。それぞれに自分に必要な器具を携行していくのはもちろんである。

ついで大型ゴム浮船に乗る。小型エンジン装着で、スピードは二、三ノットか。十ないし二十分ほどして自分の飛行機についた。そして艇体左舷後方の入口から一人ずつ乗る（艇にはもう一ヵ所、機首の右側にブイとり用の小さな出口があった）。

点検のあと、エンジン始動。ブイはなせ。暖機試運転約二十分。そして離水。指揮所での整列出発から離水まで、ふつう一時間。戦闘機なら迎撃に飛び上がって、一空戦やってくるくらいの時間だった。

そして飛び立って、帰ってくるのはかならず明くる日。だから、相当さきのさきまで読んでかからないと準備にならない。私もこんな仕事を二年ばかりしている間に、ずっと先を読む習慣がついたように思う。そのときになってこれがいると思っても、敵地まで長い時間飛んできているので、おいそれととりに帰るわけにはいかないのだ。

ここにきて最初に挨拶したのが、一号生徒で飛行隊長の日辻常雄大尉だった。その日辻飛行隊長からは、全般についての説明を受け、そのあと二式大艇の操縦教育をたのむといわれた。

考えてみれば八五一空は、戦線で二式大艇に機種更新してきたわけで、いろいろ講習の機会はあったろうが、私のように順を追って、理想的なスケジュールで操縦訓練を受けた人はいなかったのだ。隊長までが自分をふくめて教育してくれ、といわれる。

私の前任者もここでポーポイズを起こして、大やけどをして入院中、とかの話も軍医長から聞いていた。

こうなっては大いに責任を感じざるをえない。力のかぎりやらねばならない。そこで、さっそく講習会を開いた。横空にいたとき、すでに二式大艇操縦法なる小冊子を書いていたので、これをタネ本に、おしゃべりは例の佐渡情話調でやった。おかげで分隊長の話はよくわかりました、と好評であった。

受講者といっても何十人である。それに老練で、歴戦の士が多い。とくに私が強調したのは、過荷重離水のさいのポーポイズ対策で、エンジンの入れをじょじょにする、だったと思う。佐渡情話は私が兵学校の四年間、日曜ごとにクラブのレコードで練習したやつ〝生涯の友〟である。そのために恩賜の短剣をもらいそこねた――というと、知らぬ人はほんとかと思うだろうが――。

ある日、飛行隊長が二式大艇からおりてきたかと思うと、

「フラップ故障時の着水法をきいてなかったのでとまどった」

といわれた。〈あっ！　話すのをわすれていた〉

「降下速度をプラス十ノットのつもりで降りてくる。水面上を長く水平直線飛行をして下さい。接水したら静かにエンジンをしぼって下さい。なにしろ翼面荷重が大きいので、ノーフラップ時の大きい操作は禁物です。ジャンプしてもかまいません」

と答え、そのあと急いで全員に追加教育したのをおぼえている。これは人から教わったのではなく、自分であみ出した操縦法で、いまでも正しかったと思っている。

後年、ダバオ陸上基地に陸軍の百式司偵が着陸するのを見たが、すこし機首を上げた状態

ですべり込み着陸していたが、海面すれすれに飛んでいけばすぐ下が水なので、少々ジャンプしても大きな事故にはならない。すこし機首を上げた状態で接水すればよい。あまり機首を上げるとあとで転覆するおそれがあるが、その状態になるまでは舵の効きをよくするために、スピードを保っておかなくてはならない。

高性能の飛行機には、口ではいいあらわせない微妙な操縦のコツというのがある。二式大艇を名馬にたとえるならば、これを乗りこなす名騎手が必要で、騎手としての心がまえと、その馬のクセをよくのみ込んでおかねばならない。私にはどうやら、そのクセがわかってきていたような気がした。

この馬は、走り出したら他の馬をぐんぐんぬいてだんぜんトップで走るが、こまったことに発進するときに、ヒヒーンといなないて前足で立つのである。騎手をふるい落として走るのだ。

12　セイロンを捉えよ

シボルガに到着後、旬日を出ずして私はコロンボ偵察を命ぜられた。実施は九月十九日である。さっそく兵要地誌などを研究して、入念に先方の地形を頭に入れ、いろいろ準備にかかった。

敵地到着が翌日の午前零時ないし三時となるので、離水は前日夕方になる。敵地上空についたなら、あまり高度を下げぬようにすること、バケツで砂をぶっかけられるようなものだから……。離水は指揮所ふきんの常用海面を使えなど、こまごまと注意があった。

いつもそうだが、準備ができたら搭乗員は二時間ばかり仮眠をとる。夜どおし飛ぶのだから、これは必要だ。だが機長である私は、二つのことに頭を占領されて眠れるどころではなかった。

一つは、きょうの海面の状況で、どのように離水すればよいか。とくにポーポイズを起こさぬためには、操縦法にとくに追加して注意することはないか。つぎに敵地上空についたら、どんなコースで港の周囲をまわればよいか、などである。

船型識別のためには、七倍双眼鏡のほかに十二センチ双眼鏡もつんでゆく。電探はすでに機首に八木アンテナを装備しているが、コロンボ偵察では、クラスの横山哲ちゃんがさきに九七大艇で未帰還となっているし、それにイギリスの優秀なレーダー網が、はやくから自分の機を捕捉するだろう。

また、モスキート双発戦が襲ってくるかもしれない。高高度、高速の彼は、レーダーに映りにくいように、全木製の新鋭機と聞いている。上空で戦闘機に襲われたら、こんなふうに離脱しよう。敵機のレーダー妨害用の錫箔《すずはく》（三センチ幅、長さ一メートルの厚紙に錫箔が貼ってあり、レーダーによく反射して映る）で欺瞞《ぎまん》しよう。

あの手でいかぬならこの手でと、三段がまえの戦法でいこう、三段目でだめならあきらめよう。レーダーに飛行機が映るのなら、山の中に逃げ込んだら混乱するかもしれぬ、最後はこの手だ。いよいよ敵機から脱出というときは、錫箔をどんどんまかせる、まくのは尾部銃座の射手。これはブザーで合図する。まいたら急角度変針だ。

こんなことを考えていたら、とうてい寝られるわけがない。頭のなかはすでに敵地に先行している。つまりポーポイズと敵戦闘機との空中戦という二つの山を越さねばならぬ。刀の刃渡りを二度やってのける感じだ。ちょっとでも油断したら、一巻の終わりである。

いよいよ出発の時刻になった。

暖機試運転も終わり、さあ離水というとき、海面を見やるとかすかながらうねっている。とっさにまわれ右をする。風は弱い。いま機がエンジンテストのため、四発を全開して滑走してきた距離は六、七百メートル。よし、このコースでゆこう。五、六百メートル走れば艇体は浮くだろう。リーフがあっても飛び越せるだろう。

離水！　ブーブーブーとブザーをおす。「フラップよし」と坂部君が知らせてくる。下げ三度だ。機首が異常にもち上がらぬよう、かなり操縦桿を押さえている。エンジン全開。まもなくハンプを起こし姿勢安定。スムーズに水を切った。

機速をたしかめながら、じょじょに機首を上げていった。ポーポイズは起こさなかった。西向けに離水したので、そのままコースに乗った。

あとで聞いた話だが、指揮所では佐々木大尉の機が見えなくなったぞと、すこしさわがれたそうだが、整備員が、

「とっくに、西の空に消えてゆきました」

と報告してくれ、ほっとしたということだった。

〈いまだ！　ここだ！〉――というチャンスをのがしてはならぬ。

かくして午後七時三十分、ぶじシボルガを発進した（注＝日本時間使用。これによるとシボルガの日没は午後八時二十二分、コロンボの日出は午前九時三十分。シボルガ～コロンボ間の距離は洋上迂回で一千二百カイリ）。

シボルガを発進してまもなく日没となり、それ以後、乱雲の下を雨と悪気流になやまされながら、セイロン島南端に向けて飛行し、かなり手前から敵のレーダー網の下をくぐるつもりで、高度を百～二百メートルていどに下げた。

雲下の乱気流中の飛行のため、偵察員は天測ができず、推測航法（航法目標灯による偏流測定）も意にまかせず、予定時刻になってもセイロン島が見えない。さらに約一時間すすんだが、陸岸らしきものは見えない。

ようやく不安になってきた。偵察員は井手大尉がとくに選んだ、若い将来性のある一飛曹だった。錬成のため、「主偵察員として連れていって下さい」とのことだったが……。

セイロン島の南方海上を行きすぎてしまったのか、あるいは南西風のモンスーンに流されて、ベンガル湾の奥に来ているのか？　ぐずぐずしていると、夜間戦闘機と一戦交えることになるかもしれない。

このとき、すーっと頭をかすめるものがあった。電探でなんとか位置確認の方法はないものか。わが方の機上電探も、陸地や島にたいして距離が測れるていどの性能はあった。電探

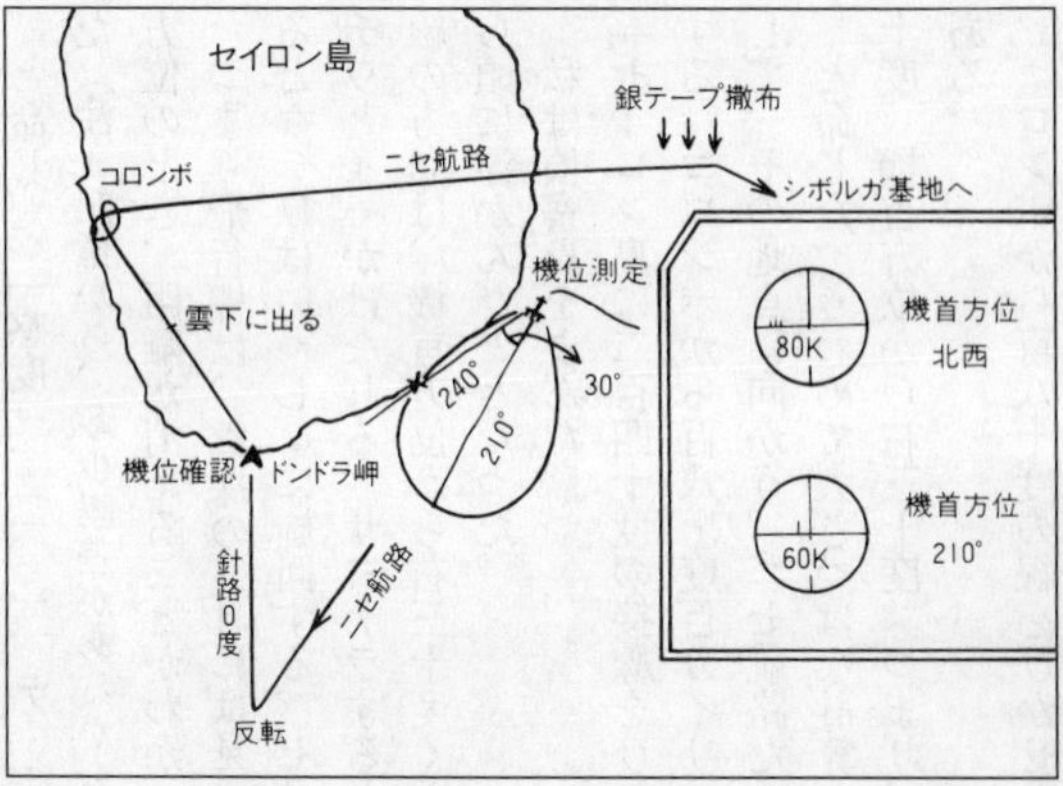

員は横空特練出身の瀬尾上飛曹だ。

私は機首を北西に向け、電探測距を命じた。「セイロン島百十キロ」という報告が返ってきた。セイロン島の南東海面で、距岸百十キロの地点にいることはたしかだ。ずいぶん向かい風が強かったらしいが。しかし、どこの海岸からかはまだわからない。このまますすめば二十分から三十分の間に到着する。その間にも、機はさらに接近する。

この電探の受信機は直径十五センチほどのブラウン管上に、対象物までの距離を表わすようになっている。青白い細いスジが立ったり、消えたりするやつである。その下の目盛りを見て、距離を判定する。よほどの練度がないと、正確に測定することはむずかしい。

また、頭にひらめいたものがあった。指向性曲線の形だ。須藤大尉から横空で教わった、図表に描いてもらったナスより大きく、ウチワにちかい図だ。これを思い出したのだ。ただちに、

「左旋回する。距離指標が消えたとき報告せよ！」

と命じた。「感度三、二、一、テー！」と報告を受けたときの機首方位は、二百十度だった（注＝記憶から、多少誤差があるかもしれない）。一、二回やってみたが、だいたいおなじ方位のとき、距離が消えることがわかった。

つまり飛行機は、電探の（目には見えぬが）大きなウチワを前につき出しており、旋回するとウチワはいっしょに旋回する。セイロン島は大きなイモのような形をしているから、ウチワとイモがはなれる、サヨナラするときに測距ができなくなるのだ、はなれるときの測距線の方向は、機首方位から右三十度くらいかな、すると距離は六十キロ。これは操縦しながら頭に浮かんだことだった。

私は偵察員をよんだ。

「セイロン島に二百四十度の接線をひけ。接点から六十キロ手前の地点が現在の位置と推定する。コロンボから百八十度百カイリの地点に向けコースをひけ。機はいったん現地を離脱して、その地点に向かう。ニセ航路だ」

と命じた。きわめて大ざっぱな計算だが、ウチワがイモから離れたときの機首方位は二百十度。機首方位から右三十度。つまり、210°＋30°＝240°が測距線の方向と判断したわけである。

コロンボから百八十度の線をひかせたのは、反転して進入するときの針路は零度になるからだ。アンボンで豪雨に突入、脱出するとき針路を零度にした要領だ。非常の場合には、わかりやすい数値が仕事をしやすくする。

とっさの決心であり、はたして推定した位置が正しいかどうか、自信はなかった。天候は相変わらずわるいし、基地を出てすでに十時間ばかり経過している。ニセの航路から反転して針路零度で、本機はセイロン島南端に向けて増速しながら接近していった。

13　エミリー嬢の初手柄

やがて雲の切れ間から、灯台の光らしきものが点滅するのが見えてきた。秒時計でその間隔をはかると、まさしく海図にしめされたドンドラ岬灯台だ！　電探のウチワで見当をつけた、あのときの機首は正しかったわけである。

午前六時すぎ、降下にうつる。高度七百メートルで雲下に出た。目の前は一面の灯の海である。人口百五十万のコロンボの街であろう。港はすぐ見つかった。

港を中心に大きく一旋回する。十二センチ双眼鏡で在泊艦船を見る。無灯火で細長く横たわっているのは単艦、灯火をつけているのは商船または輸送船と判断した。

艦型識別はなれていないと、上空からではドンピシャリとはいかない。艦の長さ、大きさと装備のもようで判断する。重巡一、軽巡二、駆逐艦その他で、空母も戦艦もいない。

思いおこせば三年前、戦艦「陸奥」で夜間演習を何回となく経験し、そのつど艦橋から対手側の艦を見ていたことが役に立った。

また、携行した軍令部発行の機密地図には、高射砲陣地と記入されたところがあったが、

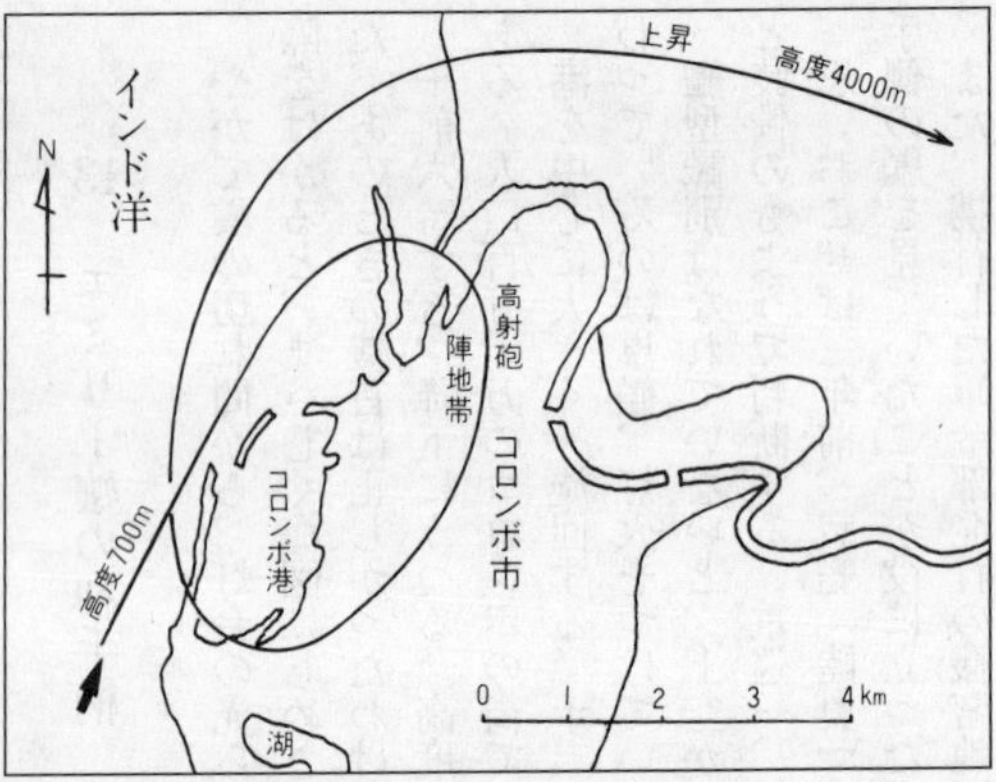

小まわりのきかない四発機のこと、あれよあれよと思う間にその真上に出てしまった。とたんにドカン、ドカンという音がしはじめた。

〈撃ってきたか〉とひょっと上を見ると、スロットルレバーをほぼ全開ちかくにしていたのに、ミクスチャレバーを出すのをわすれていた。海軍では、「発火進角装置」と称する四本のレバーだ。やはりうろたえていたのだろう。ただちにこれを操作して、ドカンドカンはなりやんだ。筒《とう》外爆発を起こしていたのだ。

セイロン島を横断中、私は、

「後方の見張りをしっかりたのむ」

とクルーに命じ、高度四千メートルで東海岸に出た。

私は昨年、バンダ海でハドソン爆撃機にバリバリ撃たれた苦い経験があるので、針路をアンダマンに向けて海岸線をはなれると、エンジン全開で降下をはじめ、錫テープを束《たば》にして投下し、その直後にシボルガ方向へ変針した。

このあたりまでくるころ、どうも私には迎撃機が追っかけてきているような気がしてならなかった。錫テープは「イタチの一つ屁」のつもりだ。

この塊を敵の夜戦がレーダースコープ上にみつけ、「エミリー嬢め」（米軍呼称名）とばかり撃ち込んできても、「彼女はお尻をふりふりあさっての方へ遁走しているよ」――そんな姿を想像しながら、一目散にシボルガへと速度をあげた。

午後一時四十分、シボルガ帰着、飛行十八時間十分だった。

戦後、私はB29の基地サイパンへ夜間爆撃にいった陸軍重爆隊指揮官から話をきいたが、硫黄島を発し敵飛行場に進入し、花火のように打ち上げてくる対空砲火のなかを、エプロンにならんだ敵機群に投弾してぶじ帰還したのであるが、その彼が話したことが忘れられない。

「こちらが銃爆撃している間は、そう感じなかったが、終わって帰るときになると、急にこわくなった。自分を勇者にしてくれたのは、あくまで任務だったが、これが終わると、とたんに人間に還る」

あまり知られていないが、陸軍の決死隊のエピソードである。この「終わると人間に還る」という言葉は、私は今回をふくめてその後、いくどとなく経験した。

また、むずかしい幾何学的解析がとっさに頭にうかび、結果的には正解だったらしく、頭に描いたとおりの結果になったが、その後もあれが正しかったか偶然だったか、確信はなかった。もし試験問題として出されても、たぶん正解は出せなかっただろう。

戦後、自衛隊の空幹校（注＝陸大、海大に相当する）の研究部員をしているとき、ＯＡの教官にこの件についてたずねたところ、「文句なくすばらしいＯＡ（作戦解析、オペレーション・アナリシス）です」といわれ、やっぱり正解だったのか、とやっと納得したしだいだ。

それにしても人間は、死に直面すると自分でもびっくりするほどの知恵がでるものだ、ということを体験したわけである。

電探も飛行艇の大きな胴体が、幸いにして整備がしやすく、電探員もとても熱心に整備訓練をしてきてくれたたまものであろう。他の機種では、片発故障して速度が落ちると、機体を浮かせるためまっさきに電探をすてていたときく。おそまつな兵器でも、愛情をもって整備すればかならず役に立つ。電探はこの後もずっと活用したものである。オートパイロットとともに（オートパイロットは疲労軽減のためのもの）――。

シボルガに帰着して、司令に報告すると、飛行隊長が、『奇襲偵察に成功し……』と報告電文を起案しているのを見て、〈ははあ、これは奇襲偵察になるのか〉と思い、同時に指示に反し、西向けに離水したことをわびた。

公刊戦史には、つぎのように記述されている。

「九月十九日夕刻、八五一空二式大艇一機はシボルガ基地発進、翌二十日早朝コロンボ港内在泊艦船を偵察、港内に大巡一、軽巡二～三、駆逐艦五、輸送船大型八、同中小型多数を確認して午後帰着した」

スラバヤにおもむき、南西方面艦隊司令部に報告にいった。私が、

「ちょうど朝がけの夜這《ば》いのようなかっこうになりました」

というと、参謀長が、

「君は、よう夜這いのことを勉強していたな」

と、笑いながら満足そうだった。海軍ではエライ人の前でも決して遠慮することはなく、しかられることもなかったのだ、ありのままを話すことができた。もちろん誇張することもなく、である。

コロンボ偵察は、二十六歳、海軍大尉の私の青春の一日でもあり、十一名のクルーにとってもわすれることのできない、いや生涯をつうじて大きく脳裏にきざみ込まれた記念碑であろう。二式大艇よ、よく飛んでくれた。ありがとう。

14　大艇三機西へ！

このころ、私たちはアンダマン進出を命じられ、マレー半島から約二百カイリ西方海上に横たわる、細長いアンダマン列島の南アンダマン諸島のポートブレアに進出することになった。

水上基地は、港から狭水道をへて西へすすむと、南北に細長い水面があり、これが主滑走水面で、さらに奥には東西方向のみじかい滑走面があり、外洋から遠いため基地内にはうねりは入ってこなかった。

本部と宿舎は小高い丘の上にあり、水面には九七大艇、二式大艇が係留され、相変わらず整備員が真っ黒になって黙々と働いていた。

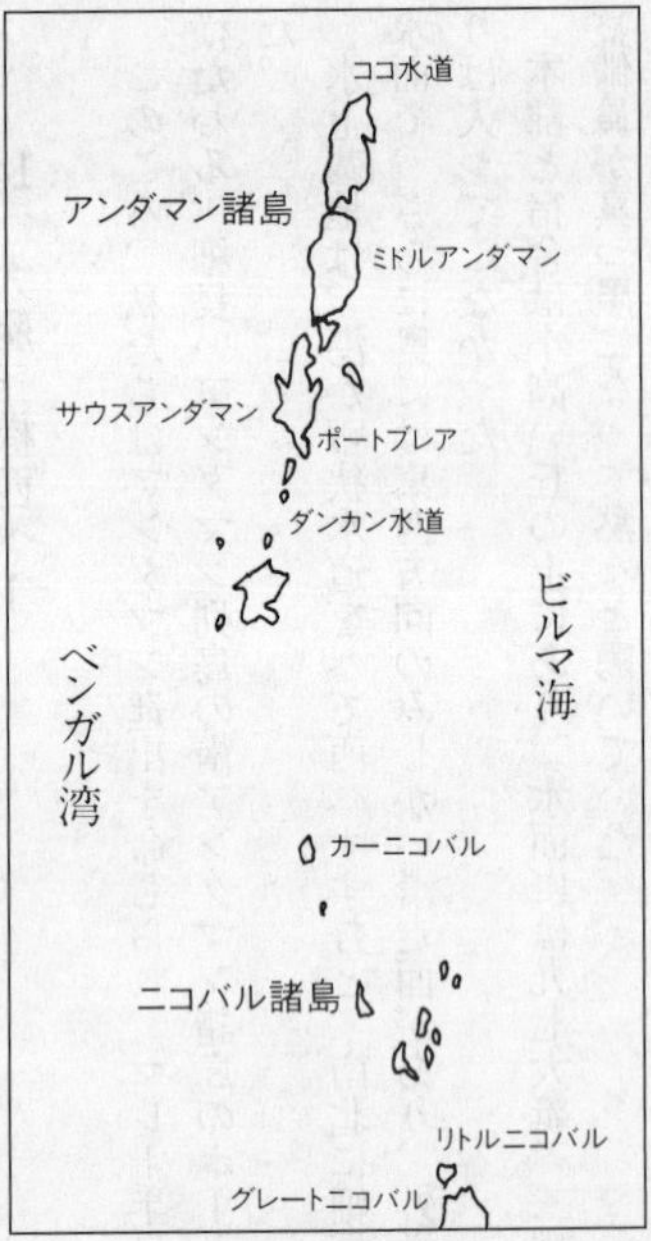

整備長の伊東少佐が港の町を案内してくれた。監獄があった。港の正面にロス島というのがあり、警備隊がいるということだ。水交社も見学したが、二階建てのこの建物は、かたい南洋材でできており、とても丈夫そうである。

だいたいイギリスの植民地にはみな海軍の根拠地があり、それはきまって小さい島に所在する。対岸のペナン、シンガポール、アモイなどみなそうである。いずれも海軍力で支配地を押さえつけるためであろう。陸上だとこれにたいする防備に、多くの兵力を要するからだ。

それにしても、さすがにイギリスの統治した島で、丘陵地帯にある宿舎も上等で、まわりには芝が張ってあり、ムード満点。本部は海軍建設部の手になる二階建てのりっぱなものだった。

数キロはなれたところに、陸上基地が完成したというので見学に行った。はじめて見る天山艦攻が試運転していた。滑走路が斜面になっており、九六式輸送機が発着できるということだった。

このポートブレア基地では連日、哨戒索敵、任務飛行、操訓、爆撃訓練がつづいた。操縦訓練はとくに夜間離着水訓練を行なった。

航法目標灯を離水のさいは前方に数個まいて、人口水平線をつくる。暗夜にはこれを目標にして離水する。

だが、着水となるとむずかしい。

降下中の姿勢からペラのピッチを上げ、すこしパワーを出しながら機首を上げてくる。ピッチ角（機首角度）はアップ四度だったと記憶する。フラップは半開（下げ八度）で、気速と降下率をセットしながら、しずかに降下してくる。機首上げの姿勢でおりてくるので、いつ接水してもよい。ドーンとおしりにきたところで、しずかにエンジンをしぼる。

二式の場合は降下中にこの姿勢をとるのが大変むずかしい。翼面荷重の大きい飛行機の特性で、沈みが大きいからだ。

爆撃訓練をすると、魚が一面に浮いて腹を見せる。隊員がこれをひろいに標的ふきんに集まってくる。あぶないことおびただしい。

ときには、爆弾を落とす前から多くの小舟がすこしずつせり出してくる。そこで私は、魚とりは訓練終了後三十分してから、と意見をのべたくらいであった。

敵地への偵察は月に一回、二、三機をもって満月のころをえらんで行なわれていた。月明を利用して在泊船を確認するためである。それも真夜中に敵地に到着するため、これに合わせて出発時間がきまる。さきに行ったコロンボ偵察も、結果は時間がずれたものの、だいたいこの線で計画されたものだった。

それに大きな計画は、飛行隊長以上の上司がきめて示達されるが、単機のそれぞれの細部行動は、自分たちで研究してきめねばならない。

二十八航空戦隊からの命令によるコロンボ、ツリンコマリーへの二式大艇による偵察は、とりあえず私のクルーによってこの九月中旬にコロンボ偵察で実施されたわけだが、その後、基地移動、操縦者の養成、機材の内地からの空輸などで、つぎの実施は十一月になった。このころには数組の〝特A級〟操縦者が顔をそろえるようになっていた。

十一月十一日、いよいよ二式大艇三機によるマドラス、ツリンコマリー、コロンボの偵察に出発することになった。マドラスへは水倉（特務）中尉、ツリンコマリー軍港へは私、コロンボへは井手大尉である。

水倉中尉は、以前は潜水艦搭載機の操縦者だったらしいが、しだいに大型機へとかわり、技量優秀、人物温厚で、下士官から昇任してきたなかでもトップクラスの操縦者ときいていたし、九七大艇を主力としていたころの八五一空の第一人者の操縦者であった。たしか二分隊に属していたと思う。

夕方、本部の宿舎でくつろいでいる私の耳に、寥々たる尺八の音がきこえてくる。人それぞれに〝その他の特技〟を持っているものだが、人の心をそそるような音色にしばしきき入っていたが、「いま尺八をふいていたのはだれか」

とたずねると、

「水倉中尉です」

と従兵が教えてくれた。

その水倉中尉（のち大尉）も昭和二十年、横空で私の分隊にいるとき、川西から横須賀への空輸中、米機動部隊の艦載機により不運にも撃墜され、戦死をしている。

さて、その日の夕刻、三機はつぎつぎと水上滑走をはじめ、風向きに立つため外港の方に向かった。わずかにうねりが入ってくる。

おりからの西の空は、夕日がじつにきれいだった。水倉機、井手機はそれぞれにみごとに水を切った。やはりほっとする一瞬である。さて、今度は自分の番だ。

ブレアからツリンコマリーまでは、比較的に距離はみじかい。それに気象条件もよい。敵のレーダーはおよそ二百カイリくらいをカバーしていると思えた。そこですこし手前からぐーんと高度を百メートルくらいに下げる。高度計に誤差があったら底をこするかもしれない。とにかくレーダー網の下をくぐらなければ見つかってしまうのだ。

この間にも、敵地上空についてからの進入法、軍港内の偵察法、敵戦闘機との格闘法、電探の欺瞞法などを頭の中でおさらいしながら接近していった。

このころには、私も三段がまえの兵法を考えていた。宮本武蔵は立ち合いには、つねに兵法を考えていたそうだが、なにも武蔵にかぎらない。敵にたいするときにはだれでも考えるものだ。

第一の道は超低高度で進入し、目的地直前で急上昇して、港の真上を飛んで敵の艦船をたしかめる。

状況がゆるせば二航過し、もし敵の夜戦がちかづけば、逆に陸地山岳地帯に逃げ込む。レーダーは機影も映すだろうが、山も映すだろう。これが第二の策。状況がわるければ追っかけてくるだろうが、その前に敵のレーダー欺瞞用に錫テープをまく。

第三の策は、敵夜戦との空中戦である。そのときは、操縦は若い人たちにまかせ、自分は天井から上方にヘルメット状に突出している天測窓から、四周をながめつつ射撃指揮をしよう。空中戦における機の誘導はきわめて重要なことである。これはすでにバンダ海での格闘戦で経験ずみだ。この第三の策でだめなら、あきらめるほかない。

相変わらず天気はよい。お月さんがじつにきれいだ。こんなときは、敵さんも飛びやすかろう。

15　眼下の敵機動部隊

いよいよセイロン島だ。全速！　急上昇！　すぐに二千メートルの高度にたっした。いままでのところ発見されていないのか、お迎えはまだこない。全員とも極度に緊張しているようすだ。ここで私は指揮官席にうつった。

やがて七倍の双眼鏡にツリンコマリー軍港が見えてくる。灯火は一つも見えない。厳重な灯火管制中なのだろう。さらに十二センチ双眼鏡を用意する。港がすぐ下に見えてきた。右旋回、全速！　港内が左舷にうつった。

月明でおぼろげながら艦影が見える。十二センチ双眼鏡は偵察員が二つのげんこつを窓においてくれたのでこれにのせて見るのだが、このときは機体の振動が伝わって、映像がふるえる。はずしたゴムひもでつるしなおす間もない。

やむなく、七倍の双眼鏡に持ちかえた。おやっと思った。灯火管制中で灯火はまったく見えないが、相当に大きな艦がいる。前半分が黒いが、後半分がうすぼんやり白い。天幕かなと思ったがちがう。艦載機だ！　その数二十ないし三十か？　空母だ。ぴんときた。ほかにそれらしきものはいないか。空母はこれ一隻だ。ほかの艦も見ておいてくれ、と偵察員にたのんで、私はもっぱら母艦さがしに没頭する。

ついに機は軍港の北端をすぎた。

「分隊長、こんな艦がおりました！」

と偵察員が報告してくれる。これでおよその偵察はできた。敵の反攻勢力は機動部隊が中心だ。ほかの艦はきてもこわくはない。

南西方面艦隊がもっとも知りたがっていたＫＤＢ（機動部隊）情報の一つがえられた。〈これでよし〉と思った瞬間、われに返った。いや、「人間に還った」のだ。長居は無用。右旋回で降下するや全速で突っぱしる。

尾部には、錫箔テープがたくさん用意されている。ブーブーブーとブザーを押す。尾部の射手がまってましたとばかりバラまく。何回も何回もありったけをブンまいた。いかにも「私はここよ」といわんばかりに——。

目には見えないがモスキートが、そのあたりまで追っかけてきているような気がする。五分も飛んだろうか。右急旋回！　四十五度右へ機体をひねらせる。

敵のモスキート双発夜戦が、こちらのまいたロープ（錫テープのこと）を「エミリー嬢」と思い込み、追っかけてきているさまを想像しながら、できることならこないでほしいと念じつつ、現場を離脱した。

参考までに、二式大艇の全速は公式記録によれば高度五千メートルで二百四十五ノット、低空ならもうすこしスピードがおちる。モスキートの全速は知らないが、スピットファイアが高度五千九百メートルで三百十八ノットであるから、双発機になるとガタっと落ちて二百八十から二百九十ノットくらいだったのではないか（わが方の夜戦月光が五千八百メートルで二百七十四ノット）。

三十から四十ノットの差では全速で追っかけてきても、すぐには追いつけまい。こんな計算をおぼろげながら頭に描いて、なおも注意ぶかく四周、とくに後方に目をくばりながら離脱した。まずは第一の策で、およそ目的をはたしたようだ。

ぶじポートブレアに帰着すると、まもなくマドラス行きの機が帰ってきた。コロンボに行った井手機から、『われ空戦中』の入電があり、まだ帰らぬとのこと。心配しつつしばらく待ったが、ついに帰らなかった。

公刊戦史には、つぎのようにのべられている。

「ベンガル湾、セイロン方面索敵。十一月十一日、八五一空大艇一機はポートブレア発マドラス偵察に向い、十二日〇三〇〇ごろ目的地付近に達したが、天候不良のためマドラス港を視認できず、捜索中に敵夜戦の攻撃を受け、目的を達せず一〇〇〇帰着した。被弾三発であった。

おなじく大艇一機は十一日夜ポートブレア発進、十二日〇二五五ツリンコマリー上空着、大型空母一隻、戦艦一隻、巡洋艦二隻、駆逐艦二隻、潜水艦三隻以上の在泊を認めた。この間、対空砲火を受けたが被害はなく〇九〇〇帰着した。避退時に錫箔を投下して、敵レーダーの探知を欺瞞した（筆者注＝対空砲火とは気がつかなかった。他の偵察員が見たのか。戦艦以下の艦型については明瞭な記憶がない。偵察員が見たところを綜合して報告したものと思う。私はもっぱら空母を視認していた。あとは〝最後っぺ〟をかませることばっかり考えていた）。

おなじく大艇一機は十一日夜ポートブレア発進、コロンボ上空に向かい、十二日〇三四〇ころ同地上空に達した模様であるが『敵飛行機見ゆ』の発信後、消息を絶った。これにより分隊長井手敏大尉以下十一名が未帰還となった。敵夜間戦闘機の整備により、要地偵察は夜間も逐次困難となりつつあった」

この名物男、井手大尉の未帰還はショックだった。クラスがちがうとはいえ、鹿島の飛行学生ではいっしょで、またスラバヤいらいの相棒で、ともに戦ってきた戦友が欠けたとなると、精神的にちょっと心細さをおぼえるものである。彼の顔がいまでも目に浮かぶ。

後任には難波正忠大尉（六十九期）が発令されたが、私がこのあと出発したため、しばらく会うことはなかった。

ポートブレアからベンガル湾に哨戒に出たわが隊の大艇一機が、低空飛行中に敵Ｂ24一機とハチ合わせになり、双方ともおどろいて避け、すれちがったことがある。米満《よねみつ》飛曹長が機長で、彼がお国言葉でその状態を話してくれたのが、印象的であった。

「目の前に大きな四発機が急に現われ、アタクシャアびっくりしました。あぶねえこつで、ぶち当たろうとしますので、大きくバンクして避けました。向こうもビックリしたごたるふうで、これまた大きなバンクとってやっとかわしました。ほんなこてビックリしたですバイ」

これで敵機もわが電探を警戒して、低高度で飛んでいることがわかった。

このころから搭乗員の間では、「二分隊長の飛行機に乗って行けば、けっして死なぬ」というジンクスみたいなものがささやかれていたそうだ。「とにかくベストメンバーだから」ということだったらしい。

これらの話はずっと後できいたのだが、私も内心では自負していた。どの戦いでも、これはという作戦任務には、「自分が行きます」とせせり出た。私は出身からいっても、戦場体験（戦場には独特の雰囲気がある）からいっても、充分に戦える状態にあった。

また、クルーも偵、電、整ともまず一流をそろえてもらっている。いや、いくどか死線をくぐっている間に、急速に練度を上げてきている。とにかく、いまふり返ってみても、思い残すことのない熱戦の半年、いや一年だった。

敵機動部隊の来襲については、公刊戦史につぎのように記述されている。

「一方、西方においても東方における攻勢に呼応して英機動部隊が来襲した。すなわち四月十九日（筆者注＝十九年）サバン、コタラジャ、五月十七日にはスラバヤ、六月二十一日ポートブレア、七月二十五日にサバンを空襲し、なお機動を続けていた。またビルマ方面ではインパール作戦が行なわれていたが、戦況は思わしくなく、七月初旬、南方軍はその中止を下令した」

16　潜水艦会合作戦

公刊戦史によると、

「十八年十月上旬、インド西岸コチンには軍艦、輸送船合計約三十隻集結中と判断され、また情報によれば十一月来、敵主力艦七隻、巡洋艦十五隻その他五十六隻がコロンボに集結、フィリピン攻撃に使用する目的をもってニューギニア、ニュージーランドその他太平洋諸島の土着民約五千に特殊訓練中ということであった。

南西方面指揮官は十一月中旬、八五一空大艇をもってセイロン島偵察を行なわしめたが、既述のとおりコロンボに向かった一機は空戦後未帰還、マドラスに向かった一機のみ辛うじて空母一、戦艦一、巡洋艦三隻、その他の在泊を認めて帰還した。

敵情の確認に苦慮していた南西方面艦隊司令部は当時大本営特命により、『よ』輸送のため（元インド要人をインドに潜入させ、内部攪乱をやらせるもの）一時同艦隊に編入されることになった。『イ二六潜』がインド洋、アラビア海に行動することになったので、洋上燃料補給装置をもつ同潜水艦から八五一空大艇に燃料を補給し、コチンを偵察させることを計画した。（注＝田口太郎大佐戦後の回想。南西方面艦隊兼第十三航空艦隊参謀）

この命令を受けた八五一空では、むしろインド大陸を横断してポートブレア〜コチンの直距離飛行を行なったほうがよいという意見も強かった。これはこの方面の環礁が、ハワイ夜間空襲に使用したフレンチフリゲート礁と異なり、隙き間が多く長濤《ちょうとう》がはいり、着水もさることながら、離水性能の悪い二式大艇では成功の算が少ないとみられたからであった。結局、気象通報をよくやることで、この案が実施されることになった」

この命令を受けとったのは、たしかシボルガ本部にいたときだったように記憶する。コチンという港があることなど聞くのもはじめてだし、隊内でも激論がかわされていた。なかでも飛行長の池上力少佐は高等商船学校出身で、航海術にかけては一般の海軍士官よりずっとうえの専門知識を持っていたが、海図を一目みて、

「こりゃダメだ」

という。もともと協同作戦には反対論者で、どのみち成功の算がないのなら、陸地横断強行の方がまだいくらか公算がある、というのが主旨だった。

私自身も敵のレーダー網をかいくぐって、夜戦のまちかまえるなかを往復することはむり

だと思った。これまでの自分の経験、井手大尉の戦死の教訓からもそう思えた。

　さすがの和田司令がたいそう苦慮しているようだ。いまはまったく意見をいう人もいない。だが、このままではすまされない。そこで私は思いきって口をきった。

「司令、私が行きます！」

　どちらにしても生還の算は少ない。まずは生きて帰ることは考えられないだろう。

　潜水艦から燃料補給を受けようとするマルダイブ諸島は、インドの向こう側である。そして海図上にあるその環礁は、点々とつらなった一見して大きな環礁に見えるが（幅が十カイリちかくある）、実際のリーフをプロット（点で結ぶ）したものか、それとも島と島を人為的に結んだもの（注＝架空のもの）かさえわからぬしろものである。

　だが、西側の列に小さな環がある。この中ならどうだろうか。

　十二月はじめと思われるころ私は、ペナンに出頭して当の潜水艦と打ち合わせすることになった。ペナン島とマレー半島間にせまい水道があり、ここに着水係留し、第八潜水戦隊司令部に出頭し、伊二六潜水艦長日下《くさか》敏夫中佐にお目にかかった。そばには八潜戦司令官が心配そうに打ち合わせを見ておられた。

　ここで私は二式大艇の離水の特性を強調し、うねりの少ないところをえらびたいと希望を申しのべたように記憶している。ついで、どの場所にするか具体的な協議に入ったが、

「この付近は海図が不正確で、環礁の中に入るわけにはゆかぬ」

　という潜水艦側の意見にたいし、私はそくざに答えた。

「けっこうです。潜水艦の進入できるところで補給を受けましょう」

この一言はいまでも明瞭におぼえている。

先方は乗員が八十名くらいいると聞いているし、いわば虎の子潜水艦といえよう。一方、こちらは十一名のクルーだが、もし失敗してもすぐちかくに潜水艦がいるのだから、万が一のときは救助してもらえばよい。

飛行機は毎月、内地から空輸補充しているので、クルーさえぶじでいれば、あとはいくらでもはたらくことができる——そんな心境だった。

会合予定地点はすぐにきまった。人間、命をすててかかれば、なにごともこわくない。そこには南西方面艦隊からも立ち合いにみえていたようである。

打ち合わせが終わって、メンバー全員で海面の状況を視察してもらった。理由はポーポイズ特性を説明して理解させるためだ。見ればすこしうねりが入っている。私は一行に、

「過荷重離水するには、このくらいが限度です」

といった。これにはみなおどろいたような顔をしている。

「波高は五十センチくらいだよ」

船乗りと飛行機乗りとでは、これほど話が合わない。問題はうねりなのだ。私は、

「現地の天候を事前に知らせて下さい」

と申し出て諒承された。ときあたかもインド洋モンスーンのさなかなのだ。

シボルガに帰った私は、さっそく飛行計画を立てた。インド本土、セイロン島のレーダー

覆域《ふくいき》と思われるところをはずし、大きく南に迂回し、海図で見るマルダイブ諸島の点線の東側の、島らしき形をしたところに線をひいた。それから西進し、会合地点へ——。

そのあと髪をすこし切って封筒に入れ、ひきだしにしまった。遺骨は残らぬはずであり、なにか形見になるものがないと、遺族もさびしがるだろうと思ったからだ。

「司令！　もし潜水艦がいなかったら、とっかかりの島へと引き返し、この島でがんばりますから、潜水戦隊へ救出方をたのんで下さい。糧食は二週間分くらいつんで行きますから……」

と申し出ると、「よし、わかった」といって、司令自身からも餞別をいただいた。ビスケットの入った小箱だった。かねて堀田技師からたのまれた夜間撮影の機材も準備した。

アンダマンへ進出し、いよいよ発進当日になった。

〽雨だれ落つるが三途《さんず》の川。そよと吹く風無情の風。これが永の別れになろうとは……。

広沢虎造師の浪曲・森の石松のくだりも、私のレパートリーの一つだった。

公式記録によると、つぎのように記述されている。

「『伊二六』潜は十二月八日ペナンを出港、予定会合点に向かった。十六日同潜から『予定地着、天候良好』の入電があったので、佐々木孝輔大尉指揮の二式大艇一機が〇九〇〇ころポートブレア発、セイロン島南方洋上を迂回し、約一千四百カイリの飛行後、一七〇〇ころ会合地点であるマルダイブ諸島ミラズム環礁上空に達した。しかしこのころから海面には白波が立ち、天候も次第に悪くなった」

とにかく、ずいぶん長く飛んだものである。コチン上空到着から逆算して、補給開始時刻を打ち合わせしていたわけで、日没にかなり間のある時点で離水できれば、と一応は考えていたのだ。

セイロン島をはるかに迂回し、島一つ見えない洋上を八時間ばかり飛んだことになる。目前に小さな島が見えてきた。予定していた最初の島だ。中島飛曹長以下の偵察員メンバーが、天測を主とした推測航法でここまで誘導してくれたわけだ。あらためてこの人たちの技量に感服したしだいである。

17　沈みゆく飛行艇

どうやら、この島には名前がついていないようだ。〝翼よあれがパリの灯だ〟と、調子にのったリンドバーグのようにはいかないのがつらいところだ。

しかし、いまでもはっきりとおぼえている。やや丸みをおびたみどりの島で、真ん中に十字のアスファルトらしき道が見える。赤い屋根、クリーム色の壁の家が二、三軒ちらほら見える。無線柱みたいなものもあったようだ。「最悪のときはこの島で二週間ばかりがんばります」と和田司令にいいのこしてきたのを思いおこす。島の直径は百五十から二百メートルくらいだったか？

やや右に針路をかえ、予定会合地点へ向かう。海はかなり荒れている。七、八分も飛んだろうか。航海図にある会合地点についに到着した。

いない。かんじんの潜水艦がいないのである。捜せ！

機はおきまりの矩形《くけい》捜索に入る。矩形の輪をひろげながら、すこしずつ予定点から遠ざかってゆく。高度を五百メートルくらいに下げた。二十二の瞳が目を皿のようにして周囲を見張る。

突然、左前下方に煙がみえた。潜水艦だ。それもすぐ下にいる。

あとで潜水艦側の話をきくと、飛行機はぐるぐる旋回していて、さっぱり降りてくるようすがないので、主機械の排煙を出したのだということだった。

とにかく下から上はよく見えるが、上から下は見えにくい。こんな大きな潜水艦（二千六百トンときいていた）だが、荒波の海面ではまるで見えないのだ。

私はただちに着水のブザーをならした。みな私の顔を見つめている。ここで私は、「分隊長が日本一の着水をしてみせる。見ておれ！」ときっぱりといいきって、どんどんと高度を下げた。「フラップおろせ」「フラップよし」――いよいよ海面がせまってくる。ドーンと大きな大きなジャンプ、ついで二回、三回とくる。こんな大きなジャンプなどしたことがない。

そのうちにやっと行き脚がとまった。どうやら転覆はしないですんだようだ。エンジンを切ったり、入れたりしながら潜水艦に近づいていく。向こうからは、飛行艇の係留索（ロープに一尺切りくらいの木丸太を結んであり自然に浮くようになっている）を流してくれた。

なかなか要領がよい。それになれた手つきだ。

「係留索とりました！」

という偵察員の報告でエンジンをスイッチ・オフ。艦尾から十数メートルのところに飛行艇がつながれているわけだ。現代風にいえばドッキングに成功。とたんに潜水艦側からひとり海中に飛び込んだ。索が推進器にからんだらしい。

それも一時間余りでとりのぞき作業は終わった。この間に、ホースがこちらに渡され、燃料も満タンちかくになった。これらはすべて搭乗整備員の仕事であるが、先方もなかなかに手ぎわがよい。よくなれているなと思う。

ロープはずしの段ですこし時間をついやした。が、「係留索はなせ」「エンジン始動」で潜水艦側に一礼して現場をはなれにかかる。はじめての洋上補給だが、こんなにうまくゆくとは思わなかった。

いつのまにか、夕ぐれが近くなって、いぜん海面は荒れている。暖機試運転も終わり、いざ離水となったが機は、かなり上下している。

ひょいと前方を見ると、はるかかなたと思っていた岩礁が、直前にみえる。あぶない。もう一回バックしてやりなおそうか。いや、うす暗くなってきている。私は機を右へ十五度ひねった。これならかわせるだろう。

ブーブーブーとブザーをおす。副操縦士の坂部君と顔を見合わせる。外発フル前進、ついで内側フル前進。機はけんめいに走り出した。とたんに、ドーンとほうり上げられた。つぎの一瞬、右にかたむいてプワーッと落ちてきた。

みると、右翼端フロートの支柱が折れて、フロートは内側に曲がっている。

「スイッチ・オフ！」「ゴムいかだ用意！」「全員脱出！」――やつぎばやに指示した。

副操縦士の坂部雄上飛曹は戦後も健在で、月刊『予科練』（昭和五十四年一月号）に『わたしたちの戦記から』という標題で、このときのもようをつぎのようにのべている。

「――昭和十八年十二月十六日、わが二式大艇は南アンダマン島を出発し、進路を南西にとった。北緯三度の交叉したところで西進、セイロン島（現スリランカ）のはるか南を通過して、マルダイブ諸島（現モルジブ島）に到着した。われわれの目的はコチン（ほぼ北緯十度・東経七十六度五分）に奇襲偵察を行なうことにあった。

そこで、このマルダイブ諸島の㊙海上で潜水艦『伊二六号』と会合し、洋上で燃料給油をして、コチンをめざし飛び立つ計画であった。

ところが、いざ離水というとき、相当に強い左横風をうけ（筆者注＝岩礁をさけ右に十五ひねったためである）、二～三メートルのうねりも手伝って、右翼端のフロートが右翼に食い込み（筆者注＝副操からは右舷のようすはよく見えなかったか？）、みるみる横転、午後六時ごろ夕日を浴びながらアラビア海の底に沈んでしまった。

二式大艇は、重量離水はとくにむずかしく、このとき潜水艦からの給油で最重量となっているうえ、翼にはそれぞれ六十キロ爆弾（筆者注＝じつは写真偵察用照明弾）を装塡していたから、たちまちわるいクセが出てしまったのである。

事故と同時に、救助ボートをふくらませて全員退避、飛行艇から遠去かったが、いつ爆弾が爆発するかとヒヤヒヤしていた。二つのボートがおたがいにはなればなれにならないようしっかりつかまえて七、八メートルの風に流されていた。

ところが、だれかが、『一人足りない!』と叫んだ。数えるとたしかに一人たりない。沈みゆく飛行艇の方をよく見ると、T君が艦内からひょっこり顔を出した。しかし、どうすることもできない。そのうち潜望鏡でこの事故を見ていてくれた『伊二六号』が浮上してくれ、漂流していたわれわれ搭乗員は救助された。T君はわれわれより前に直接助けられ、潜水艦内で全員顔をそろえることができた。

参考のため搭乗員の名前を記すと──。

機　長　佐々木孝輔大尉（海兵六十七期）

操縦員　坂部上飛曹（甲七）

白石猛二飛曹（乙十四）

電信員　瀬尾上飛曹（十二志）

吉田正之二飛曹（十五志）

門脇　二飛曹（乙十四）

偵察員　中島飛曹長（甲二）

寺田剛二飛曹（十五志）

坂下岩太郎二飛曹（十五志）

搭整員　遠藤勇上整曹（十二志）
　高橋建次一整曹（十三志）
　　以上十一名」

戦中、戦後を通じ、私の長い搭乗員生活のなかで、飛行機をこわしたただ一度の経験だった。それにしても、翼端フロートが折れてくれたのがかえって幸いしたのかもしれない。まっすぐに艇体が落ちていたなら、胸（艇体の前部）が割れて、ポーポイズの前後のときのように大火災にでもなったら、えらいことになっていたかもしれない。

（昭和五十九年「丸」八月号収載。筆者は八五一空分隊長）

南海の空に燃えつきるとも

わが青春の愛機「二式大艇」奇蹟の空戦記録——佐々木孝輔

1　あれは病院船です！

昭和十九年一、二、三月は全戦線にわたって、きわめて重要な事がらがぞくぞくと起きていたのである。公刊戦史によると、つぎのようになる。

「二月中旬、トラックは敵機動部隊の初空襲を受け、特に航空兵力に甚大な損害を生じた。……

二月下旬、ブラウン環礁を占領し、また機動部隊をもってサイパン、テニアン方面を空襲し、わが航空兵力に潰滅的な打撃を与えた。……東部ニューギニアの後退つづく。……

一方、欧州方面の独軍は退却に次ぐ退却を続けていた。十九年三月初めにはベルリンの初空襲が行なわれ、またたく間に制空権は敵手に移った。……ただ一〜三月の印度洋方面潜水艦戦は最も華やかな時期で、独潜と共に大戦果をあげた。……。

十九年一月七日、ビルマ防衛強化のためインパール作戦が実施されることとなった。……インパール作戦は三月上旬開始されたが、下旬にいたるも作戦は予期のとおり進まず、その前途に不安を生ずるに至った。

この間、海軍部隊は陸兵輸送船団の護衛、被害艦船の曳航および『サ』一号作戦（インド洋海上交通破壊作戦）に従事した。『サ』一号作戦は二月下旬から三月上旬にわたって行なわれたが、商船一隻を撃沈したのみで終了した。

……一月中旬および二月中旬の二回にわたって、この方面航空兵力の大部分が内南洋方面に抽出され、陸軍航空部隊がその欠を補うことになった。

……南西方面艦隊司令部は、太平洋方面戦況の重大化により、二月七日、司令部をペナンからスラバヤに移転した。

ベンガル湾方面夜間索敵、交通破壊戦……二十八航戦は編制以来、特にベンガル湾方面の索敵哨戒に力を入れていた。たまたま十二月三十一日、ラムレー島が砲撃され、急きょ付近の索敵を実施したが敵情を得なかった。そこで差しあたり敵の動静を偵知する必要を認め、八五一空をもって一月中に月明期間を利用して、ベンガル湾方面印度西岸の夜間索敵、交通破壊、要地爆撃を実施することになった。作戦は一月十日から十四日まで二式大艇のべ五機で行なわれたが、結局、敵を見なかった。

この作戦はベンガル湾方面からの敵の海上進攻を探るのが主目的で、ベンガル湾北部が捜索区域であった。四日間の索敵で敵を見ず士気が沈滞ぎみであったので、最後に敵の物資集積所と思われるブイサガパタムの爆撃（注＝池上二男第二十三航戦参謀の戦後回想）を行なったが効果は不明であった。

小暮司令官は、一月における八五一空の作戦実施状況および成果を考慮するとともに、アキャブ方面に作戦する陸軍部隊を支援するため、飛行艇による夜間索敵、交通破壊作戦を再び実施することとした。(注＝二十八航戦戦時日誌)

一月三十日、同司令官は要旨次のような命令を発した。

①期間＝二月九日を前後とする十日間

②使用機＝在ポートブレア二式大艇一〜三機

③実施要領＝チタゴン、セイロン島間インド洋沿岸航路を索敵、輸送船を発見しなかった場合は、沿岸鉄道線路、都市を攻撃する。ただしチタゴン、カルカッタ、マドラス、ツリンコマリーなど、対空防御の厳重な都市の周辺を避ける。

作戦は二月三日から実施された。小暮司令官は二月六日、サバンからポートブレアに進出……」

私たちがアンダマン諸島ポートブレアに進出したのは、少しさきの昭和十九年一月下旬〜二月上旬の間と記憶する。この時期には人事異動が行なわれ、日辻常雄飛行隊長は横鎮付に発令されて赴任し、後任には近藤潔大尉(海兵六十五期・偵察)が発令されていた。操縦訓練は水倉特務中尉が担当していてくれたらしい。

この作戦は敵地に〝夜這《よば》い〟に行くわけではなく、敵の補給船を〝その航路上においてやっつけろ〟というわけで、潜水艦の交通破壊作戦を見てきた私たちは、「こんどは、こっちの番だ」と思った。

これまでの長駆索敵より気がらくであったが、ただ一つ気になるのは二式大艇が少しくたびれてきたのか、洋上整備が追いつかなくなってきたのか、可動機がへってきたことだった。このころから水上係留中に水もれがはげしく、朝起きてみると艇が少し沈んでいるというのである。およそ一トンくらい海水が浸入しているという。とにかく海水をくみ出してから飛行機の整備に、黙々と働いていた整備員には頭が下がった。

この作戦には、飛行長をはじめ私たちも大いに張り切っていた。

最初はカルカッタ～マドラス間で、距岸五十～六十カイリと思われる地点で月明下に敵輸送船を発見、しめたと思って機首を向けたものの見失ってしまった。

高度一千メートルぐらいで飛んでいると、西の空のお月様からのにぶい明かりが海面上を、タヌキのシッポか竹ボウキのような幅で海面を照らしてくれる。この竹ボウキは〝あなたとならばどこまでも〟とついてきてくれる。しかし、少し高度を上げ下げしたり、不規則な運動をするとポッと見えなくなる。この光芒は幅がとてもせまくスマートなのだ。

見失ってがっくりきたわが機は、高度を上げて二千メートルくらいで南下した。するともう一隻、明るい灯火をつけていたのが見えた。横着なやつもいるものだ。さっそく偵察員に、「訓練のつもりで爆撃」を令する。ヨーソロ、チョイ右、チョイ左の声が、操縦している私の耳に、つぎつぎと伝声管をとおして伝ってくる。見ると偵察員は一番前席で、夜間爆撃照準器にとりくみ、この明るい船をねらっている。こちらは定針儀とにらめっこして、彼の指示どおり機を持ってゆかねばならない。投弾！　結果やいかに！

「分隊長、下のは病院船です」

「えっ、ほんとうか？」

「船の真ん中に明かりの十字が見えました！」

弾着はだいぶ離れたところだったようである。やれやれよかった。血気にはやってはいけないとみずからをいましめる。

翌日は水倉中尉がやはり病院船を見つけ、これまたためしに、やや離れたところに六十キロ爆弾を投下して帰隊した。さっそく向こうさんの放送で、「日本軍、病院船を爆撃す」とラジオ放送があったとか。

「水倉君、病院船とわかっていたら、タマ落とすなよ」

といったことを思い出すが、しかし、こっちがわるい手本をしめしたのだから、あまりいばれない。

つぎはカルカッタの入口であった。海図には灯船の位置がしめしてある。こんどは低空で進入した。ピカリピカリと灯船が光を放つ。この光を消したら、敵さんもこまるだろう。目標をうしなった敵船がデルタ地帯の浅瀬にでも乗り上げてくれたなら、無手勝流になるのだが……。

高度五百〜六百メートルで爆撃針路に入り投弾！　一まわりして灯船を見るが、相変わらずピカリピカリとやっている。偵察員に「こんどは当てろよ」といって、高度を百五十メートルにさげて進入する。さすがにドカンドカンと爆発する震動が伝わってくるような感じだ。もうよかろうと、右へ大きく旋回する。ところが、いぜんピカリピカリである。〈この野郎〉と思い、偵察員にはだいぶやかましくいったと思う。しかし考えてみると、低高度だからといってかならずしも命中度がよくなるとはかぎらないのだ。この偵察員もつぎの回には面目をほどこしてくれたが……。

翌朝になって機体を調べてみると、われわれの飛行機の左側尾部胴体に、直径三十センチくらいの大きな破口があいていた。みずからのタマでヤブケたのだ。短気は損気、多いに自戒するところ大であった。

2　八千トン級に命中

こんなことをしているうち可動機が急激にへってきた。ちょうどこのころは人事資料提出の時機でもあり、飛行長も急遽、シボルガの本部へ移動していったため、私が現地指揮官となった。

明日の可動機は――と問うと、

「一機もありません」という整備からの返事だ。やむなく、『明日の攻撃を中止、整備に専念、明後日再興』の主旨を本部あてに打電する。入れ代わりに二十八航戦司令官から、『本職、将旗をポートブレアにうつす』という電報がとどいた。

さあてこまった。戦果らしきものもあげきらず、飛行機は動かないうえに、夜間爆撃訓練をやるとなると、昼間とちがってさらにむずかしい。どう現状を説明したらよいかと、自問自答せざるをえない。

とはいっても小暮軍治少将は私が兵学校入りたてのころの生徒隊監事、先任参謀は以前にスラバヤでわかれた当隊の副長だった鈴木中佐、整備参謀はアンボンの三十六空でいっしょだった整備長というわけで、急になつかしさがこみ上げてきた。私は気をとりなおすと、大いそぎで現状報告書を書き上げた。すみからすみまで知っているので手間はとらぬが、操縦桿を鉛筆ににぎりかえた結果は、やはり大汗ものだった。

翌朝、自動車で迎えにいく。ポートブレア陸上基地まで三、四十分かかったが、まもなく九六輸送機が着陸してくる。〝海軍の三乃木〟の一人といわれる謹厳実直な司令官に、まず迎えのあいさつをする。そばで鈴木先任参謀がにこにこしておられる。

やがて航空隊着。現状報告を本部で、ついで実機で行なう。この暑いのに正装でじっとがまんしておられる、かつての生徒隊監事に大いに飛行艇のこと、とくに整備員の苦労を知ってもらいたかった。一機だけ飛べる機があったが、それも筩《とう》温が標準以上に上がるというしろものだった。

「人にたとえれば、微熱があるということでしょうか、強行軍すると途中で倒れます」

と説明したことを思い出す。司令官は二時間におよぶ私の熱弁によく耳をかたむけてくれた。その翌日、和田三郎司令がブレアへ進出してきた。

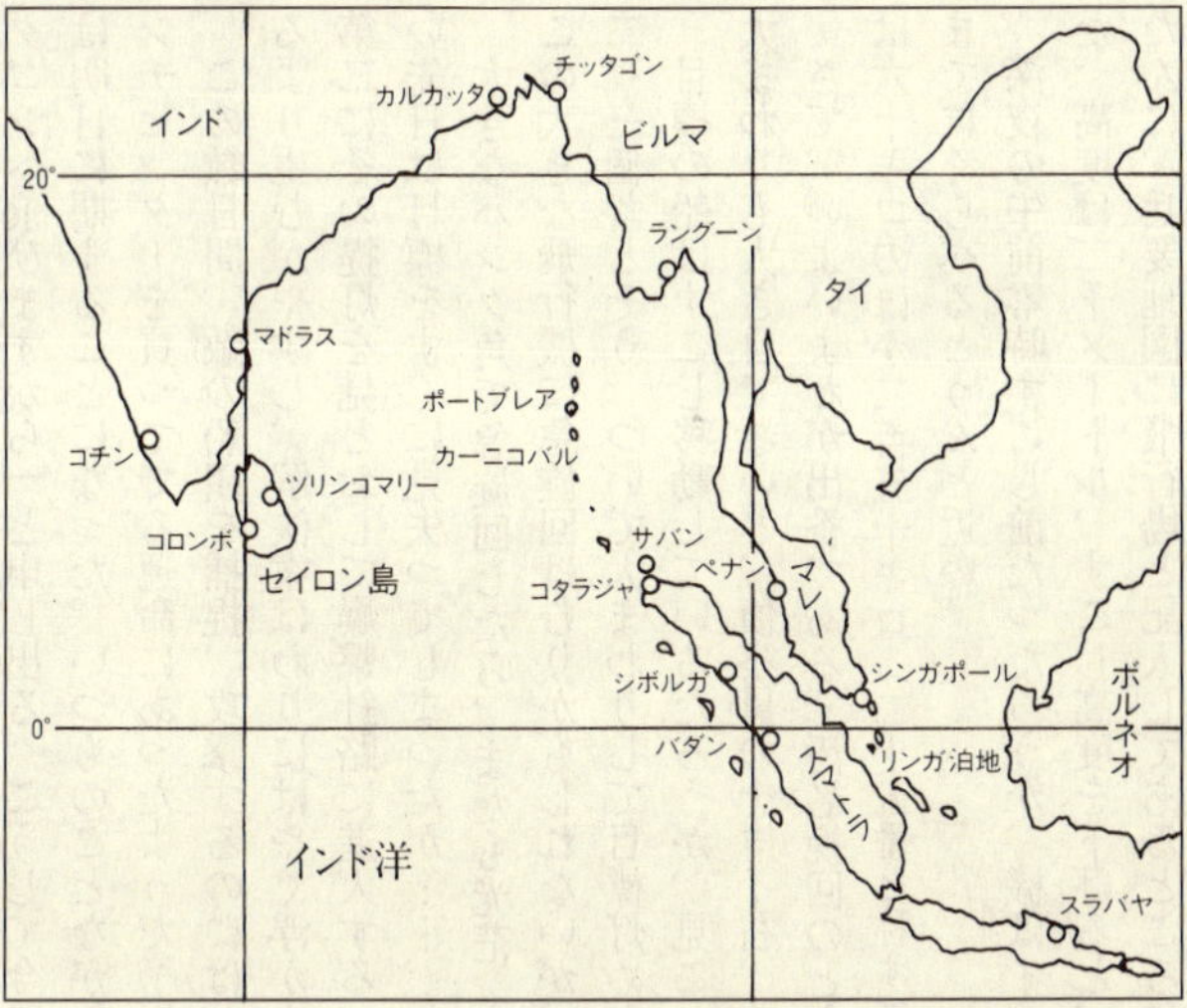

この日、用意ができた大艇に搭乗するのは予備中尉である。さっそく内湾を南から北へ水上滑走をはじめたが、たちまちポーポイズを起こし、離水を中止して水上滑走でもとの位置へ。ふたたび離水をはじめたが、またもポーポイズで飛行を中止する。やむなく「帰投せよ」と発光信号が出される。

あとで聞いたところ、クルーはみなハダシになっていたとのこと。ポーポイズが大きくなって、事故にでもなったら、さっさと海の中へとび込む用意をしていたという。この機長の予備中尉はおとなしいながら力もちで、九七大艇でなら、夜間飛行でもなんでもこなす人であったが……。さすがに二式はまだまだのようである。

そこで私は司令に、「明日は私がチッ

タゴンへ飛びますから」と申し出る。こうして今晩のところはかんべんしてもらって、万事は明日に期することになった。いつものことながら私のクルーは、ここぞというときにはピンチヒッターを買ってでる運命にあったようだ。

この数日間、敵の船団を捕捉、攻撃するのにはどうすればよいかと腐心していたが、案ずるより生むがやすし、解決案はわりにはやく浮かんできた。第一に吊光灯弾を投下すること。第二にその提灯を見とおして爆撃針路に進入する。この二つが私にできないかと思った。つい先日は目標をすぐに見失ってしまったが……。

大きなバンク角で急旋回したら、またも光芒（例のタヌキのシッポ）が見えはしないか。この大きな飛行機に急旋回はむりかもしれないが、もしまたも目標が見つかったら目標灯を二、三個落とそう。ついで大まわりして目標灯めがけて進入しよう。

目標の船はすこし移動しているだろうが、見こしをつけて進入すればなんとかなる。この大まわりも大き目でないと、偵察員のチョイ右、チョイ左ができないかもしれない——。

さて、いよいよわが出番である。汚名挽回のときだ。二月八日（?）夕刻ブレア発。爆弾は六十キロのほか二百五十キロ（二十五番と称す）二発。距離は七百カイリくらいで、いままでにくらべるとうんと近い。

深夜の午前零時すこし前だったろうか、機はインド領東端のチッタゴン港に進入していった。高度は二千メートル、すこし高度を下げると、右前方に、陸岸がすぐそばに見える。とたんに、兵要地図に飛行場と記入してあるところに、赤と緑のライトが一斉に点灯された。

〈おや、敵さん飛び立ってきなさるかな〉と、ひょいと左を見ると、入港中らしき船が一隻見える。いよいよ虎穴に入ってきたなと思う。

爆撃用意。左急旋回。目標灯投下。二発、三発と提灯がついた。機は大きく右旋回する。あまり飛行場に近寄らぬほうがよい。いままでの経験では、迎撃機はすぐには上がってこない。私の気持ちは敵地奥ふかく進入してきたわりには落ちついている。どうやら敵船の斜め後方から上空通過ができそうだ。

ヨーソロ、ちょい右、ちょい左がはじまった。とたんに下方から対空砲火が撃ち出し、機銃の曳痕弾が見える。それも数条ではこわくない。弾痕は飛行機の下で、ある高さにたっすると曲線をえがいて下を向く。「投下！」の声のあとダダダーンと爆発音が聞こえてくる。操縦している私には詳細はわからない。そこへ、「分隊長、二十五番命中です！」といって、偵察員がとんでくる。「ほんとか？」

「大きな大きな火柱が上がりました。そのほかのは少しはずれました！」

「基地に報告せよ。四千トン級輸送船に命中……」

その直後、機は、左旋回して帰投にうつった。「後方を見張れ！」である。そこへ偵察員が文句をいってきた。

「分隊長、四千トンということはないですよ。一万トンは充分あります」

「よし、八千トンと訂正電をうて！」

現場からだいぶ離れたところ、機はぐんと高度を上げた。四千メートルぐらいであろうか。

と、前方偵察席から、「敵夜間戦闘機、左前方！」と伝声管から伝わってくる。おなじく前方を見張っていた私は、明るくかがやいている星がすーっと流れるのを見た。なおも外をよく見張るが、動いている星はない。「あれは流れ星というもんだよ」と伝える。

いったん機は全速降下しかけたが、中途で水平飛行にうつった。

ブレア着。総出の出迎えだ。これで私もなんだかノルマがはたせたような気がしてきた。司令官も満足げなようすで、それからまもなくサバンへ帰っていった。

公刊戦史にはつぎのようにある。

「小暮司令官は、この作戦の実施を自ら指導した。その間、二月十日、グワ地区に敵上陸開始の情報が入ったので、全般指揮のためサバンに帰った。しかし、この作戦は単に砲撃を加えて退去しただけであったので、本作戦を続行することになった。作戦は十四日まで行なわれ、イチュチャプラム、カルカッタ河口、クタング、カタルグ、チカコール等の交通要員五個所を爆撃、輸送船八千トン級一隻撃沈、六千トン級一隻撃破の戦果を報じた。ベンガル湾方面の敵の活動に変化はみとめられなかったが、陸軍情報によれば、この作戦で敵の沿岸輸送路の行動が半減し、非常に効果があったということであった」

昭和十九年二月、近藤潔大尉が着任してきた。新任の飛行隊長だ。私より二級上の偵察員で、横空からきたとか。難波正忠大尉もこのころ着任したらしいが、申しわけないがあまり記憶してない。この人はこのあと四月、古賀峯一GF長官搭乗機の機長となって戦死をとげ、近藤大尉もまたマリアナ沖海戦の直後、六月に戦死する。

3　決死の内地帰航

昭和十九年の三月上旬、航空隊本部はシボルガから昭南（シンガポール）へ移動し、ポートブレアの前進部隊も昭南に集結することになった。

これまで昭南には、わが隊の高段階整備員が分駐しており、エンジン換装など水上係留のシボルガ、ポートブレア基地ではできない作業をやっていた。思えば私たちはいつも、三つの基地にわかれて行動していた。本部、前進基地、整備基地である。

整備分隊長は機関科コレス（私と相当期）の渡辺幸蔵大尉だった。「イヨー」「オス」といったあいさつで心が通じる海軍の習慣が、ここにもあった。

ジョホール水道の東部に位置し、セレター水上基地と称されていた。格納庫も本部、宿舎もみなイギリス仕立てのりっぱなもので、隣接してセレター陸上基地があった。昨年夏、スラバヤから基地調査にきたことがあるので、これくらいは私にも予備知識はあった。

そんなある日、二式大艇の古くなったのを内地に空輸し、新製機を空輸する、いわゆる更新機空輸を命じられた。これまでにこの種の空輸は、Ａクラスの操縦者で間欠的に行なわれていたという。

とにかく久しぶりに富士山がおがめるとあって、急になつかしさがこみ上げてきた。コースは昭南～スラバヤ～ダバオ～東港～佐世保～横浜で、寄り道が多いのは便乗者を転勤先へ送りとどけたり、物資の調達や輸送などの仕事があるからである。

このなかでいつも難コースになるのが、ダバオ～台湾・東港間であるが、このときも大変に苦労した。悪天候のゆえである。南東貿易風がミンダナオ島の東南海岸に強い雨をふらすのだ。

この日の天気予報では、低気圧がミンダナオ東方海面に発生しているということだったが、まだ二百カイリくらいはなれている。そこで一足先に通りすぎようかと思いながら、サマール島横の海面を離水し、ダバオをはなれた。

案の定、まもなく機は密雲のなかに突入していった。敵地への進入ではないので、高度二千メートルくらいであった。ときおり機はぐーんと持ち上げられるが、小型機ではないので鷹揚《おうよう》だ。それほどにはこわさを感じない。

ふと翼端を見ると、さかんにブレている。一メートルほどの幅《はば》で上下に振動している。だが、エンジンはなに食わぬ顔でまわってくれている。

「エンジンはこんな豪雨のなかを飛んでも、気化器に入る空気のごとく一部しか水を吸わないので大丈夫です」と整備屋さんにきいたことがある。

気になるのは翼の強度だ。優秀な川西の技術陣の設計になるものだから、翼端が折れたり千切れたりはしないだろう。たしか安全係数は、予想最大負荷の三倍くらいが常識だときいたことがある。しかし、外はまるで見えない。真っ白い雲ばかりである。

ひょいと後ろを見ると、指揮官席にはコレスの渡辺君が沈思黙考のかたちでかけている。

彼はちかく結婚するということだが、ここで事故に遭わしては親御さんに申しわけがない。とにかくいまは川西の技術陣を信用し、三菱エンジンに全幅の信頼をおいて飛ぶほかはない。

これまでも長距離飛行のときはかならず、オートパイロットで飛んできたが、いまもそれに変わりはない。雲中では計器を見ながら飛ぶ計器飛行が常識のようだった。人間のカンより計器の方がはるかに信頼度が高い、という海軍の方針から、計器飛行法なるものが生まれたときいている。

それならば、これら計器と連動するオートパイロットも同様、信頼できるはず、というのが私のやり方で、密雲のなかに突入する前にオートパイロットの三舵を調整しておいた。

正確に水平直線飛行状態にしておくと、飛行計器の指度と、オートパイロット計器の指度が一致する。瞬時にノブ（把柄）をひく。これは真ん中にあるジュラルミン製の把柄で、先端にボタン状の握り手がついている。三舵がよく合ってないと、ちょっとガタガタとくるが、よく合わせておくとぴりっともこない。

オートパイロットを入れた後は、度胸をすえ、とくに旋回計（DG）とスピード計、高度計、コンパスを中心に見ている（専門語でいうと、クロスチェック）。故障を生じたなら旋回計が回りだすだろう。しかし、この一年間の飛行で、途中で故障したことは一度もなかった。私も作戦中は電探と、これの整備にはとくにやかましくいっていた。

一時間ばかり難航したが、まもなくおだやかな海面上に出た。海面は大きくうねっている。頭上は天井があいている感じで、うす雲が見え、周囲は真っ白の世界である。かつて兵学校の航海の授業で、台風の中心のもようを習ったのを思い出した。〈これ小型台風の目かいな〉と思っているうち（五分くらいか）、またも乱気流に入った。すべてはさっきのつづきである。しかし、こんどは二十分くらいで乱雲の外に出た。〈へえー、やっぱり低気圧の中心だったのか、予報よりはやく移動してこちらと会合しなさったのか〉――私は生まれてはじめて低気圧の中心というのを見たわけである。

それにしても、こんなところに平気で飛んでくる二式大艇にはかぎりない信頼と、愛着を感じていた。インド洋方面でも、これにちかい悪天候突破はいやというほど経験したが、みな夜間のことで、しかも敵を前にしての飛行中だっただけに気にもかけなかったが……。

間もなくフィリピン上空をぬけ、はるか祖国の上空へとたどりつき、ぶじ渡辺大尉を地上におろすことができた。

このとき私は、横浜の補給処でゴネたことを思い出す。新製機を前にして、

「この機は水もれテストをしていますか」

「いいえ」

「前線では一晩に一トンもビルジがたまってえらい苦労をしてます。二日待ちますから、洋上係留して試してみて下さい」

などといって特務大尉の人をこまらせたのだ。それでも内地では前線の搭乗員を大いにいたわってくれた。そのあと熱海温泉の療養券をもらって、クルーと一晩ゆっくり湯につかってきたことを思い出す。この補給処は八〇一空（元横浜航空隊）に同居していた。

この機の空輸中、呉航空隊にたちより（理由はわすれた）、豪雨の関門海峡をやはり低空で突破したことがある。ここではアンボンで体得した「身をすててこそ浮かぶ瀬もあれ」航法を活用した。

どんな豪雨中でも海面は見える。陸岸も二～三カイリかなたにぼんやり見える。海図を見ながらコンパスと秒時計と相談して変針時機をきめる。これまではすべてこのやり方で突破してきたのだ。

ついた佐世保でこんな話をきかされた。

「このまえきた人は頭がよかった。雲の上を飛んできて、九州の西の海面で降下し、引き返して佐世保にこられましたよ」と。

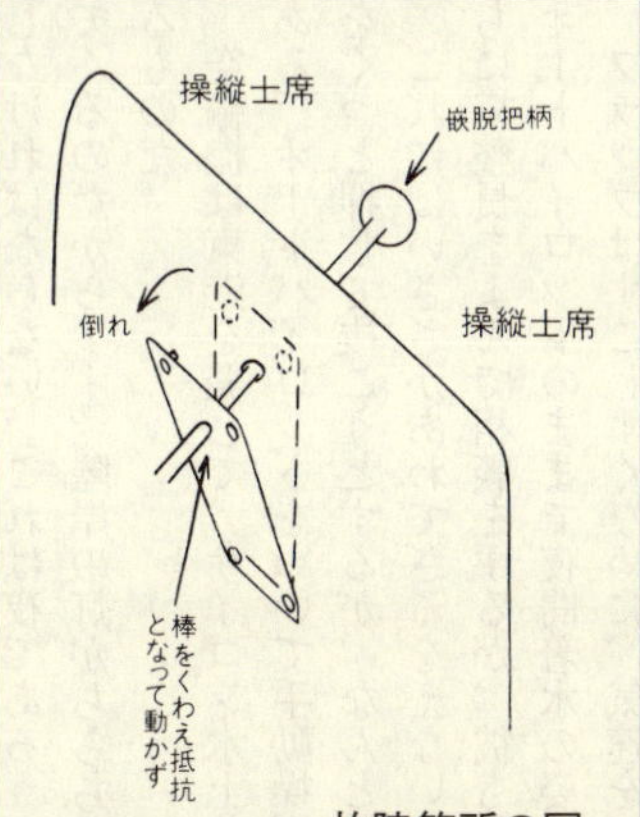

故障箇所の図

ただの用務飛行で目的地に行くだけなら、それでよかろう。じつは私ものちに横空に転勤し、東港から横須賀へ直航したとき、関東地区は天候不良といわれて雲上を静岡沖まで飛び、反転して降下し、島のない方向へ針路をとり、雲をつっ切って海面に出て、ぶじ代替地（河和）へ着水したことがある。

しかし、敵地に侵入するときは、そんなのんきなことはできない。なにがなんでも直進しなければならない。これは夜であろうが昼であろうがおなじだ。とにかく必死の仕事をしてくるのだから……。陸岸の灯がちらちら見えると、かならずその前方に海岸線が見えてくるものだ。

空輸機は東港を発して、サイゴン水上基地に向かっていた。まもなく降下にかかる時間である。オートパイロットをぬいて手動操縦に切りかえなくてはならぬ。そこで私は嵌脱把柄《かんだつぱえ》をぐっと押して抜こうとするが、なんと途中でとまってしまい、いっこうに抜けてくれない。これにはいささかあわてざるをえない。すでにメコン河がはるか先方に見えている。ただちに搭整員をよんで相談をするが、彼も見当がつかないという。やむなく上空を一旋回後、オートパイロットのままで夜間着水の姿勢をとることにした。緊張の一瞬である。

フラップはすこしすくなめに、気速をプラス十ノットにする。舵はにぎってもかたくてびくともしない。そこで私は三舵（昇降舵、方向舵、補助翼）に連動する計器盤のツマミ三個を指で操作しながら機をもってゆく。

やがて機は、静かに降下する。水面がちかづく。静かに静かに――接水！　大きなバウンド（ゆるいジャンプのこと）が起こるが、あまり高くはない。またバウンド。ここで私はスロットルをしぼる。このときやっと操縦桿が動きだした。機は軽いバウンド三回で、うまく行き脚がとまった。どうやらひっくり返らずにすんだが、私はさすがに大汗をかいていた。

メコン河岸に設けられた滑走台に収揚した後で点検したところ、小さなビスが切れて、計器盤のうらの当て板が壊れ、これが嵌脱把柄をくわえていたのだ。まさにピン一本命とり、とはこのことだろう。スロットルをしぼったところで舵がきいてくれたのは、しぼることにより作動油圧が下がり、自然に「脱」とおなじ状態になったので抵抗しなくなったのだ、ということにすぐ気がついた。とにかく命びろいの一幕ではあった。

4　ラバウル救出便

三月も終わろうとするころだったろうか、昭南にあった私たちにも、すでにラバウルが孤立していること、トラック島が敵の空襲圏に入ったことなどは知らされていたが、それをはだで感じさせる一事がおこった。

わが飛行艇航空隊に、二式大艇二機をさし出し、ラバウルからの要員の撤収作戦の実施を命じられたのである。この作戦は「登作戦」と命名されたそうだが、私たちには〈作戦参加〉という気はせず、ただなんとしても救出しなくては、という気持ちだけがさきに立っていた。

まず一機は私が行くとして、他の一機は考慮の末、技量のすぐれた黒川上飛曹を選び出し、二機で出発することとなった。航空機では私の人選に一部不安の声もあったが、「大丈夫です」と胸をはった私の一言できまるという一幕もあった。結果的にこの機はみごとに任務をはたしてくれ、選んだ私も大いに面目をほどこしたしだいである。

かくして昭南〜スラバヤ〜ダバオ〜パラオ〜サイパンと、四レッグ（航程）でサイパン島に到着したのであるが、はじめて見るサイパンの港は異様だった。

出発前に池上飛行長から、着水海面に関する注意をきいていたが、西側はリーフ（珊瑚礁）地帯なので、右側東海面で離着水するようにとのことだった。機上には連合艦隊参謀島村陸軍大佐という人が乗っており、その大佐ドノにはずっと指揮官席にいてもらったが……。とにかく到着してみると、リーフ地帯は空いているが、着水をすすめられた海面にはぎっしりと艦船が停泊している。それに風はおりから北風で、このぶんでは水上基地の方向へ着水することになる。

やむなく私は二回、三回と着水面をさがして上空を旋回した。だが、船と船の間をぬったとしても着水できるところはない。またも旋回である。

それにリーフ地帯には上から見ると、点々と水面下に珊瑚礁らしきものが見え、はじめての操縦者にはそれを処理する予備知識もなく、これという適地も発見できない。こうして七回も旋回をくり返したあげく、ようやく船団とリーフ地帯の間に少しあいている海面を見つけ、意を決して降下着水したのだった。

あとできけば指揮所では、あんまり降りてこないので、どうしたことかと半ばあきらめていたということだったし、陸軍大佐ドノもムネがわるくなったといっていたらしい。たしかにガブリながら七回も上空旋回されたのでは……なれない人にはむりもないであろう。

だが私にしては、これが正解だったと思っている。細心大胆という言葉もあるが、この場合、だいたいの目安でやるわけにはいかないのだ。これをおこたって二式大艇をこわした件数は、枚挙にいとまがないほどである。このあとラバウルに着いたさいも、その一つの例を見せつけられたものである。

基地の指揮所には遠藤紫朗大尉（海兵六十三期）の姿があった。かつて佐世保で飛行艇講習のさいにいっしょで、偵察員の教官ではなかったか。この先輩はのちに、米軍がサイパンに上陸するころ内地へ転勤の発令が下っていたが、内地帰還の予定日に敵が上がってくるという運のわるさであった。しかし、東京育ちの明朗な人で、佐世保では、「カミサンもらうとええぞ」と毎日のようにオノロケを聞かされたものだ。

その遠藤大尉がこのたびの空輸指揮官である。遠藤大尉の説明によれば、ただちにサイパンを発って、夕刻にはトラックに進出し、あとは夜間飛行でラバウルに進出、要員を搭載したらすぐに出発、トラックに帰着するという計画だという。使用機はたしか四機くらいだったと思う。

なんともあわただしい話であるが、私たちはつぎつぎとサイパンを離水してトラックに向かい、その日のうちに水上基地に係留することができた。

余談になるが、サイパン～トラック飛行の途次、浮上航走中の米潜水艦を上空から発見し、先行の遠藤機がまず擬襲攻撃（緩降下で上空を通過する。爆弾は持っていない）し、ついで私の機が降下をはじめると、敵潜はあわてて急速潜航にうつった。グレー（茶色？）にぬった船体がまことに印象的だった。

トラックでの宿舎は、九百台の隊番号を持つ対潜哨戒水偵部隊の宿舎だったが、食事中に空襲警報がなるしまつで、防空壕に入ってながめた上空には、雲の切れ間にB25がゆっくり飛んでいるのが見えた。

彼らのご来訪は毎晩ということだったが、一体どこから飛んでくるのか。無線航法で飛んできたのにちがいなかろうが、B25は陸軍機なので、あまり遠くからではないだろう。

トラック島も安住の地ではなくなっていることを身にしみてさとったしだいで、これではちょいと街へ出ての中華料理パーティーというわけにはいかない。おなじ飛行機乗りでも、こちらの方はずいぶん神経を使っているのだなあと同情することしきりだった。

ここで私はびっくりするような人に出会った。中学のすこし先輩で石田睦雄（改姓、長尾）という軍医少佐である。無口だった石田さんとここで何を話したかわすれたが、中学時代から品行方正、学術優等、模範的な生徒で、私の友人の兄上でもあった。医学の方にすすんだことは知っていたが、もう十年会っておらず、先方も中学の後輩が、この大きな二式大艇を操縦してやってこようとは思っていなかったろう。

軍医少佐とはこの後の五月ごろ、私の部隊がダバオに進出したときに、陸上飛行場でふたたびお目にかかったが、それが最後で軍医長の部隊はのちにパラワン島に移動したときく。

公刊戦史によると、「プエルトプリンセサ部隊（パラワン島中部）鈴木清大尉九五五空、米軍進攻時の兵力二百七十、収容者ゼロ。二十・二・二十八、米軍来攻時爆弾を抱いて体当り攻撃、全滅」とある。

鈴木大尉は私の一クラス下だが、飛行学生ではいっしょだった。寡黙な決断力の強そうな人だった。それにしても指揮権のない軍医少佐がなぜ、どのようにして――といまでも疑問がのこる。

さて、翌日、二式大艇の各機は夕刻を待ってトラック島をつぎつぎと離水した。私の機は途中にわかに振動がはげしくなったが、飛行にたえられないほどではなかった。

整備員の話では、外発エンジンの単排気管（注＝このころは推力を少しでも多くするため、集合排気管を廃して各気筒ごとに排気管をつけ、ロケット効果を期待していたとのこと）がブレているらしい。とにかく、着いたらなおしましょう、とのことだった。

ラバウル西北のニューアイルランド島カビエン上空で変針し、ラバウルの松島水上基地へ向かうが、おりからここにもB25の空襲がたけなわであった。探照灯の光芒十数本が中天に放たれ、その先端でピタリと敵機を捕捉しており、敵機が白く光って見える。

同時に高角砲弾がさかんに炸裂するが、敵機からだいぶはなれた後方でいくらパッパッとやっても、飛行機にはそれほどこたえないのか、B25はゆうゆうと飛んでいる。敵ながらあっぱれの度胸だ。

そこで私は空襲空域を大きくはずして、水上基地の東海面に着水する。さいわいに気流もよく、水上滑走で松島基地へ機首を向ける。ところが到着するやいなや、暗くてよくわからないが、便乗者たちがドカドカと乗り込んできた。先任者は整備少佐で、計三十六名という数字だけはいまでもよくおぼえている。

問題の排気管は、搭整員が缶詰の空カンとハリガネでしばって、かんたんに修理して万事オーケーとのことである。

そのとき、ぽんと私の肩をたたく人がいる。ひょいとふり返ると、横山大尉と名乗る人で、私の二クラス下で、しかもおなじ飛行艇のパイロットだとのこと、なぜか木のサンダルをはいていて、

「ミイラ取りがミイラになってしまいました」

という。なんでも前夜離水するさい、水面を切った直後にサブ（副操縦士）が内発エンジンをしぼりすぎ、機体はそくざに落下着水、みごと転覆してしまったとのことである。細心大胆でなくてはならぬと自戒したあとだけに、気のどくなことにと思いながら、さらに身のひきしまる思いがした。

おぼろなお月様を横に見ながら、機は東方に向けて離水し、高度一千メートルで一路、トラック島への帰路についた。

高度を二千メートルに上げたところで、連日の飛行でつかれを感じた私は、操縦をサブ操縦士二人にたのんで、中間席のゴム製寝台に横になった。

ところが、しばらくするとドカン、ドカンという音で目をさまされた。いそぎ指揮官席ふきんまでもどってみると、頭の上にかなりの数の高角砲弾が炸裂している。あわててひょいと左下を見ると、敵の水上艦艇三十隻が一斉にUターンしかかっている。空母らしきものも二隻はいる。もとのコースは三百二十度で、艦尾波から推察すると二十ノットくらいである。

「電信員きたれ、トラック島へ電報！」

とさけんでただちに状況を打電すると同時に、私は主操と交代し、右へバンクをとりながら旋回して弾幕をさける。

機はすこし突っ込んだ状態で、エンジンは全速だ。この状態で私はつぎつぎに指令をくだした。電光石火の早業だった。自分でいうのもおこがましいが、西方戦線でイヤというほど演習してきたことだけに、とっさの処置ははやかった。

わが機の針路が何度、敵のUターンをする前のもとの針路は機首方向から左何度の方向――と、海図上にそれらの線を延長すると、どうやらメレヨン島に向かっていたらしい。同島の攻略にきたのか。

とにかく敵はこの時点で反転したのだ。わが機の報告をうけて翌早朝、トラック島から陸攻隊が索適攻撃に向かったが、残念ながら敵を見なかったとのことだ。

それにしても、米軍の高角砲は頭の上で炸裂する。ラバウルのわが方のそれは敵機の下で炸裂している。この一事を彼らに教えてやりたいものだ。下で破裂しても、機上ではちっともこわくないのだ。インド洋で体験した敵船の機銃曳痕弾もそうだったが、おじぎをしているようでは、小便でもひっかけられるようなものだ。

だが、頭の上でぽかぽかやられると、なんとも心細いものだ。いつ飛行機を突き抜けてくるかわからないからだ。それにしても、私はどうして二千メートルに高度を上げておいたのだろう。いつも一千メートルで飛んでいたのに――。もしその高度で敵の機動部隊の直上を飛んでいたなら、ただではすまなかったろう。なにぶんにもあの大艦隊だったのだから。これも運といえようか?

その直後に機は密雲に入った。やむなく計器飛行にうつる。いつものことながら超大型機の計器飛行はとてもしんどい。

「横山君、副操たのむ!」

と声をかける。さすがに機長二人がかりの計器飛行はらくである。

あと一時間で夜明けというころ、「電探入れ!」を令する。「トラック島、右五度、八十キロ!」という元気な瀬尾上飛曹の返事である。

やがてうすぼんやりとトラック島西端の島々が見えてくる。計器飛行中はどのあたりを飛んでいるのか、自分の位置の見当がつきかねたが、これで一安心した。電探員の技量はさすがと思った。

暗闇ではあるが、島の形だけはなんとか見える。右旋回をしてまもなく機は、トラック島の水上基地上空にたっした。十分間ばかり上空を旋回するうち、空はすこし明るくなってきたが、念のため夜間着水の姿勢をとる。接水、ぶじ帰着——便乗員はそれぞれにあいさつをして散っていった。

戦後、「私は、二式飛行艇でトラックまで運んでもらいました」という人にずいぶんお目にかかったが、陸海軍を通じてかなりの数にのぼったような気がする。とにかく在ラバウルの搭乗員全員は、いまでは枢要な戦力、とくに航空戦力となる要員ばかりだったのである。

このトラック島では、かつて佐空でいっしょに講習を受けた玉利義男大尉に出会った。これで三個航空隊の分隊長──六十七、六十八、六十九期の三つのクラスの操縦者が、最前線で顔をそろえたわけだ。もとよりおたがいの武運長久をよろこびあったのはいうまでもない。

5　ぶきみな三発飛行

トラックからの帰途はパラオ経由で、ダバオに向かったのであるが、そのダバオで一番エンジン（右外側）の油もれがひどくなった。

昨年の夏、ブルーム爆撃からスラバヤに帰還する途中、右内発エンジンの油もれを起こし、そのエンジンを停止空転（フェザー）状態にして飛行したことがあり、またアンダマンからシボルガに飛行中もおなじような状態の故障にあったことがあった。三発飛行は気速がすこし落ち、燃費がかえって高くなる傾向があるが、しかし、飛行にはそれほど不安はない。

当時のダバオにはわが部隊は進出しておらず、部品交換などはまったくできない。飛行中の油もれなら、前述のように三発飛行も可能であるが、これから出発というときだから、三発離水をしなければならない。

これが内発の故障なら、外発エンジンで方向を安定したところで、生きている一発の内側エンジンを追いつかせれば、離水距離はうんとのびるが、離水は可能である。

ところが、こんどは外発の故障ときた。方向安定に苦労するのは目にみえている。それに救援機の到来をまつには、あまりにも日数がかかりすぎる。そこで私は決心した。プロペラを固縛することにしたのだ。

右内発と左二発の合計三個の発動機で離水してみよう、それでだめなら、救難機をよぼう――搭乗整備員は例のごとく、ドラム缶から手押しポンプで給油作業しているので、くたくたにつかれている。そこで総員でとりかかる。

外発停止のあげく、ペラを固縛して、はたしてうまく上がれるだろうか。もちろん、何回もやりなおす決心である。

いよいよ副操とスロットルレバーの入れ方を打ち合わせ、離水滑走をはじめた。方向舵と左エンジンの操作で直進させようとするが、やはり、どうしてもうまくいかない。機首が右へ、つまりエンジン推力のすくない方へふられる。やりなおし三回――三回目にはすこし蛇行しながらではあるが、どうやら真っすぐに走り出した。

水上機のありがたいところは、滑走路が無限に長いことだ。ついに機は水を切った。やれやれと水平飛行にうつる。ロープで固縛したプロペラは、十字形のナギナタのような格好でびくとも動かない。

ボルネオ島をすぎるころ燃料消費をたずねると、ものすごく大きな燃費で、「目的地スラバヤに到着するのがやっとです」という。そうか、プロペラを固定すると、そんなに抵抗があるのか。操縦席の気速計もいつもであれば百五十ノットをさしているのに、今日は百十五ノットである。

昭南基地にもこの状態を打電し、不時着の可能性もあるむねをつけくわえた。

こうして、かろうじてという状態で、わが機はどうやらスラバヤにすべり込むことができた。もとよりはじめての体験だった。離水はともかくとして、ペラを遊転させず、固定して飛行すると、こんな状態になるのかと大いに勉強になった。

余談だが、後年、木更津航空隊でＹＳ11の運航を勉強したことがあったが、着陸時の滑走距離を短縮するため、接地後、しばらくしてプロペラピッチを両舷ともゼロにすると推力がなくなり、大きなウチワがまわっているような状態となる。

とたんに大きな抵抗ができる。グーッという音がして乗客の体が前のめりになるくらいの抵抗を感じ、行き脚が急におとろえる。〈ほほう、プロペラピッチをゼロにするとは……〉と、あらためてイギリスの航空技術に感心したものである。

もともとわが海軍には、ゼロピッチの構想などはなく、飛行艇の離水前は煖機のため水面をのたうちまわり、最後に全速テストを各発について行ない、オーケーのところで離水していた。

一方、戦時中の米軍の飛行艇は、ゼロピッチで水上係留のまま煖機ができるときいたことがある。整備員があらかじめすましているので、搭乗員の出発前の時間は約二十分節約できるわけである。

とにかくプロペラの効用について、あらためて勉強させられた一日だった。

6　長官機到着せず

公刊戦史――。

「三月二十六日トラックからの索敵機がトラックの南東六百カイリに米機動部隊を発見、三月二十八日メレヨンからの索敵機がメレヨン南方四百カイリ付近に機動部隊を発見、同日聯合艦隊参謀長からアイタペ（ホーランジア南方）に敵上陸の疑いありという情報電があった。

翌二十九日、古賀聯合艦隊司令長官は、米機動部隊のパラオ来攻を予測して邀撃《ようげき》態勢をとるよう指示した。

高須長官（筆者注＝四郎、南西方面艦隊司令長官）は同日、七三二部隊および三八一部隊甲戦三個中隊（筆者注＝甲戦は艦戦、乙戦は局地戦、丙戦は夜戦。それぞれ零戦、雷電、月光）をバボに展開させる予定をもって、ケンダリー集結を下令した。

……高須長官は三十日、引続き一五三空、九三四空、九五四空に対し索敵を命ずるとともに、陸軍機による索敵の実施を要請した。

一方、古賀司令長官は同日八五一空飛行艇三機のダバオ待機、……昭南にある第一機動艦隊の南北展開を発令し、翌三十一日には南西方面部隊の夜間使用可能陸攻大部のダバオ進出（雷装）を指令した。

三十一日、高須大将は八五一空の全力ダバオ進出並びに七三二部隊および三八一部隊のダバオ進出を命じた」（筆者注＝三八一空は主力をバリックパパン方面に展開、B24による油田地帯の防空に、七三二空は陸攻二十機ていどを有しスマトラ方面に所在。八五一空は主力をシンガポールにおいて、ラバウル搭乗員救出作戦に二機さし出し協力中。ながらくケンダリーにあって北部豪州航空攻撃を行なっていた二十三航戦は、東正面への転用後、兵力を消耗し、内地にあって再建中）

この命令を私たちは、昭南において受け取った。情勢なみなみならぬものを察したわが八五一空は、急遽、ダバオに向けその飛行機隊を発進させた。その先頭機は例のように私のクルーだった。たしか四月一日か二日、いずれかの日にダバオ着、さっそく連合艦隊司令部の輸送に従事した安藤敏包中尉から、パラオ出発時のもようをきいたものである。

引きつづき公刊戦史――。

「……三十日午後、敵の大輸送船団がアドミラルティ北西を西航中であるという重大情報が大本営から通報された。この情報により聯合艦隊司令部は、かねての計画に従ってマリアナおよび西カロリン方面の指揮を中部太平洋方面艦隊司令長官南雲中将にゆだね、三月三十一日ダバオに移動することになった。しかし、『敵輸送船団西航中』という情報は、のちになって誤報であることが判明した。

司令部の移動は、つぎの三機によって行なわれた。

一番機（八五一空、機長難波正忠大尉）

便乗者
聯合艦隊司令長官　古賀峯一大将
艦隊機関長　上野権太大佐
首席参謀　柳沢蔵之助大佐
航空参謀　内藤　雄中佐
航海参謀　大槻俊一中佐
副　官　山口　肇中佐
柿原軍医少佐、暗号長神宮等大尉
二番機（八〇二空、機長岡村松太郎中尉）
便乗者
参謀長福留繁中将、艦隊軍医長大久保信医大佐、艦隊主計長宮本正光主大佐、作戦参謀山本祐二中佐、機関参謀奥本善行大佐、水雷参謀小池伊逸中佐、航空参謀小牧一郎少佐（気象）、島村信政中佐その他三名
三番機（八五一空、機長安藤敏包中尉）
便乗者司令部暗号士および暗号員（筆者注＝この名簿は公刊戦史が発刊されて、はじめて知った。大槻航海参謀は、私の兵学校時の通信の、山口副官は砲術の、ともに大尉の教官だった）
一番機は三十一日二一三〇、二番機はそれよりやや遅れ、三番機はさらに遅れて四月一日

〇四五六パラオを出発した。当時パラオとダバオ間には大きな低気圧があった。一番機は三十一日二三三〇ころ無線でダバオを呼んでいたが、ダバオの応答はなかった。ダバオ到着予定時刻の四月一日〇三〇〇を過ぎても両機の消息は不明で（筆者注＝パラオ〜ダバオ間の直距離は五百五十カイリ）、関係者の不安のうちに一日夕刻になった。

同日夕刻、三十一警セブ派遣隊指揮官から、二番機の遭難状況が各部に電報された。しかし一番機の状況は依然として不明であった。二番機は一日〇二五〇ころセブ島ナガ沖に不時着、その際、高度の制定を誤り、約五十メートルの高さから落下して機体は三つに折れて炎上、二名の搭乗者がナガ町の小野田セメント工場に〇五〇〇ころ泳ぎつき、工場長に捜索を依頼した。……

南西方面艦隊では一日午後から空海部隊により遭難機の大掛りな捜索を開始した」

日辻資料によると、安藤中尉機の行動はつぎのとおりだ。

「昭南発飛行中エンジン不調となり、スラバヤで修理したため一日おくれ、三十日ダバオに到着したが、パラオの大空襲を知り……三十一日も空襲は必死という情報でダバオで待機中、ダバオの第三十二特別根拠地隊から一五〇〇ごろになって長官の空輸命令を受領した。

……なお長官機の行動は極秘裡にすすめられていたため、無線はほとんど封止されており、ダバオで待機していた三番機にはまったく連絡されていなかった。

……三番機は長官機の行動はまったく不明のまま、パラオの空襲がその後途絶えていることを確認し、三十一日二一〇ダバオを出発した。南寄りのコースをとって進んでいたころ、二四〇〇ごろ電信員が、〝機長ッ、分隊長機（注＝難破機）の電波をキャッチしました〟と突然さけんだ。

……空電に妨害され、その後はついに受信できなかった……〇〇三〇パラオ着……一番機、二番機の行動とその状況をはじめて知ったのである……係留した機の中で仮眠し、一日〇四〇〇パラオを出発ダバオに向かった。前日の昼間のパラオ空襲はよほどひどかったらしく、この時間になってもなお火災と誘爆がつづいていた。

一日黎明からは、天候もすっかり晴れ上がっていた。〇七三〇ぶじダバオに帰還した」

私たちがダバオに進出したのは、安藤機がダバオに帰還し、ぶじ任務を終了した直後だったと思う。

「サイパンから夜間、パラオに着水した難破機は、『すぐに長官をおのせしてダバオに発て』『燃料補給のヒマはない。すぐに発て』とせきたてられていたそうです」

と語ってくれた安藤中尉の言葉を思い出す。

なお難破機、安藤機ともラバウル要員救出のため、昭南発サイパン経由、トラックに向かおうとしていた途中、にわかに命令を受け、連合艦隊司令部の輸送に任務をふりかえられたものである。

また安藤機は、私が第一回のラバウル要員救出に出向いたときの二番機で、このコースにはなれていた。

その安藤中尉はさらに、

「着いたばかりの飛行艇に、燃料補給もせずすぐ出発を下令し、天候のわるいミンダナオ海（東方海面）を突破して、夜間飛行でダバオへ直航せよと命じられたのは、敵がいまにもダバオ（筆者注＝パラオ？）へ上陸してくるという情報判断によるものと思われました」

とつけくわえてくれた。このとき私は、もし自分ならどう処理しただろうかと思った。

〈便乗者は搭乗して下さい。燃料補給をいそぎます。途中の悪天候を考慮し、夜間、ダバオが見えないときは、ふきん海面を蛇行しながら夜明けをまちます。船の潮待ちです。日の出から二時間後まで飛べる燃料は必要です。もし補給中に敵がきたら燃料車をレッコ（放つ）し、ダバオに向けて離水します〉

たぶん、こんな計画をのべたろうと思う。このころになると、私自身にも断固たる自信があった。操縦はもちろん、オートパイロット（自操）による低空飛行も……そしてコースはサン・オーグスチン岬へひいたことだろう。どんな暗闇でも、また荒天候下でも、陸岸に近づくとぼんやり海岸線と、人家の灯が見えるものである。

いままでにもベンガル湾方面でいやというほど経験してきた荒天の夜間飛行——低気圧を突破したこともあるミンダナオ東海面は、なかでも天気の悪いところとは先刻承知である。

まあ、この〝佐々木巌流航法〟でだめなときは、長官にもアキラメていただくほかないが、しかし、夜明けすぎまでの燃料があれば、大船にのった気持ちでいていただけよう。そしてダバオ湾内に進入できるようだったら、夜間着水でサマール島横に着水し、状況がわるければ夜明けをまとう、といったところであっただろう。

長官といえども便乗者である。便乗者とはお客さん。あくまでも安全におとどけすることが機長たるものの、むかしもいまも変わらぬ絶対の義務であろう。

これまで二分隊長の難波大尉(十九年二月昭南に着任)とは、あまり話したことはなかった。というのも行きちがいが多く、ベンガル湾方面の作戦のときのようにまとまって行動することが少なく、二つの基地にわかれて分派行動することが多くなっていたからだったろう。

あえて私見をのべると、難波君は不運の人だったと思う。

第一に、戦場の経験はほとんどないにひとしく、これから身につけてゆく途上の人だったこと。天候と戦い、敵と戦い、これをくり返す間に、しぜんに身につく戦士としてのカンと度胸、それを身につけるには半年か一年くらいかかるのではないか。

第二は偵察員であったこと。自分が操縦桿をにぎっていれば、荒天突破というようなことも体験でき、いざというときの腹づもりができるが、偵察員では機全体の指揮誘導は当然できるし、また可能であるが、とっさの処置にはややおくれがでるのではないか。

これらの点にすこし弱いところが必然的にあるうえに、司令部から「すぐ出ろ」といわれても、断固として「燃料を積ませて下さい」と申し出ることができず、やや遠慮がちな応対しかできなかったのではないか。

つまり、クルーの指揮官でありながら、自分の意のままにならない、いわゆるサンドイッチ的立場に立たされ、ついにおし切られて、長官とともに死出の旅路についたのではなかろうか。

学術優等、品行方正タイプの彼の澄んだ目が思い出される。戦争とはおしい人を、ちょっとしたつまずきから、つぎつぎと奪い去ってゆくものだ。

とはいえ、ふり返って私がこのときの機長をつとめていたら確信ありや、と自問自答すれば、五分五分と答えざるをえないだろう。

このころミンダナオ方面の悪天候は、想像を絶するものであったようだ。私なりの航法（自操と電操を活用）で突破したであろうが、一般には密雲はさけて通るやり方が多かったような気がする。

二番機がセブ島に不時着ときいたときは、みなびっくりしたものである。どうしてアサッテの方向に行ってしまったのか。雲をさけてさけて、まわり道をしているとこういうふうになる。行方不明になるよりはましだが……。

このときにきいた話では、「セブ島の灯りを発見、着水姿勢に入るため旋回中、翼端が接水して、転覆した」ということである。この話の方が私どもにはよくわかる。

しかし事実は、公刊戦史のとおり、落下着水だったらしい。日辻資料によると、機長の岡村中尉はダバオ基地にはきたことがなかったらしい。とすれば、過酷この上もない状態での飛行である。第三者的批判はさしひかえなければならない。

長官機の捜索は連日、必死のいきおいで、南はセレベス北端から、北はミンダナオ北部まで、海と陸地沿岸を主に大艇二、三機をもって二週間にわたって行なわれた。もとより私自身も、連日、飛行した。最高指揮官が行方不明とあれば、当然のことと思っていた。

公刊戦史には、つぎのようにのべられている。

「空海からの大掛りな捜索にもかかわらず、一番機の消息は不明で、悪天候による遭難確実と認められた。四月二日、聯合艦隊の指揮は差し当たり南西方面艦隊司令長官高須大将（在スラバヤ）が継承した」

7 「あ」号作戦前夜

四月ごろの八五一空ダバオ進出部隊は、仮建築のようなバラック住まいで、炊事担当の主計科も苦労が大変だったろうと思う。また整備員も相変わらず、水上係留の飛行艇まで仮桟橋からゴムボートで往復し、燃料補給も手押しポンプで大汗をかいていた。

指揮所は海岸に面したところに天幕を張り、本部との連絡は陸式手動電話（ハンドルをまわすと先方のベルがなり交信可能となる）で行なっていた。

通信所は本部内にあり、対空通信は自隊で行なうが、艦隊司令部への交信は、いちいちダバオ市内にある根拠地隊通信所へ車をとばして依頼していたように思う。

古賀長官機が出発したあと、さかんにダバオを呼び出していたものの、応答はなかったと記されている。が、先方としては突然の出発であり、航空隊の受信所はこれを待ち受ける態勢には人員、機械ともなかったのではないか。もし翌日の飛来であれば、根拠地隊からの通知で微力ながらも全力交信態勢をとっていただろうに……。

飛行艇を一機飛ばすには、関連するところも多く、いわゆる縁の下の力持ちがたくさん必要である。私たち搭乗員はつねにそれを意識し、感謝の気持をわすれたことはないが、便乗者になると必ずしもそうはいかない。

このころ、要務飛行（注＝作戦任務以外の飛行）を命じられた当隊の一機が帰隊した。帰ってくるなり、

「分隊長、けしからんです」

という。わけをたずねると、サイゴンに着水して、エプロンに収揚するためスリップ（滑走台）に向かおうとすると、便乗者の一人が、

「オレは急ぐんだ。あそこにクレーンがあるではないか。あれで至急つり上げてもらえ」

とがなりたてたという。どこかの参謀ということであった。これをきいて私はあぜんとした。兵学校の私たちの先輩が、下士官兵から笑われるようなことを平気で口にするとは……。

海軍全般について人材の質的低下（とくに搭乗員）がなげかれていた時期だったが、上級司令部も、このような人によって計画運用されていたのだろうか。その機長は私の分隊士で、けっしてウソをいう人間ではない。古賀長官機の幕僚が、「燃料搭載のひまはない。すぐ出ろ！」と厳命したそうだが、その場のようすが目に浮かぶようである。

この後の「あ」号作戦（マリアナ沖海戦）に参画した参謀の書かれた戦後の出版物を読んで、私は二度びっくりした。ずいぶん遠くから飛行機隊を発艦したものである。いわく、「これは敵の飛行機の航続力を考え、先方の槍先より手前から攻撃をしかけるいわば『アウ

トレンジ』作戦だった」と。

ついさきごろまでいた昭南で、機動部隊「翔鶴」の艦戦分隊長をしていた川添利忠大尉（アンボンにおいて、フンドシ一本で迎撃に飛び立ち、敵機を撃墜した）が、クラスの私をセレター水上基地にたずねてくれたことがあった。その彼が、

「操縦者は、練習生を出てすぐ母艦乗組を命じられた者ばかりで、ここの陸上基地の発着でも毎日二、三機こわすんだよ」

となげいていたのを思い出す。まして空母の発着艦となると、ずっとすぐれた技量が必要だという。

以前、横空にいるとき母艦パイロットの友人に、着艦の要領をきいたことがある。

「母艦の艦尾までパイロットランプに乗って進入する。艦尾の線をかわったら、エンジンをカットし、あとは無念無想の気持で操縦桿をひくのだ」

という。つまりストール（失速）着艦だ。機首を上げれば尾部は下げになり、飛行機のフックで母艦のワイヤーをひっかける。あとの部分は知っていたが（艦隊演習中、空母「赤城」に一日だけお世話になったことがある）、「無念無想」には気がつかなかった。

手練の搭乗員も開戦のころは千人くらいいたそうだが、マリアナ沖海戦をむかえるころになると、川添がいっていたように、「気持は純粋だが、技量がともなわない搭乗員が大多数で、われわれクラスが牽引力の先端になっている」というのが現実であったようだ。

結局、この海戦はわが方の大敗というよりは、戦さにならなかったようで、敵艦隊にたど

りつくことができず、マリアナの列島線上のヤップ、グアム、その他にどんどん不時着したそうである。

私自身もこの作戦に参加し、そのもようはあとでのべるが、搭乗員の技量の低下は指揮官としてまことに心細いものであったにちがいなかった。川添もこの作戦で戦死している。あらためてクラス会名簿をめくると、このマリアナ沖海戦で七名が戦死している。

二百四十五名卒業の同級者（クラスメート）は名前をきいただけで、その人の風貌がそくざに目に浮かんでくる。体の大きい元気者の江畑孝（艦戦分隊長）、色がとても黒く無口な佐藤良（艦攻分隊長）、いつもオナラを落として人を笑わせすぎ「へ郎」とニックネームをつけられた色白の佐藤逸郎（艦爆分隊長）。

背が高く口もとに手術のキズあとのある漆原清久（「翔鶴」乗組分隊長）、おとなしいが物をいうとき口をとんがらかしてかみつく牧野政信（「翔鶴」乗組分隊長）。

そのほか米軍のサイパン上陸にともない、同島防備の任にあった横一特中隊長斉藤藤実、彼は色が白く体は大きくないが、無類の根性者で相撲が強かった。また、硫黄島から応援にかけつけた第三二六飛行隊長従二重雄。この二人は北海道出身者で、斉藤は従二と義兄弟になるんだと大へんな意気込みだった。

陸爆銀河の分隊長中村文郎、小柄で無口なしっかり者だった。ほかにも前述の遠藤紫朗少佐。まだある、角田覚治中将だ。私たちが兵学校の二年生のとき、源田実少佐が内地に帰任の途次、江田島に立ちより、教育参考館で日華事変中の体験談を語ったことがあった。

「制空権を敵手にゆだねた戦ほどみじめなものはない」というのが結論で、戦闘機乗りの源田少佐がそのためどんな戦をしたか、克明に話をしてくれた。

当時はまだまだ大艦巨砲時代だったのだ。源田少佐が話を終わると、監事長の角田大佐がすっくと立ち上がり、「一言つけくわえておく。われに一機の飛行機がなくとも、断固、戦う覚悟をもたねばならぬ。誤解のないように――」と一言しめくくった。のちに生徒がおもしろがって、「源田が角田にやられた」とハシャいでいたのを思い出す。私はこのとき、どちらのいいぶんも正しいと思った。源田少佐の話にあるように、敵の空襲がつづいている間は、陸上部隊は頭を上げることもできないし、いつ撃たれるか爆撃されるかわからないのだ。おりから航空戦力は、「艦隊決戦の一要素である」と、海軍首脳部もようやく認識をあらためかけていたときでもあった。しかし、角田大佐は将来、海軍を背負って立つ海軍生徒のなかには、当然のことながら、戦艦部隊、水雷戦隊、潜水艦部隊、陸戦隊などなど多岐にわかれ、その指揮官になる人たちがおり、航空優先的思想をばらまかれてもらってはこまる、という一面もあったのである。

そこで前記のような監事長ダメ押しの一言となったわけであろう。私はまだ二年生であったが、ご両者はそれぞれの立場によって、当然のことをいっておられるので、「源田が角田にやられた」などというヤジは失礼千万と思ったしだいである。

ついで昭和十八年、横空にいるとき、角田中将にふたたびお目にかかった。第一航空艦隊司令長官として、これからマリアナ方面に向かわれるという時期であった。母艦がミッドウエーでやられたのちに編成された部隊で、陸上基地を迅速に機動してあるく陸攻を主力とする新しいアイディアにもとづき編成された基地機動航空部隊だった。それだけに私たちの期待も大きかった。

　そこで今後ともいろいろと横空にお世話になるというわけで、招待会をもよおされたらしい。その酒席でのこと、私は長官に自己紹介ののち浪曲・佐渡情話を一席ご披露におよんだのだが、終わると私の手をしっかりにぎりしめ、

「佐々木大尉。これからの戦いは君たち若い人たちに働いてもらわねばならん。しっかりたのむ」

　とポロポロ涙を流しながらいわれるのである。あの豪気な中将閣下が、そばにいる中佐や大佐の幕僚には目もくれず、若い者、若い人たちへ頭を下げておられるのにはビックリした。

　閣下のおっしゃるとおり、どの戦場でも、槍先のヤリは、やはり若い者たちばかりとなったが、あのなつかしい中将もテニアンで玉砕されたときく。

8　最前線の飛行訓練

　このころ整備分隊長に山下大尉が、渡辺君の後任として着任し、相変わらず真っ黒になって働いていた。彼は私のコレスの二クラス下だったと思う。

　このダバオにいた二ヵ月のあいだ、私たちの無聊《ぶりよう》をなぐさめてくれたのは、シボルガから

つれてきたサルの「モン」だった。ふだんは指揮所ちかくにつないでいたが、わるさをしては、海の中へ投げ込まれていた。すると、犬かきならぬ〝モンカキ〟で上手に陸岸まで泳いでくる。

ある日のこと、このモンを搭乗員の一人が、「分隊長、私に下さい」という。彼がシボルガで現地の人から買ったのだが、こんど内地へ転勤になるのでつれてゆきたいのだという。

「君が買ったのなら君のものだ。持ってゆくがいい。ずいぶんサービスしてくれてありがとう。これからさきも可愛がってやれよ」

そういって私たちは名残りをおしんだ。

石田睦雄軍医少佐にダバオの「ササ」陸上飛行場で出会ったのもこのときであった。さきにラバウル要員撤収作戦で記した人である。

私はこのあとしばらくして昭南基地へ呼びもどされた。操縦員訓練のためである。

昭南には難波大尉亡きあと、椎名親雄大尉（偵）が着任していた。彼は私よりさらに三クラス若い海兵七十期ということだった。

このころの戦局はまことに急で、椎名大尉は着任後まもなくマリアナ方面作戦のため、二機をつれて昭南を出発してゆく。私は出陣の記念にと、椎名二分隊長を中心に、クルーの写真をとらせた。決戦の大空へ向かう戦士へのせめてものはなむけと思ったのだ。だが、やはり——彼はそれきり帰らなかった。

桜井革児大尉（偵）と末吉中尉（操）が着任したのもこのころだった。

戦況が戦況だけに、訓練はそうとうにきついものになったが、末吉君はわりとはやく操縦のコツをのみ込んでくれた。

一方の桜井君はとても愉快な人で、いつも人を笑わせていた。彼の機の操縦者は鹿子木《かのこぎ》上飛曹といって、かなり操縦歴はふるいが、主操になって間がないせいか一番むずかしいハンプ越えの操作ができなかった。

そこで私がポーポイズに入るまえにエンジンをしぼり、

「オレがやってみせるから、席をかわれ」

というと、後ろから桜井大尉が、

「鹿子木、お前がやれ。できるまでやれ！」

という。私もなるほどそうだと思い、前言をとりけした。

思えば桜井機はほかのみなと同様、もうすぐ前線へ出動しなければならないのだ。自分の機の操縦者がほんとうに重量離水にたえてくれなければ、とうてい任務達成は

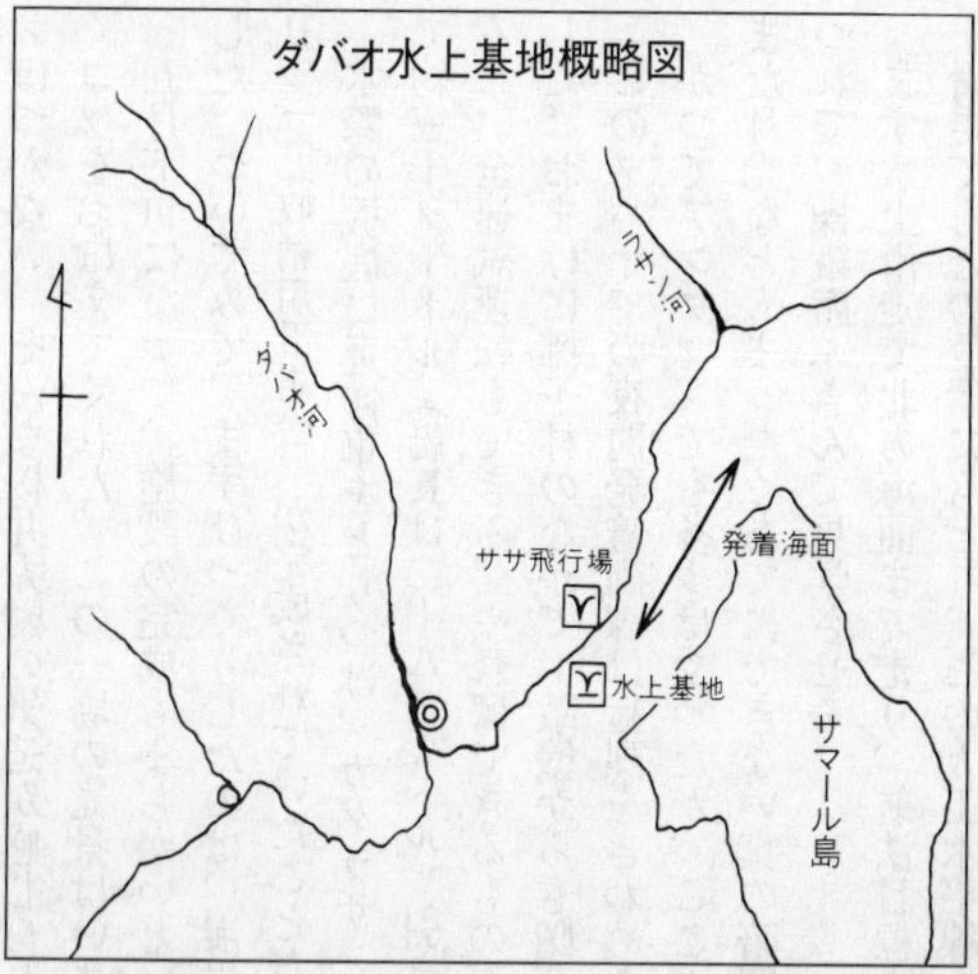

おぼつかない。そんな桜井大尉の気迫が感じられた。鹿子木上飛曹もそのときの訓練で、よくコツをおぼえてくれた。この一場の光景はいまでもあざやかに記憶にのこっている。

五月下旬になって、施設の完成もまぢかいということで、私たちはふたたびダバオに進出した。ついてみて、まずびっくりしたのは、海岸の椰子林を切り開いて、鉄板で飛行艇のスリップ（収納用滑走台）が完成されていたことだった。

水際の機底に運搬車をとりつけ、カグラサン（注＝漁船を砂浜に引き揚げるときに使う）で約三十メートル（艇長は二十八メートル）引き揚げる。これでエンジン換装もらくにできるし、全速試運転もできる。やればできるものだ。私はあらためて整備と関係者に敬意を表した。おまけに椰子林のなかで、敵機からも隠蔽ができる。

このダバオでの夜間発着訓練は猛烈をきわめた。

かつてアンダマンでも多少はやったが、ここダバオの海岸には民家の灯りはまったくなく、また月光などもまったくあてにできない真の暗闇のなかで、特Aクラス二、三名の操縦者をつれて、操縦席ふきんで見学させる。

まず水上滑走で北方海面まで走り、航法目標を横一線になるようにバラまき、ふたたび水上滑走でもとの位置にもどり、この人工水平線を水平線とこころえて離水操作をする。

空中に上がるとサマール島を大きく迂回し、矩形飛行でもとの位置へもどり、ついで夜間着水姿勢にはいる。沈みを制御しながら、すこしずつおりてくる。どんなに暗くても、陸岸だけはぼんやりと見える。

まもなく接水だ。機首はアップなのでいつ接水してもよい。ところが、なかなか接水してくれない。ペラの後流で降下がとまったのか？　やむなく着水灯をつけてみる。まだすこし高度がある。敵地ならこんなことはできないだろう。いそぎ着水灯を消す。

ついでエンジンをややしぼる。またすこし……と、ドシーンとくる。接水だ。フラップアップ！　真っ黒な海面がだんだんとなじんでくる。ここで操縦者の交代だ。ふたたび機は離水していく。

とにかく、これまでのような時間をかけての訓練はできない。二式大艇の能力をフルにひき出して、まるでテストをするような気持ちで、操縦者一同は心を合わせて訓練にはげんだ。二式の飛行のかげには何百人もの隊員が、もくもくと働いているのだ。それにむくいるには私たちクルーがりっぱに戦うこと、ただただこの一点につきるのだ。

このころホロ島に要務飛行した機から、タウイタウイ泊地のもようがもたらされた。さきにわが機動部隊はシンガポール近海のリンガ泊地にあったが、すでにタウイタウイ泊地に他の水上艦艇とともに進出待機していたのだ。

しかし、発着艦訓練がほとんどできていないこと、敵潜水艦がさかんに出没し、わが駆逐艦がよく沈められていること（これにはおどろく。逆ではないのか？）、治安がわるく、わが行動は敵側に通報されているなどなどである。

そのなかに私のクラス二名が、「水無月」「早波」で戦死していた。なにやら前途に暗雲がただよいはじめているような、いやな予感がする。

そんなある日、私のクルーはハルマヘラ島のカウ湾に連絡飛行を命じられて、日帰り飛行を行なったことがあった。用件は所在陸軍部隊に手紙をわたすだけだった（ほかに物資の補給があったかもしれない）と記憶する。

ついてみると、陸岸の椰子林にたくさんの陸軍兵士が休息していた。その数もおびただしいものである。はたしてこの人たちの生活はどうなっているのか、補給は？と思ってみたりした。ニューギニア方面には陸軍兵力や航空部隊が進出し、防衛に当たってくれているときいていたが……心強くもあり、また気のどくにも思えたものである。

余談だが、あるときサマール島の島かげに、戦艦「扶桑」が停泊しているのを見てびっくりしたことがある。

そのうち対岸のビアク島（飛行艇から見ればニューギニアは対岸という感じがする）に千田貞敏少将が赴任されたと聞いた。〝タルビン〟とニックネームをいただいたこの人は、私たちが霞ヶ浦で飛行学生を拝命したときの霞空司令だった。

日華事変で勇名をはせた人で、やや勇ましすぎるようにみえるが、この難局を乗りきるためか、士気昂揚のためか、航空出身の勇将がビアク島根拠地隊司令官として乗り込んだのである。

ぜひとも一目会いたいとは思うが、そうはいかない。とにかく司令官の前だろうがどこだろうが、大きな掌を大きな顔にあて、ほおづえをついてどこ吹く風といった豪傑タイプの人だった。

9　翼下に「大和」を見た

マリアナ沖海戦（あ号作戦）におけるわが八五一空の参加状況が、公刊戦史にも記載がないということであるが、もし事実ならば、私の記憶による以下の記述が、その補足となるだろう。

当時ダバオにあって、出動命令を待っていた八五一空の二式大艇は五、六機だったと記憶する。私たちが知っていた味方の状況はすでにのべたとおり、タウイタウイ泊地に機動部隊がいること、ニューギニア北岸ぞいに米軍が接近していることなど、かぎられたものだった。そこへ米海軍がサイパンの泊地を掃海しているという全軍あての電報を知らされたときは、正直いってびっくりした。こんなにも突然に上陸してくるのかと意外に思えた。

ついでわが機動部隊が出撃してゆくので、その前路哨戒をやれという命令を受けとった。機動部隊と支援部隊（「大和」以下の水上艦艇）は各地から出撃してくるので、その第一の会合点を「F」点とさだめるという主旨の説明を受け、海図上にミンダナオ東方海上にその地点が記されているのを見た。

記憶をたどってその位置をしめせば、付図のおよそ丸点線でかこった地点ではなかったか。

たしか六月十七日と記憶する（あるいは十六日だったかもしれない）が、より正確を期するため当隊の出動日をX日と記述する。

前路哨戒の任をあたえられたわが隊は、私が一番機となって、海図上にしめされた地点ふきんに向け、南方海上から針路を北にした。

そして正午ごろ、くもり空の下に戦艦「大和」を発見した。前路哨戒というのは主として前方の敵潜水艦、または海上反撃勢力を発見または制圧するツユはらい的役割りで、飛行艇にあたえられた通常任務の一つである。

さっそく前方に出ようとすると「大和」から発光信号があり、「補給艦の位置知らせ」というメモを偵察員が手渡してくる。「了解」という意味の大きなバンクをとって合図(飛行機が大きいのでバンク信号にもとても力がいる)をする。

このとき「大和」は微速で走っていたのか、艦尾波はあまり見えず、待ち合わせでもしているように見えた。ただちに「大和」がすすんできたであろうと思われる針路の、逆コース方向に機首をめぐらせた。そして、およそ五十カイリほど後方に、一隻の補給艦らしきものを発見した。

それもよく見ると、艦の鼻がかけている。敵の魚雷にでもやられたのか。にもかかわらず、白波をけ立てて追いかけている。一見けなげにも思われるが、あわれでもあった。ほかには補給艦らしきものは見当たらない。

以前、横須賀で「武蔵」を見学に行ったさい、「二式大艇は役に立つのかね?」と問われ、「『武蔵』よりは役に立つでしょう」と答えたことがあるが、いまはそんなのんきなことをいっている場合ではない。とにかく助けなくてはならない。

「あ」号作戦〔851空〕索敵図

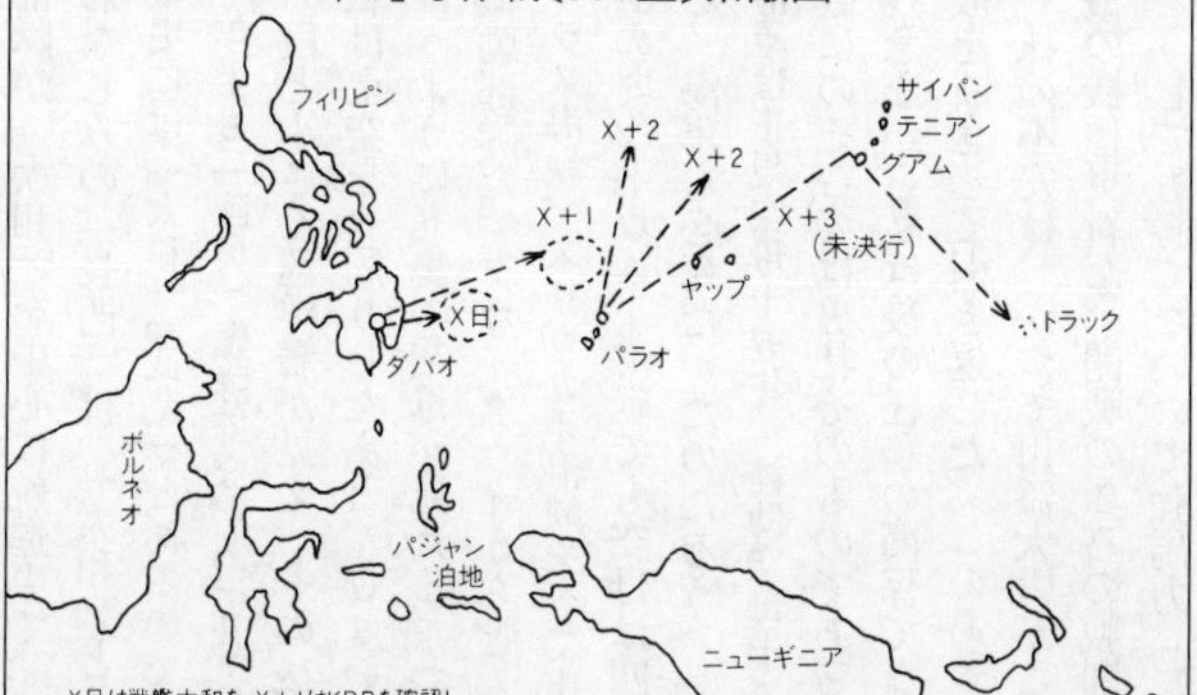

X日は戦艦大和を、X＋1はKDBを確認した地点。X＋2は索敵線。X＋2日は決戦の日の6月19日——いずれも記憶による——

そこでまたも「大和」直上へと引き返した。

そしてこの状況を紙片にしたため、報告球（ゴムマリに文書をくりつけ、赤い長さ三十センチ余の布を目印につけたもの。海軍機に搭載し対艦船連絡用としていた）にたくし、「大和」の上空を超低空飛行で航過しつつこれを投下する。その直後、偵察員から、「艦側の乗組員がひろったようです」との報告を受ける。

そのあとしばらく前路哨戒コースを飛んで、ダバオに帰着した。その日、私はめずらしく下痢をしていた。ダバオの水にすこし硫酸のけがあるという話だったが、真疑のほどはわからない。当日は他の飛行機も、ふきん海面の哨戒に出ているようだった。

その翌日、わが艦隊はさらに北上し、サイパン方面に向かっているはずである。私の機はダバオを離水し、見当をつけて艦隊の所在予想地点へと向かった。いた、いた。予想どおりの丈援部隊が「大和」を中心に航進中で、そばに「長門」がいる。

おなじみの「長門」は、「大和」とくらべると巡洋艦くらいの大きさにしか見えない（公刊戦史には「大和」「武蔵」とあるので、はたして事実だったかどうかたしかではないが、しかし一年半も「陸奥」艦隊でながめて暮らした僚艦なので、そう見まちがうはずもないが）。そして一段と小さく巡洋艦が見え、その後方に駆逐艦が二十数隻つづいている。

私は上空を一周りしたあと、ひょいと東のかなたを見ると、こはいかに水平線上にムカデがはうように九隻の空母が見える。わが機動部隊だ。全海軍が期待する強力な打撃力をほこる機動部隊だ。タウイタウイからどんなコースでここまできたのか（戦後に知ったことだが、ギマラス海峡、スリガカオ海峡をへて南下し、北上してきた支援部隊と合流）。

あのミッドウェー海戦でも空母は四隻だった。それがいま九隻の空母を戦場に送り込んでいる。海軍も必死だったのだろう。しかして相手の空母は何隻か（後日判明したところでは、米海軍は正規空母十五隻、補助空母十二隻）。まさに決死の意気込みで、機動部隊どうしの大海戦にのぞむ姿は勇壮そのものである。

残念ながら私は後の任務の関係でながくここにとどまってはおれず、ここで空母群の前路哨戒を断念して引き返した（このあとパラオに進出、翌日の索敵にそなえるため——）。

一抹の不安は、かつて川添大尉がこぼしていた搭乗員の技量だった。もう一つ、米海軍戦闘機の機種更新だ。開戦のころの戦闘機はグラマンF４Fワイルドキャットだったが、零戦にどうしても勝てないので強馬力（二千馬力エンジン）でスピードを速くし、空戦性能も零戦を上まわるというF6Fヘルキャットに乗りかえ、ちかごろでは零戦もこれに押されぎみときいていた。

機動部隊の行く手を気にしながらも、機首をとって返し、ダバオに着水した。引きつづきパラオに進出という矢つぎばやの移動をすます。

パラオ島コロール水上基地は、りっぱに整備された滑走台（スベリ）や施設があり、飛行隊長の近藤大尉と、昭南で急速練成した桜井大尉、末吉中尉らの三機三クルーが明日の出撃にそなえて待機していた。

明日というのは、「あ」号作戦の日（あるいは敵との間合いの関係でさらに一日くらい後になるかもしれない）である。その夜は近藤大尉から、くわしい索敵計画の説明を受けた。

パラオから敵の機動部隊の所在地点と思われる方向に、二本の索敵線がひいてあり、桜井、末吉両君がこの索敵に向かうことになる。その翌日は私の機が出撃し、サイパンちかくの海面を索敵したあと、トラック島へ帰着する予定だ（パラオには航続距離の関係で帰れない。図のX＋2の二本の線と、X＋3の線が該当する）。

なお、近藤大尉はパラオ派遣隊の指揮官であった。

10　帰らぬ巨鳥たち

いよいよ決戦の日がきた。

夜明けとともに桜井機、末吉機が相ついでパラオを発進していった。心配していたポーポイズも起こさず、鹿子木君もうまく離水してくれ、やがて北東の空へ消えていった。

この日は進出距離七百カイリの扇型捜索の計画だったが、彼らの結果いかんでは、明日予定のわがクルーの索敵線も多少ことなってくるかもしれない。さっそく、飛行計画を見なおしてみる。

ところが、予定時刻になっても、二機とも帰隊してこない。まったく音信がないまま、さらに二時間がすぎた。敵戦闘機にでもやられたのか。それなら〝ヒ連送〟ぐらいきそうなものだが……。それにしても、二人そろって初陣だった。

とうとう夜になっても、帰ってこなかった（終戦直後、米海軍の出版物をひろげたとき、「エミリー」が白い煙をひいて海面上を飛んでいるのを見た。翼の燃料タンクでも撃ちぬかれたのか。それならガソリンの煙だ。なんだかこのときの二機のうちの一機のような気がしてしかたがなかった）。

出たきりウンともスンともいわず帰ってこないのを軍隊用語で〝鉄砲玉〟という。いきなり戦闘機に襲われて、電報発信のいとまさえなかったのか。六月十九日のことだった。

翌朝、早めしを食っていると、基地通信員が電報をとどけてくれた。それには、『「あ」号作戦中止。機動部隊は中城湾に帰投し訓練に従事せよ……』とあった。

私にはこれがピーンときた。敗れたのだ。中城湾とは沖縄だ。つまり機動艦隊は編成をとき、それぞれの母港か訓練地に帰れというのだ。やんぬるかな！一度に力が抜けたような気がした。

その日はそのまま命令を待って、パラオに待機したが、やがて、『ダバオに帰隊せよ』との本隊からの命令がとどいた。

このマリアナ沖海戦を公刊戦史で見ると、

「米軍サイパン上陸の報により小沢機動部隊（空母九、四百三十機、戦艦五、巡九、駆二十）は米艦隊と決戦のため六月十五日〇八〇〇中部フィリピン・ギマラス泊地出撃（筆者注＝戦艦部隊の一部はバチャン泊地発、北上して合流）、十八日夕刻サイパン西方四百六十カイリに進出、翌十九日〇七二五〜一〇二〇、四次にわたり総数三百二十五機を発艦、米空母群の攻撃に向かったが、大半は敵戦闘機と防御砲火に撃墜され、わずかに空母一、戦艦二を小破したのみで自爆未帰還百八十五（他に索敵未帰還二十）の損害を受けたほか、空母『大鳳』『翔鶴』は米潜の雷撃を受け沈没、可動機わずか百に減じた。

このため機動部隊は決戦を断念し北西避退を開始したが、翌二十日米空母機の攻撃を受け『飛鷹』沈没、可動機三十五に減じ決戦に完敗した。この決戦に呼応すべき所在基地航空兵力わずか九十機、サイパンは七月六日玉砕……」

とある。

なお、さきにアンボンの項でのべたクラスの池田利晴大尉は、水戦から陸戦（零戦？）にのりかえ、二〇二空戦闘六〇三飛行隊長として二十三機をひきい、二十日にヤップに進出、おりからB24四十余機の来襲にあい、零戦八をひきいて迎撃に向かったが、全機が未帰還、戦死とされた。

彼は生徒のときは水虫がひどく、いつも略靴（サンダル）をはいて、片足をひきずりながら歩いていた。卒業後、会ったことはないが、戦闘機乗りが空中戦で戦死するのは覚悟の上だったろうが、はたして水虫はなおっていただろうか、と、そんなことが妙に気がかりだった。

六月二十一日の朝をパラオで迎えた私と飛行隊長機は、相ついでパラオを発進した。エンジンをふかしながら滑走台（スベリ）を降りて、いざ水上滑走にうつろうとしてひょいと上空を見ると、白い飛行雲が弧を描いて、十数条も見える。

敵の戦闘機だ！

いつ舞いおりてきて、この大きなエミリー（二式大艇のこと）に向かってくるか。くるならこい、そのときはそのときだ。

私は機銃員を配置につかせ、西方のダバオをめざして離水を開始した。

ひとまず雲の中に入るのが賢明とばかり、雲中に飛び込んで十分くらい飛んだが、どうやら戦闘機はおりてこないようすで、気がかりだったが、そのままゆくと、やがてスコールに入った。

敵機の心配はなくなったが、これがまたものすごい。さっそくおとくいの航法——低空をはって目的地までまっすぐにオートパイロットを使ってする荒天突破法（敵地に進入するにはこれしか方法はない。悪天候を避けて飛んでいたのでは敵のレーダーつきの戦闘機にやられてしまう）で、断固として突破してみせる。

高度は二百メートル。かつてのインド洋での経験では、乱雲の下はかならずあいていて先が見えるが、ここではだいぶようすがちがって、スミをタライにいっぱいためて眼前にこぼしたように、真っ黒い巨大な柱が海面まで突っ立っている。

それでも、まだ私は絶対の自信を持っていた。

遮風の板のパテのスキ間から、雨水がポタポタとひざの上にこぼれてくる。私は腕ぐみをして計器の指度と、横の海面を見つめている。前方はまったく見えない。古賀長官機もこんな状態ではなかったか——しかも夜間に。二番機がセブ島までさけたのもむりからぬと思った。

しかし、オレはちがう。かならずや突破してみせる、と心にちかう。

そのまま三、四時間も飛んだろうか、機はいつかぽーっと雲から出た。ありゃまあ、なんとミンダナオ島の海岸が、陸地が目前に見えるではないか。いよいよ陸岸にちかづくころ、雨域は完全に切れていた。

そのまますべり込むように、ダバオ島に着水し、経過を司令に報告する。

一方、飛行隊長機の操縦者はポートブレアいらいずっといっしょだった小林予備大尉だ。彼は一般大学出の操縦者で、これまで、あまり敵地進入のようなことはしてもらっていなかった。彼をしばらく待ったが帰ってこない。夜になっても、翌日になっても——そして今になっても。

パラオに進出した四機のうち、帰ってきたのは私のクルーだけだった。

〈二分隊長の飛行機にのっていれば決して死なない〉とクルーたちがいっていたそうだが、ほんとうにそうなってしまった。

それにしても、近藤飛行隊長機はどうしたのだろう。小林予備大尉は……。悪天候がこの人たちの運命をくるわせたのか。あるいは、不運にも雲中をとび出して敵機に食われたのか。こうして仲間を一挙にうしなったのであるが、そのさびしさはたとえようもなかった。

11　新飛行艇は全木製か

戦力の激減した八五一空はやむなく昭南に集結、戦力回復がはかられることになった。まさに刀折れ矢尽きた感じだった。

保有機は二～三機くらいにまでなっていただろうか。この七、八月にかけて内地から機材の搬入をして、同時に搭乗員養成に馬力をかけることになった。

しかし、補充されてくる搭乗員は、予科練をくり上げ卒業した若い人たちばかりだった。ついにわが隊もか――の感があった。

この人たちを一人前に育て上げるには、これまた一苦労である。純真でのびのびした若い人たちに期待するところ大であるが、それにしてもあまりにも若すぎる。

また、このころ人事異動があった。司令にも航空本部からの三田国雄大佐以下、総入れかえの大異動だった。私にも発令があり、『補八五一空飛行隊長』ということだった。昭和十九年七月二十七日付だ。そして分隊長は安藤予備中尉と岩田予備中尉で、ともに偵察である。

ここで私は、待てよと思った。現有機数は一にぎりの二式大艇しかないが、もともとわが隊の編制定数は八機の二個分隊十六機である。私のような若年の者が飛行隊長をつとめ、そして大学出の予備中尉の分隊長（ともに戦ってきた戦友ではあるが）とはどういうことだ。すこし貧弱ではないか。しかも、搭乗員はもっともっと若い。

それでもよく考えてみると、すでに私の上下のクラスともみな戦死してしまって、ないソデはふれないという状態になっていた。私の四号（私が四年生のときの一年生）までが、当隊で戦死しているのだ。これが現状における海軍の実態なのか、とつくづく考えさせられた。

ところが、なんとあとを追って八月一日付で、横須賀航空隊教官兼分隊長という発令がとどいた。さきごろ退隊した日辻大尉の後任ということだった。そして、私の後任には斉藤安邦大尉（日辻大尉と同期生）が、八〇一空からみえるということだった。これで私も一安心した。八五一空はまた大きく戦力を回復させてもらえるぞ、と——。

こうして八月十三日、私は昭南をたって内地へ赴任した。

この一年をふり返ってみると、感無量の思いがする。昭和十八年八月にスラバヤに着任して、オーストラリア方面の偵察、ついでインド、セイロン島方面、つづいてラバウル方面に派遣され、最後はマリアナ沖海戦であった。

この間にみずから体得したのは、二式大艇のポーポイズ対策だった。おかげでこの一年間、隊内でポーポイズ事故は一件も起きなかった。

つぎは荒天突破法であろう。これは昭和十七年、アンボンで自得した「身をすててこそ浮かぶ瀬もあれ」の航法で、まず天候を征服して、その後に敵にあたってきた。

三番目は、クルーに助けられたこと。彼らは電探で陸岸を測距してくれ、天測で正確な位置を出してくれた。また、搭乗員も整備、補給に真っ黒になって黙々と働いてくれた。あまりに黙っているので、この人たちの名前もよくおぼえていないが……。

ずうっと私のサブ（副操）をつとめてくれた坂部君ともおわかれだ。後日談だが、つぎの年、横空から電探による対潜爆撃の講習で詫間航空隊に出張したとき、クラスの田栗から、「貴様のサブをやっていた坂部君が、いまやナンバーワンパイロットだよ」といわれたときはおどろきもしたが、とてもうれしくまた安堵した。この人には一言も文句をいったことはなく、文字どおり以心伝心となり、一体となって大艇を動かしてきた。

また、モンキー君は一足先にダバオをはなれたが、その秋、横須賀から台湾・東港に出張したとき、格納庫の裏につながれているのに出会った。

だいぶ肥えていたものの、顔かたちに見おぼえがあり、まちがいはなかったが、「モン」と呼んでも素知らぬ顔をしている。以前ならばキャッキャッといいながら近寄って、お頂戴していたのだが……。半年あまりたつうちに忘れられてしまったのか。すこしさびしかった。

のちにB29の爆撃で死んだと聞いた。

こうして私のクラス（二百四十五名卒業）はこの八月までに百六名が戦死、終戦までにさらに三十二名が戦死し、計百三十八名が戦死している。殉職者など合わせるとクラスの三分の二がこの大戦で亡くなっている。一つ上の六十六期から以降の五、六クラスが、やはり三分の二戦死ということである。

八月下旬、なつかしの横空に、約一年ぶりにふたたび着任した。兼審査部員を命ずるということだった。審査部というのは横空内にあり、主として新製機が軍の用に適するかどうか、軍の立場から審査するのが任務で、当時、試作中の川西製「蒼空」の生産向上における木型審査が当面の任務だった。完成したら、もちろん飛行試験から一切をやらなければならない、いや、やらせてもらえるのだ。

私はさっそく、神戸の川西に飛んだ。はじめて見る「蒼空」は、四発の輸送飛行艇で機体はオール木製である。二式大艇一機分のジュラルミンで零戦十七機ができるのだから、いまやそんな余裕はないというところだろう。ただし、エンジンは二式大艇とおなじとのこと、輸送飛行艇ならそれでよいだろう。

前任者の日辻少佐がこれまでタッチしてこられたといい、四国の小松島で量産する計画ときいていた。

木型審査とは、機材をベニヤ板で設計図どおりに製作し、老練な搭乗員がこれで操縦、偵察、その他航空機として運用できるかどうか、実機を想定しつつ検討するもので、多少の手なおし事項が指摘されているていどで、はやくも第一号機完成をいそぐという段階であった。

まず艇内に入ってみてびっくりした。三階建てで、一階の船倉部は肋骨に相当する強度材が上下にずらりとならび、まるでむかしの百石船の船倉みたいな感じである。木製だからとうぜん水もれもあるだろうし、ビルジをしまつせねばならぬ。ここは人や物を積むようにはなっていない。

二階が人員九十名用の客室となっていて、たしかタタミが敷いてあったように思う。貨物を搭載するときはタタミを壁に立てかけておくとか。三階の前方が乗務員室、後方が旅客用士官室十二名分となっている。

二式大艇改造型の人員輸送機「晴空」の座席は、たしか六十二名だったと記憶する。一階の燃料タンクを取りはずし、ここにも座席がしつらえられており、一、二階とも籐椅子を使用し、なるべく死荷重（デッドウェイト）をかけないよう工夫されていた。「蒼空」はこれより一まわり大きいのだ。

余談だが、戦後の東海道新幹線も飛行機の木型審査方式をとり入れ、デッドウェイトをだいぶへらし、性能向上に役立てられたときくが、どうもそのかっこうは飛行機の胴体に似ているような気がする。

この「蒼空」も戦火がはげしくなり、途中で生産打ち切りになったときく。

12　落日の南九州基地

この間、横空教官として、機関学校出身の偵察員の実技訓練に、台湾まで行ったことがあった。私の一級上の人たちだった。ついに機関科出身者まで搭乗員に配置転換とは！　いよいよ非常事態だと思わざるをえない。

横空分隊長としては、九七大艇による対潜水艦の電探爆撃の実験と、それの実戦部隊への普及講習を行なった。このころは零式水偵もこれらの実験に成功していたという。

実験は日本海側の舞鶴航空隊で行なわれ、命中精度はわりに良好だった。

電探そのものは私たちが戦地で使っていたものだが、まず超低空で飛行して敵潜水艦をさがす。やがてスコープにたてじま模様の測距線が現われる。そして敵潜の直上通過の直前に、この線が消える。この間を秒時計ではかり、基点から何秒か後に投下するという主旨のものだった。弾丸は一キロの演習弾だった。

当時は敵潜による輸送船の沈没が相つぎ、飛行機も艦船もこの対策にやっきなっていたときだった。

四国の詫間空に行ったさい、日辻少佐にお目にかかり、田栗大尉から坂部君の話をきいたのがこのときだった。

佐伯空にも行ったが、そこでは「東海」という対潜哨戒専門の飛行機がたくさん翼をつらねていた。

以上は、だいたい昭和十九年秋から二十年春くらいまでの間の出来事であるが、その間にも川西にはたびたび連絡にでかけていた。

あるとき二式大艇の補備試験として、上昇力試験と高高度試験が行なわれた。定格《ていかく》上昇をしているときのこと、機内の通路はさながらエスカレーターの階段のような急角度である。ひょいと、左外を見ると、二式水戦（零戦にフロートをつけたもの）が、いっしょにならんで上昇している。

いつ追いぬかれるかと思ったが、ほとんど雁行《がんこう》状態で上昇をつづけている。どうやら先方も性能試験中のようだ。

これを見て、私はへえーと感心した。水戦とおなじ上昇率で上昇しているのだ。私たちクルーがセイロン島方面で急上昇、全速離脱などの操作をくり返して任務を遂行してきたとのべたが、なるほど水戦とおなじくらいの性能で飛んでいたのか。どおりで敵の夜戦にも食われずにぶじ帰還できたのか――まったく二式大艇の性能のおかげだった。

つぎは高高度飛行試験だった。二速に切り換え（エンジンに吸入する空気のスピードを上げ、高高度における出力を増加させる）、どこまで上昇できるかのテストだったが、五千五百メートルまで上がり、しばらく水平飛行をしたことをおぼえている。

米軍機はB17以降、排気タービンを使用し、その高空性能をうんとよくしていたときいていた。ノルデン爆撃照準器とともに――。

しかし、飛行艇はあまり高空は飛ばない（私はむしろ海面をはって飛んでいた）ので、私はあまり関心はなかった。酸素マスクなしで五千メートルでかなり飛べる、という人体実験のデータをえるためだったように記憶している。

このあと台湾沖航空戦、比島沖海戦と、大戦末期にみせた最大規模の戦闘が行なわれたが、この戦いには詑間空の二式大艇が出動して、主として電探により敵機動部隊を探知報告していたもようであるが、私にはつまびらかでない。

ただ、横空からは私を指揮官として、九七大艇数機をもって作戦用物資を台湾の東港まで空輸したが、大がかりな空輸はこれ一日のみであった。

このとき、私は命令により、指宿から迎えの零観（二人乗り観測機）で垂水《たるみず》着、鹿屋空に出張して戦況調査にあたったことをおぼえている。

鹿屋には一号生徒の小野賢二、二号生徒の根岸朝雄大尉がいて、私のクラスでは小関俊勝大尉がいた（一号生徒とは私たちが一年生のときの四年生でとくに印象ぶかい。階級は少佐だったか、まだ大尉のままだったかはっきりおぼえてない）。

クラスの陸攻乗りの小関が、

「飛行機がふるくなってなあ、魚雷をだいて離陸すると、飛行場はしの松の木でハラをこするんだよ。だけど航空参謀がいい人でな、あの人がやれといわれるならよろこんで死ぬよ」ともらしていた言葉が印象的だった。その一言には私も返す言葉がなかった。深々と頭を下げ、「健闘を祈る」と、それだけいうのが精一杯だった。

陸攻隊は空母戦力の激減した今日最後の切り札となっていた。出撃につぐ出撃で、このときは特攻兵器「桜花」をだいての出撃もあった。

その日から数日後、三人ともに出撃戦死した。

この隊の従兵からきいた話であるが、当時、鹿屋空には陸軍雷撃隊が講習を受けにきていたという。受講生はみな少佐で、教える側は私と同期の海軍大尉、とてもぐあいがわるかったのですよ、との話であった。そういわれてみると、士官室には陸軍の将校さんがたくさんいたし、鹿児島湾上を「靖国」（陸軍名「飛龍」）が軽快な運動で雷撃訓練をしていた。どうも海軍の人事だけはいただけない。

この冬、東京の陸軍病院で叔父が戦病死したので、私は家内とともに葬儀に参列したが、陸士四十三期の叔父は陸軍少佐。教え子の五十一期（私の一クラス上）も陸軍少佐。私たちから見ると教え子の方が、どうも進級がはやすぎるのである。

それにひきかえ、鹿屋空で散っていった先輩たちはみな海軍大尉。戦況の逼迫がはやすぎて人事処理が間に合わなかった、とでも当局者はいうのであろうか。

戦後、自衛隊に入隊しておどろいたことがある。私どもの一クラス下で、海兵六十八期相当の陸士五十三期までみな少佐なのである。陸軍の人事の方がサバケていたのか。陸士五十三期生は三千人クラスということだ。海軍の十倍の人員をはるか以前に採用していたわけである。そして、最前線で活躍する槍先の戦士を、人事面で、応援していたわけである。

13　とんだバナナ騒動

台湾には、空襲下でもあい間をみては、ちょいちょい出かけた。高雄の航空廠への緊急調達品の空輸と、逆に先方からの生活物資の内地空輸をかねてである。

そして東港を出発しようとしたとき、地上整備員が右外発の全速試運転をしているさいに艇体がねじれ、尾部運搬車が地面に倒れ、そのはずみで艇体下部の縦ビレが地面に接触して左にひん曲がってしまった。

あまりゆっくりしているわけにもいかず、私は離水できるならやってみよう、だめなら修理して翌日出発しよう、と決心して水上滑走にうつった。

やってみると、どうしても左に機首をふる。それは当然だろう。二回目にじょじょにエンジンを入れ、やっと直進できた。しかし離水時には、ずいぶん滑走距離がのびたようだ。

さて、横空についたところ、トラックが三台もむかえにやってきた。いつもは二台なのに一台多い。

私はさてはと思い、積荷をぜんぶ格納庫内にならべてみろ、と命じた。出発前はたしかバナナ四十カゴと報告を受けていたが、なんと八十三個もあった。どおりで浮かばなかったわけである。あの一カゴ四十キロ余りもあろうかという、大きなカゴが八十余りあるのだ。これだけで三・五トンである。あぶないあぶない。

私はそこで全員に注意した。へんなところに押し込んでおくと、機の重心位置がくるって離水後失速、墜落することがあると、陸軍MC20輸送機の先例をあげて話したのであった。

これも台湾に往復したさいのことである。電探のアンテナを前下方にもう一つとりつけ、より精度をあげようという計画で、従来のアンテナの下方に枠型アンテナをとりつけて飛んだ。

しかし、結果をきいたところ、ぜんぜん映らなかったという。アンテナがおたがいに干渉し合って、電波の方向がアサッテの方向に向いていたらしいとのこと。なんでもやってみないとわからないものである。

この台湾からの帰りに、『横須賀豪雨、呉空に行け』と電報を受けとった。すでに機は伊豆大島ふきん上空にたっしていたが、反転し、島かげのない方向へ降下して雲の下に出た。さてと、ここで私は決心した。いまは遠州灘ふきんである。知多半島の河和水上基地(新設の航空廠と航空隊がある。現在の美浜町ふきんか?)へと行こうと思ったのだ。

雲がとても低い。五百メートルくらいか。かなり風が強かった。そのなかをぶじ着水したものの、あたりには水偵係留用のブイしかない。

さいわい飛行艇は自分用の錨も搭載している。さっそくこの自前の錨をおろし、すこしずつ後ずさりしながら、水偵のブイをとった。海軍式にいえば〝振れ止め錨〟を打ったことになるが、私としてはあくまで補強のつもりであった。

バナナ一カゴをおみやげに、一晩お世話になりますと挨拶して、その夜は司令から歓迎パーティーまで開いてもらった。

あとできいたことだが、その数日後、大日本航空の「晴空」がこのブイに係留していたら、翌朝、飛行機は岸に打ち上げられていたとか。

最後の最後まで慎重さを失ってはならぬ。サイパンで七回も上空を旋回して、着水点をさがしたことを思い出す。

14　横空最後の日々

いよいよ戦線も縮小され、B29による空襲がいちだんとはげしくなってくるころ、避難基地を調査しておけということで、まず汽車旅行で石川県の七尾湾に適地をみつけ、ついで秋田県の八郎潟と北海道の洞爺湖に飛んで着水し、一泊どまりで係留ブイを設置してまわったことがある。

そのうち、水倉大尉が着任してきた。戦地でいっしょに戦ってきた人だ。

あるとき霞ヶ浦に避難のため、私と二機で夕方ちかく霞ヶ浦の補給廠前に着水した。夕闇がせまるので、私は夜間着水の姿勢をとって接水した。ひょいと見ると水倉機はカット・オフ・ランディング、つまりふつうの着水の要領でおりてくる。ずいぶん高いところで引き起こしているもんだ、あぶないぞと思ったが、そこは老練な彼のこと、ぶじ着水してスベリに到着した。

アンダマンでもダバオでも、夜間の発着訓練はずいぶんとやったが、老練なこの人たちには私も一目おいて、あまりシゴクようなことはしなかったが、古きがゆえに貴からず、遠慮は禁物とさとったしだいだ。

この人もこのあと、悲運にも戦死している。

そうこうするうち、横空も改編があり、水上機の分隊がひとまとめになって私の指揮下に入ってきた。つまり、なんということはない、縮小である。同時にわがクルーの偵察員も電信員もとり上げられた。すべては私の出張中の出来事だった。

それでも神戸の川西には、審査の関係で通わねばならない。ある日、二機で行った。もちろん偵察員も電信員もなしである。そのさい、ちょっとした用件が残っていたので、私は最後まで残ることとなり、用事のすんだ人たちだけ一機にまとまり、先発帰隊することになった。そのなかに水倉大尉、能代中尉らもいた。

ところが、その後まったく消息をたったのである。どうやら浜松ふきんで、敵機動部隊を発した艦上機に撃墜されたらしい。操縦者だけしか乗っていないので、横空への連絡は、まったくなかったという。

二式大艇も、クルーがそろってはじめて全能力が発揮できるのだ。いたしかたなかったといえばそれまでだが、おしい人をなくしたものである。なんのために、前線で苦労をかさねてきたのか――残念でならない。

敗戦のすこし前になるが、審査部が青森県の三沢へ移動することになった。空襲をさけ、実験飛行を安全に行なうためである。

ここで私は、「水上班は横須賀に残ります」ときっぱり宣言した。施設の関係からだ。これが運命のわかれ道となり、その後、三沢には大々的な米機動部隊が来襲するところとなり、大損害をこうむったという。

いよいよ終戦の詔勅が下り、横空内でも善後策について若干の協議があったが、基地保管要員として、百名たらずの要員が居残ることになった。

ところが、みなが一日もはやく帰郷したいというので、

「よーし、水上班はオレ一人おればよい、みな帰れ」

と号令した。こうしてほんとうに私一人になってしまった。

基地保管要員の長は、副長の小林淑人大佐で、海軍戦闘機パイロットの大先輩である。イギリスに飛行学生として留学したさい、搭乗機が空中火災を起こし、民家をさけて火をかぶりながら必死に郊外まで機を誘導し、落下傘降下した逸話の持ち主で、イギリス人に大和魂を紹介した人だともきいていた。

そのうち上級幹部も一人去り、二人去りして、ついに私が次席となった。部員も五十名たらずとなったころ、米海兵隊が上陸してきた。

ついで米海軍の技術情報部のメンバーが、プロペラをはずした在隊機を一機ずつ入念にリストアップしていく。その彼らがよく口にした「マル、マル」といっていた言葉が、じつはモデルのなまりで、飛行機の形式を問うているのがわかった。

アメリカ海軍のマーチン製飛行艇のＰＢＭがさかんに木更津の方向へ向けて着水しているのが見える。みな夜間着水の要領だ。海面がかなり荒れているせいか。

そんな光景に見とれているとき、要員の一人が私を呼びにきた。用件は、二式大艇をアメリカまで空輸してくれ、ということだったが、これにはまたもびっくり。

そのあと有無をいわさず、グラマンＴＢＦアベンジャー雷撃機にのせられ、見知らぬ飛行

場へとつれてゆかれた。

それにしても、この飛行機の大きいのにはおどろいた。中間席には無線機がおいてあり、後席とのあいだにせまいが通路がある。後席に二人分のシートがあり、中間席の動力銃架と尾部の下方銃がこの機の武装だ。これで魚雷を抱いて飛ぶのだからおそいはずである。すぎしミッドウェー海戦で、わが零戦に五十機余の雷撃隊のほとんどが撃墜されたと聞くが、むべなるかなと思った。それにしてもこれに乗る搭乗員が可哀想だと思った。

民家に一泊した翌日、航本の深水部員がきて、私にいった。

「話はついた。帰ってよい」

とのことで、またもこの飛行機で横須賀に帰った。

――このあと、詫間空の日辻少佐が苦心惨憺して二式大艇を横浜まで空輸したときく。

昭和四十七年、私は久留米市役所に呼び出された。そこで勲章と勲記をありがたくいただいた。勲六等瑞宝章と昭和二十年十二月二十四日付で右を授与する旨が記されている勲記である。

たとえ、勲章は小さくとも、青春の一コマを生死を顧みず働いてきたことの証明であろう。

（昭和五十九年「丸」九月号収載。筆者は八五一空分隊長）

解説

高野　弘〈月刊「丸」元編集長〉

東京湾岸の一角に今も、世界でただ一機の二式大艇が真夏の蒼空の一角をにらんで鎮座している。場所は「船の科学館」構内。前面には巨大なプールが広がり、夏休みとあって、大勢の戦争を知らない子供たちが無心に遊び興じている。モスグリーンの所どころ色あせた大艇が老いの目でそれをじっと見守っている風情である。はるかに積乱雲の峯々がまばゆいくらいの白光を放っている。まさに戦後四十五年目という時間の経過を象徴的に物語る一情景といえよう。

さて、この二式大艇は、いつ、どこから来たのであろう。そして、いつどこで誕生し、どのような半生を経てやってきたのであろうか。まずはその辺りから物言わぬ巨大飛行艇の身辺をさぐってみよう。

わが海軍はワシントン条約で主力艦は、英米日の数の比率を五・五・三におしつけられた。またその後のロンドン条約でも、補助艦の比率が不利のままに決められた。海軍の仮想敵国はアメリカであったが、いざ開戦となれば、英米は共同作戦をとることになるから、日本としては十対三の勢力で戦わなければならなくなる。このような数の劣勢をおぎなうために、第一に保有軍艦の質の向上を図らねばならぬとして、海軍の建造技術にひじょうな重圧がくわえられた。

その結果、戦艦、巡洋艦、駆逐艦などの装備に外国艦より一段と差がみとめられるにいたった。ついで第二の手段は訓練であった。しかし、いかに質を向上させ、訓練できたえたとしても、一定の限度があって、数の劣勢は争えない事実である。

敵艦隊とぶつかるにはどうしても、あるていど数の上でのバランスがとれてからでないと勝算がない。そこで相手の艦隊にあるていどの損傷をあたえておいて、主力艦どうしの決戦を挑むならば、われに充分の勝算がある、と考えられていた。

相手にあるていどの損傷をあたえるには、もちろん潜水艦の使用も一法である。しかし、潜水艦は機動力におとるところがある。

また艦上攻撃機（雷撃機）では、母艦を飛び立つために、航続距離の制限からも、母艦は相当に敵艦隊に接近しなければならないので、決戦直前でないと顔を出したくないし、あまり遠距離からの攻撃は不可能である。

そこで、航続力の大きな飛行機ということになるが、それまでの第一線機であった九七式大艇の実用的価値から、これに速度がくわわれば申し分ないことが、演習でも痛感された。

もともと飛行艇は大きな艇体をもち、翼端フロートを下げているので、速度もノロく、防御力の強大な艦には接近せず、防御力の弱い潜水艦や、船舶の攻撃にとどまっていた。また、図体も大きいから、相手からは好目標となる。もし速度さえ大きければ、敵艦隊に突っ込んでいっても、充分に損害をあたえ得る。事実、戦艦あるいは巡洋艦、空母などの一隻と飛行艇二十機とさしちがえても、決して日本としては損ではない。

そのため新大型飛行艇への要求は、きわめて苛酷なものであった。要求は作戦上から決ったとはいえ、受けてたつ開発する側としては難題である。飛行機では速度と航続力とが相反する条件となって、両立しないからである。

話は前後するが、この新型大艇の試作が発令されてほどなく、十三試大攻が中島飛行機製作所に発令されたのも、当局が飛行艇ではムリと考えて、並行して陸上機の試作を命じたか、あるいはまったく別に、陸上基地からの攻撃を考えたかは疑問であるが、とにかく陸上機では日本本土を基地とすると、行動範囲がかぎられる。また南方基地も、これだけの爆撃機が発着する飛行場を、そうざらに確保することはできない。

その点、飛行艇は、南方のいたるところにあるサンゴ礁が不沈基地となり、また潜水艦からの補給を考えると、太平洋、インド洋いたるところに行動が可能である。

水上機と陸上機とをくらべると、陸上機の方が性能はよいはずにもかかわらず、同一要求書で、飛行艇を川西に命じたところをみると、海軍の川西にたいする期待のほどがうかがわれる。

日本海軍がたてた第八番目（8）の飛行艇（H）開発計画で、川西航空機株式会社（K）

がその試作を担当した飛行艇（H８K）は、こうして昭和十三年に十三試大艇として試作が開始されることになった。

その要求性能は、およそ次のとおりであった。

最大速度＝二百四十ノット以上。

巡航速度＝百六十ノット。

航続力＝偵察四千海里。攻撃三千五百海里。

主要搭載兵器＝二十ミリ連装動力銃架二基、二十ミリ機銃一、七・七ミリ機銃四、一トン爆弾二発、または八百キロ魚雷二。

搭乗員＝九名。

そして川西航空機の菊原技師が、同社の優秀な技術者たちとともに、ひじょうな努力を傾注し、海軍の諸審査をうけた試作飛行艇の諸元は次のようなものであった。

搭載発動機「火星一一型」四基、高翼単葉、全幅三十八メートル、全長二十六・八メートル、全高八・六メートル、翼面積百六十平方メートル、全備重量（過荷）二万八千キログラム。材料は経済性、防蝕性、加工性などからの点から超ジュラルミン（24Ｓ）が使用され、しかも重量軽減のために有効な構造が採用された。

すなわち、主翼は、上面が波板と平板との組み合わせでできた箱型ケタとし、その強度は二分の一の模型で試験し確認された。艇体、とくに艇底の強度は、超ジュラルミンの弾性が有効に利用できる構造とし、荷重と強度とのあいだに「目には目を」「歯には歯を」の愚をさけることとした。

本艇は昭和十五年十二月に完成し、十二月二十七日に最初の水上滑走が行なわれた。操縦者は、とうじ海軍きっての名パイロット伊東祐満中佐であった。そして十二月二十九日に、その第一回の飛行試験が行なわれた。

飛行試験の結果、いわゆるポーポイジング――飛行艇が水上滑走する場合、高速滑走につるさいハンプをこえた直後に、滑走姿勢（機首角度）が低すぎたり、高すぎたりするときに、イルカの跳び上がるような現象が発生する。放置すれば命取りの大事故になる。離水するためには飛行艇の水上滑走段階で必ずこの危険帯にぶち当たる。これをうまく乗り切れるかどうかによって飛行艇の水上安定性の良否が決まる――になやまされたが、これは艇体を改修して解決した。

翌年、海軍は本機を二式大型飛行艇と称し制式機として採用することに決定し、昭和十七年二月、試作機から量産十七号機までを一一型として採用した。エンジンは火星一一型千四百八十馬力を装備した。

つぎに出現したのが一二型で、エンジンは火星二二型千六百八十馬力となり、胴体後上部銃座も強力な二十ミリ機銃二門を収容する球型銃座となった。また、機首にレーダーがとりつけられた機体がほとんどとなり、この一二型がいわば二式大艇の代表型といえた。

このほか二式大艇の輸送機型が、二式輸送飛行艇「晴空」である。これは昭和十八年、海軍が二式大艇の輸送機化を命じたもので、同年十一月に制式機となった。本機は胴体を二層に区切り、最大六十四名の人員を収容でき、ほかにも輸送機として必要な設備をととのえるなど多くの改造が行なわれた。

二式大艇の初陣は、昭和十七年三月であった。旧式化した九七式大艇にくらべると、高速度、強力な火力、防弾装置などにすぐれ、乗員にも大好評で、とくにハワイ攻撃、ウルシー偵察などでは、史上に特筆される目ざましい功績を残すこととなる。

ハワイ夜間爆撃＝制式採用直後の昭和十七年三月四日、復旧工事を急ぐハワイ空襲を企図しＫ作戦と称された。横須賀空から横浜空に引き渡された第三、五号機の二機（橋爪大尉・笹生中尉以下二十名）は午前零時二十五分、燃料を満載して井上第四艦隊司令長官の激励をうけウォッゼ基地を発進、午後一時、ハワイ西南西のフレンチ・フリゲート礁へ到着、待機していた伊一五、伊一九潜より各機とも一万二千リットルの燃料を補充して、午後三時三十八分、同礁を出発、四千五百メートルの高度を緊縮隊形をくんでオアフ島に接近したが、真珠湾上空は雲におおわれていたため、一番機は午後八時四十分、二番機は九時、やむをえず各機二百五十キロ爆弾四発ずつを推測で投弾し、南方海上に避退した。そして橋爪機は五日午前九時二十分イミエジに、笹生機は同九時十分ウォッゼにそれぞれ帰投した。

戦後の米側発表によれば、米陸海軍の航空隊では、この日本軍の航空機による攻撃が信じられず、ハワイに一番近い日本の基地であるウエーキ、またはマーシャルからでも往復行動のできる飛行機はないはずだ、そのために米軍の飛行機が何らかのミスでやったことにちがいない、と陸海軍たがいに罪のなすり合いをしたという。

つづいて両機は、ミッドウェー島とジョンストン島の偵察を命ぜられ、笹生機によるジョンストン島偵察（三月十日〜十一日）は成功したが、橋爪機は三月六日、ミッドウェー島に向かったが敵戦闘機の迎撃をうけて未帰還となった。

さらに昭和十七年五月、十四空の二式大艇二機による第三次ハワイ空襲（第二次K作戦）が計画され、五月二十七日にウォッゼに進出したが、今回は爆撃は行なわず、偵察のみで三十日に決行の予定であったが、米艦がフレンチ・フリゲートに張りついていたため、結局この作戦は中止となった。

エスピリツサント島攻撃＝昭和十七年十一月一日、海軍航空隊の改称が行なわれ、飛行艇部隊の横浜空は八〇一空、東港空は八五一空、十四空は八〇二空となった。このころになると二式大艇もその数を増し、横浜空（八〇一空）以外の飛行艇部隊へも配属が開始されていた。

八〇二空が一機の二式大艇を受領したのは、十八年一月下旬であった。そして、ショートランドへ派遣されたこの二式大艇（機長金子飛行曹長）は、一月二十九日夜、月明を利用してエスピリツサント島の米艦隊泊地に夜間爆撃を敢行した。ショートランド〜エスピリツサント島間は約千六百六十五キロで、当夜は天候にめぐまれていた。

大艇は、レーダー欺瞞用の銀紙テープを撒布しながら、はげしい対空砲火のなかを泊地上空へ進入し、高度四千メートルで二百五十キロ爆弾八発を投下、ぶじ基地へ帰投した。

つづいて一月三十一日夜には、八〇二空の金子機が同様な攻撃を行ない、さらに二月二十日夜と五月二十三日夜にも敢行されており、二月二十日は泊地が目標であったが、五月二十三日は飛行場が攻撃の目標であった。

その後は発進基地をマキンにうつし、九月十四日夜、十月十四日夜の二回にわたり、各一機でエスピリツサント島攻撃を実施した。マキン～エスピリツサント間は約二千百七十キロで、十月十四日の攻撃のさいは帰途、燃料不足のためギルバート諸島付近へ不時着するという悲運もあったが、これ以外はいずれも、ぶじ帰投している。

カントン島攻撃＝ハワイ、フィジー、オーストラリアを結ぶ米軍補給路上の要地カントン島への爆撃も、八〇二空の二式大艇の敢行した大作戦の一つであった。

第一回は十七年三月十九日に金子機ほか一機で行なわれ、敵飛行場と兵舎に大火災を発生させた。使用爆弾は六十キロの陸用爆弾十六発。その後、三月二十六日（二機）、七月十八日（三機）にも攻撃がくりかえされた。

オーストラリア方面＝昭和十八年七月十八日、八五一空の大艇一機がオーストラリア西岸のシャク湾とナブオン飛行場の夜間偵察に成功、八月十六日には二機でスラバヤを発進、一機はポートヘッドランド飛行場、一機はブルーム飛行場を爆撃、両機ともぶじ帰投している。

セイロン島偵察＝昭和十八年十一月十一日、八五一空の大艇三機がポートブレアを発進、一機はインド南部のマドラス、一機はセイロン島ツリンコマリー、一機は同じセイロン島コロンボの偵察に向かった。そして、マドラスへ向かった大艇は悪天候のため、目的をはたせず帰投した。ツリンコマリーに向かった大艇は、十二日午前二時五十五分、ツリンコマリー上空へ到達、港内の敵艦の状況を偵察のうえ帰投したが、コロンボ上空をめざした一機は同地ふきんで敵の迎撃をうけ、未帰還となった。

第二次「丹」作戦＝昭和二十年三月十一日、梓特別攻撃隊の陸爆「銀河」二十四機（うち五機は途中から引き返す）によるウルシーの米海軍泊地攻撃が行なわれたが、そのさい八〇一空の二式大艇一機が天候偵察、二機が銀河隊の誘導にあたった。

誘導機は杉田中尉機と小森宮少尉機で、エンジン不調のため発進のおくれた杉田機は、発進後に消息を断ってしまったが、小森宮機はヤップ島上空まで銀河隊を誘導し、その任をはたしたのち、メレヨン島へ到着した。また天候偵察機（生田中尉）も、ぶじ帰投しており、銀河隊も空母ラインドルを撃破したのであったが、この特攻「丹」作戦への参加は、同時に飛行艇による初の特攻参加であって、いうなれば戦う二式飛行艇最後の花道であった、と言えよう。

哨戒・索敵作戦＝哨戒・索敵は二式大艇の大きな任務の一つであり、各方面で大きな功績を残している。戦局が悪化し、制空権が敵の手へ落ちてからのこうした任務は、つねに大きな危険がつきまとっており、戦争末期にみられた電探装備による夜間哨戒は、敵夜間戦闘機の出現により多くの犠牲をだすこととなった。それでも大艇隊は黙々として任務をはたしていた。

レイテ決戦時には、八〇一空や九〇一空の二機の大艇が哨戒・索敵に活躍しており、沖縄決戦のさいは八〇一空、詫間空などの大艇が連日連夜出動したのであった。

救出補給作戦＝ほかに適当な機体がないばかりに、たんに航続距離が長いという理由だけで攻撃作戦に使われた飛行艇であったが、それが向かないとわかってからは、その本来の機能がはっきりされ、がぜんタフなはたらきをみせはじめた。

忘れることができないのは、孤立したラバウルからの司令部要員や搭乗員の救出で、これは十九年春以降、第十一航艦付属飛行隊などの大艇や晴空によって実施された。

夕刻トラック基地を発進、夜半ラバウルへ到着、三十〜四十名を収容して燃料補給ののち、ただちに発進しトラック基地へ帰投するという作戦がくり返され、そのほか南方各地の孤島から大艇で救出された将兵の数もまたすくなくない。

また各地への連絡、輸送、補給にも大きな役割をはたしており、とくに二十年四月には、敵の制空権下にあるブーゲンビル島に残された将兵に医薬品などを輸送して、在島五万名の命をつなぐなど、その活躍は枚挙にいとまがないほどである。

さらに昭和十九年六月の連合艦隊司令部の、トラックからダバオへの移動にさいしては、二機の大艇が参加した。悪天候にわざわいされて、古賀長官以下が殉職するという不幸に見舞われたが、とにかく、もちまえの機動力を生かして、太平洋せましと飛びまわった大艇隊の活躍は、まさに水を得た魚のごとしであった。

昭和十五年十二月、十三試大型飛行艇という名で第一号が完成してから、太平洋戦争が終幕する二十年までのあいだに二式大艇は計百三十一機が生産された。それを年次別にみると、十五年一機、十六年三機、十七年十三機、十八年八十機、十九年三十三機、二十年一機となっている。タイプ別にみると一一型が十七機、一二型が百二十機、二二型が二機で、大部分が一二型である。ちなみに当初は二式輸送飛行艇とよばれていた「晴空」三二型の生産量は三十六機であった。

そして——昭和二十年八月十五日の終戦当日、わずかに残存していたのは詫間空の二式大艇五機（詫間＝二機、七尾湾＝三機）、晴空一機、横浜基地の晴空数機と横須賀空の実験用晴空一機のみであった。そのうちの一機が戦後まもなく米空母により米国にもちかえられ、とうじ米海軍の保有する、わが二式大艇と同程度の大きさの哨戒用四発飛行艇「コロナド」との性能比較テストに供されたが、それによると二式大艇の方が航続距離で二千キロ長く、速力で百十キロも速く、上昇力、離水能力などにおいても、大きな差ですぐれていることが証明された。ほかにも英国には名機と称されるショート・サンダースがあったが、これまた性能面ではとうてい二式におよばず、したがって第二次大戦終了の時点で評価するならば、二式大艇はまさしく世界飛行艇界の王者として誇りうる名機であったといえよう。

本巻にも手記が収録され、また日本海軍飛行艇隊最後の飛行隊長として、二式大艇の日本における最後の姿を見とどけた詫間空の元海軍少佐日辻常雄氏が、かつて昭和五十四年の夏、唯一残存する二式大艇が米国より三十四年ぶりに〝帰国〟したさい「丸」誌によせた一文を再録して、この稿を結びたいと思う。

『やがて三十四回の終戦記念日をむかえようとしている七月十三日の午前十時、東京港大井ふ頭に接岸する一隻のコンテナ船「にゅーじゃーじ丸」のデッキ上に異様な積載物がみられた。

巨大な、古びた物体はいくつかに分割され、とても空中をゆくものとはみえないが、それはまぎれもなく、かつて私が三十四年まえの昭和二十年十月十一日、四国・詫間航空隊の最後の飛行隊長として、みずから瀬戸内海を飛び立ち、米占領軍の手にわたすべく横浜へ空輸した、なつかしの愛機二式大艇「四二六号機」であった。

日本海軍の生んだこの傑作の名も高い「二式大型飛行艇」が「エミリー」とよばれて、米軍の手に渡っていらいたどった数奇な運命に思いをはせるとき、私は今さらのように深い愛惜と懐旧の念にかられるのである――まさに三十四年ぶりの奇蹟的な邂逅というべきか』

（平成二年九月記）

＊著者の方で一部ご連絡が取れない方がいらっしゃいます。ご連絡先をご存知の方はご面倒ですが弊社までご一報ください。

本書は「証言・昭和の戦争／リバイバル戦記コレクション⑨」を再録しました。

単行本　『炎の翼「二式大艇」に生きる』二〇一〇年八月　光人社刊　改題

NF文庫

翔べ！空の巡洋艦「二式大艇」

二〇一六年七月 十五 日 印刷
二〇一六年七月二十一日 発行

著 者 佐々木孝輔他
発行者 高城直一
発行所 株式会社潮書房光人社
〒102-0073 東京都千代田区九段北一-九-十一
振替／〇〇一七〇-六-五四六九三
電話／〇三-三二六五-一八六四㈹
印刷所 株式会社堀内印刷所
製本所 東京美術紙工

ISBN978-4-7698-2958-4 C0195
http://www.kojinsha.co.jp

ＮＦ文庫

刊行のことば

第二次世界大戦の戦火が熄《や》んで五〇年——その間、小社は夥しい数の戦争の記録を渉猟し、発掘し、常に公正なる立場を貫いて書誌とし、大方の絶讃を博して今日に及ぶが、その源は、散華された世代への熱き思い入れであり、同時に、その記録を誌して平和の礎とし、後世に伝えんとするにある。

小社の出版物は、戦記、伝記、文学、エッセイ、写真集、その他、すでに一、〇〇〇点を越え、加えて戦後五〇年になんなんとするを契機として、「光人社ＮＦ（ノンフィクション）文庫」を創刊して、読者諸賢の熱烈要望におこたえする次第である。人生のバイブルとして、心弱きときの活性の糧《かて》として、散華の世代からの感動の肉声に、あなたもぜひ、耳を傾けて下さい。